도시 및 지역경제 분석 :
모형과 적용

김홍배 윤갑식 이현경 공저

머리말

본 서는 기본적으로 기문당에서 출간한 『도시 및 지역경제분석론』(김홍배, 2016)의 내용을 보완하는 성격의 책이다. 이 책은 도시나 지역의 문제를 분석하고 예측하는데 필요한 모형들을 분석 자료의 복잡성 수준에 따라 설명한 책이다. 그러나 설명이 모형의 개념과 기본구조에 치중되어 독자들이 모형에 대해 익숙함을 갖도록 하는 부분은 다소 약하다는 평들이 있어 왔다. 이것이 본 서를 집필하게 된 배경이다.

일반적으로 모형에 대한 이해 수준은 연구자가 실질적으로 자료를 가지고 적용하는 과정에서 깊어진다고 할 수 있다. 따라서 본 서에서는 모형들에 대한 설명은 핵심 위주로 줄이고, 가상의 도시 및 지역 자료를 제공하여 독자들이 직접 모형들을 적용하고 분석할 수 있는 부분을 강화하였다. 다시 말해, 독자들에게 모형 적용에 대한 익숙함을 제공하는 것이 본 서의 목적이라고 할 수 있다. 그러므로 『도시 및 지역경제분석론』과 본 서는 대체재이기보다 보완재 관계라고 할 수 있으며 독자들이 두 책을 함께 활용할 때 모형에 대한 이해도는 더욱 높아질 것이라 믿는다.

본 서의 내용과 구성은 기존의 『도시 및 지역경제분석론』을 따랐다. 다만 내용 범위에 있어 실무분야에서 활용하기가 다소 어려운 사회회계행렬모형과 연산일반균형모형 부분은 본 서에서 제외하여 총 4편 10장으로 구성하였다.

여기서도 편과 장은 도시나 지역에서 제공할 수 있는 자료의 수준에 따라 구분하였으며, 각 편에서 다루어지는 내용을 간략하게 설명하면 다음과 같다. 제 I 편은 추세연장법의 기본구조와 적용방법을 소개하였다. 추세연장법은 과거부터 현재까지 지역에서 나타난 인구변화를 바탕으로 인구추정식을 결정하고 이를 단순히 시간에 대해 연장함으로써 지역의 장래인구를 예측하는 방법이다.

본 서 제Ⅱ편은 조성법의 기본구조와 적용방법에 대해 설명하였다. 조성법은 지역의 인구성장을 자연성장과 사회성장으로 구분하고, 이를 다시 성별과 연령별로 구분하여 지역의 인구를 분석하고 예측하는 방법이다. 제Ⅲ편은 지역에서 생산된 재화에 대한 외부지역에서의 수요가 지역의 경제성장을 결정한다는 관점에서 지역경제를 분석하고 예측하는 모형인 지역 수출기반모형과 변이할당모형의 기본구조와 적용방법을 설명하였다.

본 서의 마지막 편인 제Ⅳ편에서는 지역의 성장이 지역에서 생산된 재화에 대한 수요와 산업간 연관관계에 의해 결정된다는 관점 하에 투입산출모형을 전국과 지역으로 구분하여 설명하였다. 또한, 산업별 생산구조를 바탕으로 경제 여건의 변화가 재화가격에 미치는 영향을 분석할 수 있는 가격 투입산출모형의 기본구조와 적용방법에 대해서 소개하였다.

본 서는 도시나 지역을 포함한 공간의 문제를 다루는 학과의 대학생과 대학원생, 그리고 계획 및 개발 분야에 종사하는 실무자들을 위한 책이다. 설명하였듯이 본 서는 다양한 지역경제분석 및 예측모형의 개념과 기본구조를 소개하고 예제를 통해 모형의 현실 적용방법을 제시함으로써 독자들의 이해를 제고하고자 하는 것이다. 아무쪼록 본 서가 의미 있는 도시 및 지역의 계획과 정책 수립을 고민하는 모든 이에게 조금이라도 도움이 되었으면 하는 마음뿐이다.

이 책을 출간하는데 있어 주도적인 역할을 해 준 동아대학교의 윤갑식 교수와 동의대학교의 이현경 교수의 노고를 치하하며, 앞으로 우리 분야의 발전에 많은 역할을 지속적으로 담당해 주길 기원하는 바이다. 마지막으로 본 서를 출판하게 해 주신 기문당 강해작 사장님과 여러 담당자들께 깊은 감사를 드린다.

2023년 8월

저자들을 대표해서

김홍배, 한양대학교 명예교수

차례

제 01 장 서 론 : 지역개념과 본 서의 구조

1.1 지역이란?

지역경제학에서 소개되는 많은 이론들을 이해하는 데 있어 가장 기본적인 것은 바로 지역 자체에 대한 이해이다. 그러나 지역을 한 문장으로 무엇이다라고 말할 수 있는 사람은 그리 많지 않다. 왜냐하면 지역은 정의조차 학자들 사이에서 분분할 정도로 복잡하기 때문이다. 지역의 구성요소가 지리적, 경제적, 사회적, 행정적, 그리고 역사·문화적으로 다양하다는 사실이 지역을 설명하는 데 어려움을 발생시킨다. 이러한 어려움 때문에 지역을 정의하고 지역들을 구분하는 것은 Richardson(1978)의 표현과 같이 악몽과 같은 것이라 할 수 있다. 다시 말해 지역 자체를 이해하기가 쉽지 않으며, 완전하게 지역을 정의할 수 있는 사람도, 그리고 그러한 방법도 없다고 해도 과언이 아니다.

Czamanski(1973)는 지역이란 국가를 구성하는 공간단위이며, 외부지역과 밀접한 연관관계를 맺으면서도 독립적인 기능을 발휘할 수 있을 정도의 종합적인 구조를 갖춘 공간이라고 설명한다. 이러한 Czamanski의 설명은 언뜻 무난해 보이지만 지역의 공간범위나 타 지역과의 구분 근거에 대한 본질적인 설명이 포함되지 않은 한계가 있다. 즉 그의 설명에서 외부지역은 어느 공간에 위치한 지역을 말하며, 그 지역에 속한 공간은 어디부터 시작하는가를 생각해보면 문제가 그리 간단해 보이지 않는다. 사실 공간은 물리적으로 조각조각 단절된 것이 아니라 끊김 없이 연속된 특징을 갖는다. 이러한 특징 때문에 같은 지역이라고 하면 그 지역에 속한 공간은 서로 연속적이어야 하며, 서로 멀리 떨어진 공간들을 하나로 묶어 지역이라고 말할 수는 없는 것이다. 공간의 연속성

(continuity)을 고려한다면 '지역을 어떻게 구분하며, 그 구분의 기준은 무엇인가?' 하는 것이 지역을 정의하는 데 있어 핵심이라고 할 수 있다.

지역의 개념에는 구체성과 모호함이 동시에 내포되어 있다. 먼저 여기서 말하는 구체성이란 바로 지역이 허구가 아니라 세상에 실제로 존재하는 지리적 실체(geographical entity)라는 것이다. 예를 들면 수도권 지역이라고 하였을 때 수도권 지역이 한반도에서 구체적으로 어느 곳에 위치하고 있는지 대한민국에 거주하는 사람이라면 모두 알 수 있을 것이다. 마찬가지로 태백권 지역이라고 하면 그 지역이 강원도에 위치하고 있는 곳임을 우리 모두는 잘 알고 있다. 이와 같이 지역은 지리적으로 실제 존재하는 공간이기 때문에 지역의 개념에는 기본적으로 구체성이 있는 것이다.

반면 지역의 개념에는 모호함도 함께 포함되어 있다. 그 모호함이란 지역의 공간적 범위를 구분짓는 경계를 정할 때 발생한다. 지역과 다른 지역을 공간적으로 구분할 때, 경계를 어떻게 정할 것이며, 그 기준은 무엇인가 하는 것이다. 예를 들어 사람들에게 색연필을 주고 행정경계가 표시되지 않은 지도에 수도권 지역이나 태백권 지역의 공간적 범위를 표시하라고 한다면 과연 몇 사람이나 정확하게 지역의 경계를 표시할 수 있을 것인가? 지도에 수도권 지역이나 태백권 지역의 공간범위를 개략적으로 표시할 사람들은 있겠지만 행정구역의 경계를 정확하게 표시할 사람은 아마 드물 것이다. 이와 같이 지역의 개념에는 경계구분의 모호함이 존재하는 것이다.

지역간 경계구분의 모호함이 지역을 정의하는 데 어려움을 주며 지역학자들을 곤혹스럽게 만든다. 그러나 지역경계를 설정하는 데 있어 분명하고 합리적인 기준이 수립된다면 문제는 쉽게 해결될 수 있다. 이에 대해 관련문헌을 보면 지역의 공간범위는 세 가지 기준에 의해 구분되며, 각 기준을 바탕으로 지역은 정의된다(Richardson, 1978). 여기서 말하는 세 가지 기준이란 바로 동질성(homogeneity)과 응집성(cohesiveness), 그리고 동일한 정책수단의 적용이다. 이러한 근거에 의해 지역은 각각 동질지역(homogeneous region), 결절지역(nodal region), 그리고 계획지역(planning region)으로 구분된다.

위와 같은 지역의 구분은 중요하다. 왜냐하면 지역을 어떻게 정의할 것인가에 따라 지역분석에 요구되는 이론이나 모형의 선택이 달라지기 때문이다. 강조하자면, 지역이란 연구자들의 연구 목적에 따라 달리 정의될 수 있으므로 동질지역, 결절지역, 그리고 계획지역 중 어떤 지역이 가장 정확한 지역이라고 말하기는 어렵다. 그러면 각 지역에 대해 좀 더 자세히 살펴보자.

먼저 동질지역이다. 지역의 공간범위는 동질성에 의해 구분될 수 있다. 동질성이란 특정한 관점에서 공간들이 갖는 공통된 특성을 의미한다. 그리고 그러한 동질적 공간들이 모여 구성된 지역을 동질지역이라 한다. 따라서 동질지역에 포함되지 않는 공간은 타 지역으로 분류되며, 이는 동질지역들 사이에는 이질성(heterogeneity)이 존재함을 의미한다. 즉 지역은 내부적으로는 동질성으로, 그리고 외부적으로는 이질성으로 경계가 결정된다. 동질성 관점으로부터 '지역은 동질성으로 구분되는 지리적인 실체'로 정의되며, 이러한 정의를 바탕으로 한 지역이 동질지역이다.

지역의 공간범위는 응집성에 의해 결정될 수도 있다. 여기서 응집성이란 공간 사이의 상호 의존성에 의해 이루어지는 것으로 겉으로는 인적, 물적 흐름(flow)으로 나타난다. 그리고 그러한 흐름들이 최종적으로 응집되는 장소에 따라 지역의 공간범위는 구분될 수 있다. 만일 지역의 공간범위가 응집성으로 결정된다면 '지역은 응집성으로 구분되는 지리적인 실체'로 정의된다. 그리고 응집성으로 구분되는 공간을 결절지역(nodal region)이라고 한다. 결절지역의 경우 지역간 이질성은 거의 무시되는 반면 지역내 공간들의 상호의존성은 중요하게 고려된다.

계획지역이란 계획 및 정책이 동일하게 집행되는 공간이다. 여기서 동일한 계획 및 정책이 바로 지역내 공간을 단일화시키는 힘(unifying force)이라 할 수 있다. 계획지역은 Richardson(1978)이 지적하였듯이 계획경제, 즉 사회주의 체계의 특징을 갖는다. 정부는 어떤 국가의 목적을 달성하기 위해 특정 공간들을 계획지역으로 지정하여 역할과 기능을 부여할 수 있다. 이 경우 계획지역으로 묶인 공간들은 하나의 동일한 계획목표와 계획수단이 적용되는 공간이 된다. 따라서 계획지역이란 바로 '동일한 계획수단의 적용여부로 구분되는 지리적인 실체'로 정의된다. 계획지역은 공간들 사이의 동질성이나 기능적 연관관계를 고려하여 구분된 것이 아니라 계획수단의 적용 여부에 의해 구분된 공간이다. 그러므로 계획지역의 공간범위는 일률적인 것이 아니라 계획의 목적과 성격에 따라 달라진다.

1.2 지역과 국가

지역이 독립된 기능을 발휘할 수 있는 공간단위라 할 때 개념적으로 지역과 국가와의 차이에 대한 혼란이 발생할 수도 있다. 또한 종종 경제학자들은 지역경제를 세계에서 지리적으로 인접한 특정 국가들의 집합체로 보는 경향도 있다. 예를 들면 한국과 중국, 일본으로 구성된 동북아경제권, 북미자유무역협정(North American Free Trade Agreement)으로 묶이는 미국, 캐나다, 그리고 멕시코의 북미경제권, 그리고 유럽 국가들의 EU(Europe Union)경제권 등은 세계경제 관점에서 볼 때 모두 지역경제라고 할 수 있다. 이러한 개념상의 혼란에 대해 다음과 같은 질문이 제기될 수 있다. 즉 지역경제를 국민경제나 동북아경제권과 같은 초국가경제(supra-national economy)와 어떻게 구분할 것인가 하는 것이다. 이를 위해서는 무엇보다도 지역과 국가의 차이에 대한 이해가 우선되어야 한다.

지역과 국가 사이에는 뚜렷한 차이가 존재한다. 가장 분명한 차이는 개방성의 정도이다. Ohlin(1933)이 지적한 바와 같이 생산요소나 제품의 이동은 국가간보다는 지역간에서 보다 활발하게 이루어진다. 왜냐하면 지역간 이동에는 이주제한이나 관세 등과 같이 인위적으로 이동을 제약하는 제도가 존재하지 않기 때문이다.

경제성장, 물가안정, 지역인구 및 자원의 배분, 그리고 환경보존 등과 같은 정책에 있어서도 국가와 지역 간에는 차이가 존재한다. 지역정책은 목표와 내용면에서 국가정책과 항상 동일하지 않다. 예를 들어 인플레이션(inflation)의 억제는 국가정책에 있어 중요한 부분을 차지하지만 일반적으로 지역정책의 목적이 되지 않는다. 왜냐하면 인플레이션은 근본적으로 생산비용의 상승으로부터 오며, 생산비용에 대한 영향은 대부분 전국적인 차원에서 일어나기 때문이다. 또한 인구가 지속적으로 감소하는 지역의 경우 지역정부의 인구유출 최소화 전략은 중앙정부의 정책과 상반된 정책일 수 있다. 중앙정부는 환경보존의 이유로 특정지역의 개발을 제한하는 정책을 수립할 수 있지만 해당지역에서는 지역의 경제성장을 위한 개발정책을 추구할 수도 있다. 이와 같이 정책측면에서 볼 때도 지역과 국가 사이에는 차이가 존재한다.

경제성장의 속도 측면에서도 국가와 지역 간에는 차이가 있다. 일반적으로 지역의 경제성장 범위는 전국의 경제성장에 비해 크게 나타난다. 왜냐하면 지역의 성장은 자본 및 노동과 같은 생산요소의 이동결과로 나타나며, 지역간 생산요소의 이동은 앞에서 설명하였듯이 자유롭기 때문이다. 즉 인구와 자본 같은 생산요소의 이동으로 인해 지역 사이에는 경제규모와 성장수준의 차이가 국가 전체에 비해 상대적으로 크게 발생한다.

지역과 국가의 차이를 인식한다는 것은 지역을 정의하는 경우와 마찬가지로 이론이나 모형 선택에 있어 중요한 의미를 갖는다. 왜냐하면 인식에 따라 이론이나 모형에서 접근방법이 달라지기 때문이다. 지역의 개방성이 바로 지역의 본질임을 인식한다면 분명 국가를 구성하는 지역들을 태평양 상에 떠 있는 섬과 같이 외부로부터 고립된 체계로 취급될 수는 없다. 대외적으로 외부와 고립된 폐쇄경제는 국가를 단위로 한 거시경제 모형으로 구축될 수 있지만 지역모형에는 적용될 수 없는 가정이다. 그러므로 지역은 생산요소와 제품의 이동이 자유로운 개방경제(open-economy)로 가정되어야 한다. 한편 전국을 폐쇄경제(closed economy)로 가정하는 경우도 있다. 문헌을 살펴보아도 국민경제를 폐쇄경제로 가정한 연구는 있지만 지역경제를 폐쇄경제로 가정한 연구는 거의 없는 실정이다. 만일 지역을 폐쇄경제로 전제하여 분석이 진행된다면 그 연구결과는 엄밀히 말해 현실성이 떨어진다고 할 수 있다.

본 서에서 말하는 지역이란 국가를 구성하는 공간단위이면서 독립적인 경제활동을 영위하는 공간단위로 전제한다. 이러한 지역의 최소단위는 행정적으로 우리나라에서는 군(郡)이 되며, 미국에서는 카운티(county)가 된다. 따라서 같은 거리를 이동한다고 해도 지역 내에서 일어나는 이동과 지역의 경계를 넘는 이동은 서로 목적이 다를 것이다. 또한 지역내 이동을 주거이동(residential movement)으로, 그리고 지역의 경계를 넘는 이동을 지역간 이동(migration)으로 구별하여 부르기도 한다.

1.3 지역경제학의 주요 분야

앞 절에서는 지역경제의 연구대상이 되는 지역에 대해 설명하였다. 본 절에서는 지역경제학의 주 관심 분야에 대해 살펴보기로 하자. 지역경제학이란 과연 어떤 분야인가? 이에 대해서는 지역경제학자들 사이에 다양한 의견이 있을 수 있다. 그 중에서 Hoover와 Giarratani(1984)는 지역경제학을 다음과 같이 간단하고 명료한 질문으로 설명하고 있다.

Regional or spatial economics might be summed up in the question 'What is where and why and so what?'(Hoover and Giarratani, 1984, p.3)

위와 같이 Hoover와 Giarrantani는 지역경제학을 '어디에 무엇이 있으며, 왜 그러며, 그것이 과연 무엇을 의미하는가?'를 탐구하는 학문으로 정의하고 있다. 그들의 설명에서 알 수 있듯이 지역경제학의 시작은 바로 공간의 인식에서 출발한다. 즉 '어디에(where)'는 지역경제의 시작이 바로 공간의 인식에 있음을 가리키는 것이다. 다음으로 인식된 공간에서 발생하는 현상을 주목하는 것이 '무엇(what)'이다. 이는 공간상에서 발생하는 문제의 활동이나 사회적 이슈가 되는 현상을 의미한다. 예를 들면 경제력 집중으로 인한 집적경제와 불경제, 국토의 균형과 불균형 발전, 발전지역과 낙후지역, 공간적 형태의 유사성과 특이성, 산업특화와 다양성, 개발과 환경보존 등 다양한 현상들이 여기에 포함된다.

'왜 그런가(why)'는 특정 공간에서 발생하는 현상을 어떻게 이해할 것인가에 관한 것이다. 겉으로 나타나는 현상을 정확하게 이해하는 것은 중요하다. 왜냐하면 현상의 발생 원인을 정확하게 이해할 때 효과적인 정책수립이 가능하기 때문이다. 문제는 현실이 너무 복잡하여 정확한 현상의 이해가 결코 쉽지 않다는 것이다. 따라서 '왜 그런가'에는 현상이해를 위한 이론이나 모형 개발, 그리고 분석 등이 포함된다. 그러나 현실의 모든 요인을 고려할 수 없기 때문에 이론이나 모형에서는 핵심요인을 중심으로 문제를 분석한다. 그리고 분석된 결과를 바탕으로 현상을 이해하고 문제해결(problem-solving)을 위한 처방을 내리는 것이 바로 '그것은 무엇을 의미하는가(so what)'이다. 여기서 처방이란 정책을 제시하는 것이다. 따라서 이론과 모형의 개발 목적은 궁극적으로 현실이해와 정책수립을 위한 것이라 할 수 있다.

위에서 설명한 Hoover와 Giarratani의 질문을 바탕으로 지역경제학의 주 분야를 구분한다면 크게 세 가지 분야, 즉 입지분석, 지역경제분석, 그리고 지역정책이라고 할 수 있다. 먼저 입지분석은 바로 공간을 가장 구체적으로 인식하는 것이기 때문에 지역경제학의 기본이 되는 분야라고 할 수 있다. 입지분석은 한마디로 말해 특정 활동이 왜 특정 공간에 발생하며, 환경이 변화되었을 때 그것이 특정 활동의 입지에 미치는 영향을 분석하는 분야라고 할 수 있다. 입지분석의 핵심은 교통비용이다. 생산자가 제품을 시장으로 이동시킬 때나 소비자가 제품구매를 위해 시장으로 이동할 때 교통비가 발생하게 되고, 이 교통비를 누가 지불할 것인지에 대한 질문으로부터 입지분석은 시작된다. 입지분석은 공간구조분석이나 주거 및 시설 입지 등의 현실 문제를 해결하는 데 있어 많은 기여를 하였다고 할 수 있다.

지역경제분석 분야는 지역경제학의 발전에 크게 기여한 분야라고 할 수 있다. 과학적이고 합리적인 지역경제이론 및 분석모형을 이용하여 지역문제의 원인들을 정확히 파악하고, 그 결과로부터 의미 있고 효과적인 지역정책들을 제시하였기 때문이다. 지역경제분석 분야에서 가장 널리 사용된 모형이 있다면 그것은 아마 투입산출모형(input-output model)일 것이다. 경제를 구성하는 산업들 사이에는 밀접한 연관관계가 존재하며, 그러한 연관관계를 구체적으로 고려하여 경제분석을 하는 모형이 투입산출모형이다. 투입산출모형은 산업별 최종수요의 변화가 국민경제에 미치는 영향을 측정하는 데 매우 효과적이며 종합적인 분석방법이다.

산업간 연관관계에 공간을 고려하면 지역간-산업간 연관관계는 보다 구체화된다. 지역간-산업간 연관관계가 포함될 때 모형은 다지역투입산출모형(multi-region input-output model)으로 확장된다. 다지역투입산출모형의 적용 분야는 실로 광범위하다. 수요변화의 파급효과분석부터 가격변화의 효과분석, 그리고 에너지나 환경 분야의 정책효과 분석 등 다양한 분야에서 유용하게 이용되고 있다(김홍배, 2012; Miller and Blair, 1984). 우리나라에서도 한국은행(2008)이 2005년 기준의 다지역투입산출표를 최초로 발표한 이래 지금까지

2010년과 2013년, 그리고 2015년의 경제흐름을 바탕으로 다지역투입산출표를 각각 발표하였다. 지역경제분석도 다양한 분야에서 광범위하게 연구가 이루어져 문헌에서 나타나는 연구를 일일이 설명하는 것은 불가능할 정도라고 할 수 있다.

지역경제분석 분야에서 모형이나 이론의 개발만큼이나 중요한 것이 있다면 그것은 지역자료의 구축이다. 지역모형을 적용하기 위해서는 무엇보다도 지역자료가 있어야 한다. 아무리 이론적으로 훌륭한 모형이라고 하여도 필요한 자료가 조사되어 있지 않다면, 그 모형의 현실 기여는 낮게 되는 것이다. 이러한 면에서 모형 적용을 위한 자료 구축도 지역경제학의 발전에 많은 기여를 하였다고 할 수 있다. 다만, 제품이나 생산요소의 이동이 복잡하기 때문에 지역자료를 정확하게 구축하는 과정에 많은 시간과 비용이 투입되는 것이 문제이다. 그러나 일단 지역자료가 구축되면, 이를 이용하여 다양한 연구가 가능해지고, 결과적으로 새로운 이론이나 모형이 개발되는 등 지역경제학의 영역이 넓어지고 깊어지게 된다.

마지막으로 지역정책 분야이다. 지역정책은 앞에서 언급하였듯이 지역의 문제를 해결하는 수단이다. 그러나 모든 지역이 직면한 환경이 서로 다르고 고유하기 때문에 지역의 문제도 다양하다. 이는 모든 지역문제 해결에 적용할 일반적인 정책이 엄밀히 말해 없음을 의미한다. 그리고 지역정책을 수립하는 데 있어 어려움은 바로 지역문제를 일으키는 원인이 쉽게 파악되지 않는다는 것이다. 의사가 병의 원인을 정확히 진단할 때만이 환자에게 맞는 유효한 처방을 할 수 있는 것과 같이 지역정책도 마찬가지이다. 만일 원인에 대한 진단 없이 겉으로 나타나는 문제만 가지고 지역의 정책을 수립한다면 그것은 실패한 정책이 될 가능성이 높다. 비록 겉으로 나타나는 문제가 유사하다고 할지라도 지역의 특성에 따라 정책은 내용적으로 달라질 수 있기 때문이다.

지역경제학에서는 지역문제에 대해 실증적 분석결과를 바탕으로 많은 정책과 계획을 제시해 왔다. 여기서 지역의 문제는 공간적 자원배분의 비효율성이나 경제적 쇠퇴 및 낙후뿐만 아니라 성장에 따른 부정적인 외부효과(negative externality), 예를 들면 교통 혼잡, 공해, 쾌적성 감소, 범죄 등 다양한 유형의 문제가 포함된다. 모든 유형의 문제에 대한 처방이 바로 지역정책의 대상이 되는 것이다. 즉 지역문제의 다양성은 바로 지역정책이 다양함을 가리키는 것이다. 지역정책도 입지분석이나 지역경제분석 만큼이나 광범위하게 연구되었다고 할 수 있다.

언급하였듯이 지역경제분석의 목적은 현재 발생하고 있는 지역문제의 원인을 정확하게 진단 및 파악하여 궁극적으로 효과적인 정책방향을 제시하는 것이다. 여기서 중요한 것은 지역의 문제는 현재뿐만 아니라 미래 관점에서도 도출될 수 있다는 것이다. 왜냐하면 지역의 미래상으로부터 지역의 잠재적 문제는 구체적으로 파악될 수 있기 때문이다. 예를 들어 인구가 급격히 증가하는 지역이 있다고 하자. 이 지역의 현재 기반시설 수준이 적절하다고 하여도 미래의 증가된 인구를 서비스하기는 부족할 수 있다. 이러한 경우 지역의 잠재적 문제는 인프라 시설의 부족이 되며, 이에 대한 대책수립이 필요하다. 이와 같이 지역의 정책은 현재와 미래를 동시에 고려하여 수립되어야 한다. 그리고 정확한 분석과 예측은 적절한 지역정책을 수립 및 선택하는 데 있어 필수적이다. 이에 본서는 지역경제학의 주요 분야 중 지역경제분석에 초점을 맞추어 내용을 구성하기로 한다.

1.4 요약 및 본 서의 구성

본 장에서는 지역의 개념과 정의, 지역과 국가의 차이점, 그리고 지역경제학의 주요 분야에 대해 설명하였다. 먼저 본 장에서는 지역을 정의하는 데 있어 어려움은 바로 지역의 개념 자체가 구체성과 모호함이 동시에 포함되어 있음에 기인함을 설명하였다. 여기서 말하는 구체성이란 지역은 허구가 아닌 실제적으로 존재하는 지리적인 실체라는 것이며, 모호함이란 지역의 경계 설정에 관한 것이다. 이에 본 장에서는 동질성과 응집성, 그리고 동일한 계획수단의 적용 여부를 바탕으로 지역을 동질지역과 결절지역, 그리고 계획지역으로 구분하여 설명하였다. 그리고 동질지역은 동질성으로 구분되는 지리적인 실체로, 결절지역은 응집성으로 구분되는 지리적인 실체로, 그리고 계획지역은 동일한 계획수단이 적용되는 지리적인 실체로 각각 정의하였다.

지역과 국가의 차이에 대해서도 살펴보았다. 구체적으로 개방성측면, 정책측면,

경제성장의 속도측면, 그리고 개방성에 대한 가정측면 등에서 지역과 국가 사이의 명확한 차이를 설명하였다. 그리고 본서에서 말하는 지역이란 국가를 구성하는 공간단위이며, 독립적인 경제활동을 영위하는 공간단위로 지역의 최소단위는 우리나라의 경우 군(郡)임을 설명하였다.

Hoover와 Giarratani은 지역경제학을 공간인식 - 현상주목 - 현상진단 및 분석 - 문제해결을 위한 정책제시 등을 탐구하는 학문으로 정의하였다. 이러한 정의를 바탕으로 본 장에서는 지역경제학의 주 분야를 입지분석, 지역경제분석, 그리고 지역정책으로 구분하여 설명하였으며, 이 중 본 서는 계획과 정책수립을 위해 필요한 지역경제분석과 예측에 초점을 맞추어 내용이 구성됨을 설명하였다. 본 서는 다음과 같이 제4편 10장으로 구성된다.

	제1장	서론: 지역개념과 본 서의 구성
제 I 편 추세연장법		
	제2장	추세연장법
	제3장	인구추정식의 선택
제 II 편 조성법		
	제4장	조성법
	제5장	조성법을 이용한 인구예측
제 III 편 경제분석기법		
	제6장	지역 수출기반모형
	제7장	변이할당법
제 IV 편 투입산출모형		
	제8장	투입산출모형
	제9장	지역 투입산출모형
	제10장	가격 투입산출모형

본 서에서 소개되는 내용은 지역의 문제를 분석하고 계획 및 정책을 수립하는 데 기본적으로 필요한 분석 및 예측방법으로 구성된다. 그리고 편과 장의 체계는 지역에서 수집할 수 있는 자료의 수준에 따라 구성된 것이다. 따라서 제 I 편의 추세연장법에 필요한 지역자료가 가장 단순하고 수집하기도 용이한 자료라면, 제IV편의 투입산출모형에 필요한 자료가 가장 복잡한 자료라고 할 수 있다. 그러면 각 편에서 다루어지는 내용을 간단하게 설명하면 다음과 같다.

제 I 편은 지역을 분석하고 예측하는 데 있어 가장 단순한 기법인 추세연장법을 설명한다. 이 기법은 과거부터 현재까지 인구의 변화를 바탕으로 인구추정식을 결정하고, 이를 단순히 시간에 대해 연장함으로써 지역의 인구를 예측하는 방법이다. 제2장에서는 다양한 형태의 인구추정식을 소개하고 이를 바탕으로 장래인구를 예측하는 방법에 대해, 제3장에서는 최종적으로 지역에 적용할 인구추정식의 선택방법에 대해 설명한다. 추세연장법은 간편하고 용이하지만 지역의 인구구조에 대한 아무런 정보가 없기 때문에 분석 및 예측에 있어 한계도 크다고 할 수 있다.

제Ⅱ편에서는 조성법이 소개된다. 조성법은 지역의 인구성장을 성별·연령별 자연성장과 지역간 인구이동으로 나누어 지역의 인구를 분석하고 예측하는 기법이다. 조성법에 대한 기본 특성은 바로 인구변화의 규칙성에 있다. 이에 제4장에서는 연령별 출생과 사망, 그리고 지역간 인구이동의 규칙성에 대해, 제5장에서는 조성법을 이용한 지역인구의 예측방법에 대해 설명한다. 또한 조성법을 지역내 주택규모 예측에 적용하여 지역의 주택공급정책에 대해서도 알아본다. 조성법을 이용한 인구예측에 있어 근본적인 한계는 경제환경의 변화와 인구변화의 직접적인 연결고리가 없다는 것이다.

제Ⅲ편은 지역경제의 분석과 예측모형을 소개한다. 제6장에서는 지역에서 생산된 제품에 대한 외부수요가 지역의 성장을 선도한다는 전제하에 지역경제를 분석하고, 예측하는 지역 수출기반모형(regional export base model)이 설명된다. 이 모형에서의 핵심은 지역의 외부수요, 즉 지역수출량을 계산하는 것이다. 왜냐하면 정확한 지역수출량으로부터 정확한 지역수출승수가 도출되며, 도출된 승수는 지역의 파급효과를 분석하는 데 있어 결정적인 역할을 하기 때문이다. 따라서 정확한 분석을 위해서는 무엇보다도 지역수출량이 정확히 계산되어야 한다. 제6장에서는 지역 수출기반모형을 이용한 지역경제 예측방법과 모형의 한계에 대해서도 설명한다. 그리고 제7장에서는 변이할당모형을 소개한다. 이 모형은 지역의 경제성장을 경제성장요인, 산업구조요인, 경쟁요인으로 구분하여 지역경제를 분석하고 예측하는 방법이다. 여기서는 모형의 기본구조와 적용방법, 그리고 모형의 한계 등이 설명된다.

마지막, 제Ⅳ편은 투입산출모형에 관한 내용으로 구성된다. 투입산출모형을 이해하기 위해서는 무엇보다도 투입산출표의 구조와 특징을 이해해야 한다.

이에 제8장에서는 투입산출표에 대한 자세한 설명이 제공된다. 그리고 산업간 물동량의 흐름으로부터 산업간 연관관계와 승수행렬 도출과정, 그리고 산업별 최종 수요변화의 파급효과 분석방법 등을 살펴본다. 제9장은 지역 투입산출모형에 대해 설명한다. 지역 투입산출모형은 지역간, 산업간 연관관계가 자세히 나타나기 때문에 지역정책의 구체성 측면에서 매우 유용하다고 할 수 있다. 여기서는 지역모형을 단일지역모형과 다지역모형으로 구분하여 설명한다. 그리고 제10장은 가격 투입산출모형을 소개한다. 가격 투입산출모형은 산업별 생산구조를 바탕으로 생산비용의 변화와 같은 경제여건의 변화가 가격에 미치는 영향을 분석하는 유용한 모형이다.

언급하였듯이 본서의 제Ⅰ편에서부터 제Ⅳ편에 이르기까지 소개되는 모형들은 구조의 복잡성에 따라 전개된 것이다. 여기서 모형이 복잡화된다는 것은 모형이 정교해졌음을, 즉 모형이 현실적임을 가리키는 것이다. 그러나 여기서 독자들이 명확히 이해해야 할 것은 모형이 아무리 정교화된다고 해서 계획이나 정책의 모든 문제를 해결하는 완벽한 모형은 아니라는 것이다. 모형은 근본적으로 현실을 단순화시킨 것이기 때문에 복잡한 모형과 단순한 모형의 차이는 바로 현실을 단순화시키는 정도 차이라고 이해해야 한다.

제 I 편

추세연장법

제 02 장 추세연장법

2.1 추세연장법이란?

추세연장법(trend extrapolation method)은 과거에서부터 현재까지의 변화추세를 분석하고 이러한 변화추세가 장래에도 계속 유지될 것이라는 것을 전제로 미래를 예측하는 방법이다. 그러므로 추세연장법에 의한 인구예측은 과거 인구자료를 이용하여 미래의 지역인구를 예측하는 방법이다. 추세연장법에 의한 인구예측은 그림 2.1에서 보듯이 두 단계의 과정으로 이루어진다. 첫째 단계는 과거 지역의 인구 추세를 설명할 수 있는 식을 결정(curve-fitting)하는 단계이다. 둘째 단계는 미래인구를 예측하는 단계이다. 이는 앞 단계에서 결정된 식을 시간에 대해 단순 연장시킴으로써 이루어진다. 첫째 단계에서 결정된 식을 지역인구의 추정식이라 한다. 추세연장법에서 사용되는 인구추정식의 종류는 다양하며 여기서는 여섯 가지의 식을 소개하기로 한다.

그림 2.1
추세연장법에 의한 인구예측의 단계

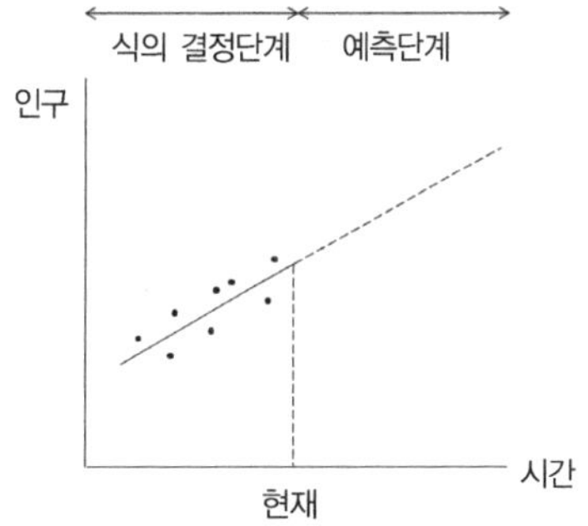

본 장은 세 개의 절로 구성된다. 제2절에서는 여섯 가지의 인구추정식에 대해 설명한다. 여기서 설명되는 여섯 가지의 인구추정식은 선형식, 기하곡선식, 포물선식, 수정된 지수곡선식, Gompertz곡선식, 그리고 Logistic곡선식이다. 제3절에서는 인구추정식을 지역의 인구 자료를 이용하여 결정하는 과정에 대해 설명한다. 마지막으로 제4절에서는 본 장에서 설명된 내용이 요약된다.

2.2 인구추정식의 종류

2.2.1 선형식

선형식은 지역의 인구변화 규모가 매년 일정하다는 특징을 가진 인구추정식으로 식 (2.1)과 같이 표현된다.

$$P_t = a + bt, \tag{2.1}$$

P_t: 시점 t의 지역 인구규모,

a, b : 파라메터(parameters).

a와 b는 시간에 따라 변하지 않는 계수(parameters)인데, 이들은 각각 지역의 초기 인구와 성장 특성을 나타낸다. 즉 계수 a는 $t=0$일 때의 값으로 지역의 초기 인구를 가리킨다. 계수 b는 선형식의 기울기를 나타내며, 이는 시간변화당 지역의 변화된 인구규모를 가리킨다. 그러므로 계수 b의 부호에 따라 지역은 성장하는 지역($b > 0$), 정체하는 지역($b = 0$), 그리고 쇠퇴하는 지역($b < 0$)으로 구분된다.

선형식에서 지역의 변화되는 인구규모는 항상 일정한 특징을 가지고 있다. 그러나 실제로 지역의 인구 변화량이 일정하다는 것은 지역인구를 예측하는데 적합한 특징은 아니다. 왜냐하면 새롭게 성장하는 지역의 인구는 초기에 급격한 성장(체증적인 성장)을 하지만 시간이 계속되면서 성장 속도가 완만(체감적인 성장)하게 나타나는 것이 일반적인 현상이기 때문이다. 따라서 선형식은 급격히 발전하는 지역에 적용하기보다는 일정한 성장을 경험하는 지역이나 과거로부터 현재까지 낮은 성장을 보이는 지역에 한하여 적용할 수 있다.

2.2.2 기하곡선식

기하곡선(geometric curve)식은 지역의 인구변화율이 매년 일정하다는 특징을 가진 인구추정식으로 다음과 같이 표현된다.

$$P_t = ab^t, \tag{2.2}$$

a : $t=0$일 때(초기) 지역의 인구규모,

b : 지역의 인구성장률.

기하곡선식의 경우, 해당 식의 특수한 형태인 지수곡선(exponential curve)이 인구추정에 널리 이용되고 있으며 식 (2.3)과 같이 표현된다.

$$P_t = ae^{bt}, \tag{2.3}$$

e : 자연지수(2.71828⋯).

기하곡선식은 일정한 성장률 r에 의해 성장하는 현상을 설명하는 데 적합하다. 성장률 r은 식 (2.4)와 같이 계산되며, 여기서 계산된 $(1+r)$은 식 (2.2)의 b와 같은 값을 의미한다.

$$P_{t+T} = P_t(1+r)^T, \ r = \left(\frac{P_{t+T}}{P_t}\right)^{1/T} - 1. \tag{2.4}$$

기하곡선식에서 지역성장의 특성은 선형식과 마찬가지로 식 (2.3)에서 b의 값으로 나타난다. 즉 b가 1보다 클 경우 기하곡선은 어떠한 상한선(a upper limit) 없이 계속적으로 성장하는 지역을 가리킨다. 그리고 b가 0과 1 사이에 있을 경우, 기하곡선식은 시간이 경과함에 따라 0으로 접근되므로, 이는 계속해서 쇠퇴하는 지역을 말한다. 그리고 b가 1일 경우, 기하곡선식은 시간에 따라 변하지 않는 정체지역을 말한다.

기하곡선식에 기초한 예측은 지역의 인구나 경제성장이 항상 같은 비율로 변화할 것이라는 관점에 바탕을 두고 있다. 맬더스(Multhus)와 같은 많은 학자들은 이러한 관점이 인구학적인 측면에서도 합리적이라고 주장한다. 그러나 무한히 계속되는 지역인구의 성장을 현실적인 현상으로 받아들이기는 어렵다. 왜나하면 지역은 공간적으로 범위가 한정되어 있기 때문에 성장에 따른 공해나 교통혼잡과 같은 외부효과(external effect)가 발생하여 지역의 성장을 제한하기 때문이다(Leo Classen, 1980). 그러므로 기하곡선식은 급격하게 성장하는 지역의 단기적인 예측에 적용되어야 하며, 장기적인 예측에는 부적절하다.

2.2.3 포물선식

포물선식은 지역의 인구변화율이 시간의 흐름에 따라 변화하는 특징을 가진 인구추정식으로 다음과 같이 표현된다.

$$P_t = a + bt + ct^2. \tag{2.5}$$

인구변화율을 나타내는 포물선식의 기울기는 시간에 따라 계속적으로 변한다. 그리고 곡선식의 형태는 식 (2.5)에서 계수 c의 부호에 의해 결정된다. $c > 0$인 경우 급격히 성장하는 지역을, $c = 0$인 경우 일정하게 성장하는 지역을 말하며, 그리고 $c < 0$인 경우 지역은 급격히 쇠퇴지역으로 특징 지워진다. 따라서 이러한 포물선식은 급격한 성장이나 쇠퇴를 경험하는 지역에만 적용될 수 있다.

위에서 언급한 선형식과 기하곡선식, 그리고 포물선식은 일반적으로 성장이나 쇠퇴는 어떠한 상한선이나 하한선의 제한 없이 계속됨을 가정하고 있다. 따라서 성장하는 지역은 무한정의 성장을, 그리고 쇠퇴하는 지역은 지속적인 쇠퇴를 가리키고 있다. 이러한 현상은 도시나 지역에서 일시적으로 일어날 수 있으나, 그것이 영원히 계속된다는 것은 매우 현실적이지 못하다. 이와 같은 비현실적인 가정은 다음과 같이 수정될 수 있다. 즉 지역의 성장이나 쇠퇴는 그 지역의 물리적인 환경 조건에 맞는 수준까지 계속되지만, 시간에 따른 변화는 체감적이라는 것이다. 이는 지역성장의 상한선 또는 쇠퇴의 하한선이 존재함을 가리킨다. 이러한 특징을 인구추정식에 반영하는 식이 점근적 성장곡선식이다. 이 식의 종류는 수정된 지수곡선식(modified exponential curve method)과 Gompertz곡선식, 그리고 Logistic곡선식이 있다.

2.2.4 수정된 지수곡선식

수정된 지수곡선식의 인구추정식은 식 (2.6)과 같이 표현된다. 수정된 지수곡선식의 형태는 그림 2.2에서 보이듯이 식에 포함된 계수값에 따라 네 가지 형태를 갖는다.

$$P_t = c + ab^t. \tag{2.6}$$

그림 2.2와 같이 수정된 지수곡선식은 성장과 쇠퇴의 속도가 체감적으로 진행된다는 것을 인식할 때 현실적으로 분명한 설득력이 있다. 또한 성장 상한선이 과거의 자료와 지역의 특성을 고려하여 주어질 때, 인구예측 수단으로서 수정된 지수곡선식의 효용은 더욱 높아진다. 그림 2.2 중 가장 현실성 있는 형태는 그림 (a)이다. 그림 (a)에서 계수 c는 지역 성장의 상한선을 가리킨다. 즉 시간이 흐름에 따라 지역의 인구는 c에 가까워지지만 결국은 그 규모를 초과하지 못한다는 것이다. 물론 지역의 인구가 감소되는 경우는 그림 (c)도 현실성 있는 인구추정식이라 할 수 있다.

그림 2.2
수정된 지수곡선식의 계수값에 따른 형태 구분

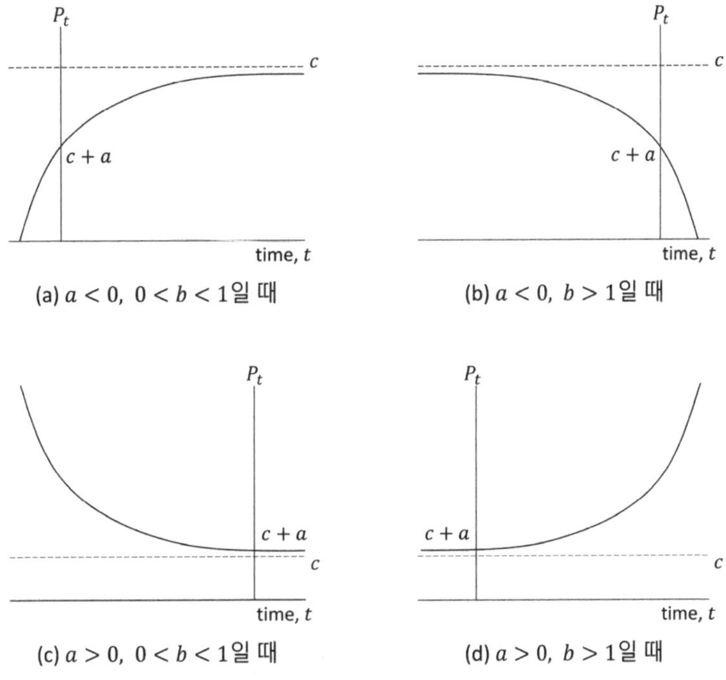

2.2.5 Gompertz곡선식

Gompertz곡선식은 영국의 수학자인 Benjamin Gompertz(1779~1865)의 이름에 따라 명명되었으며, 식 (2.7)과 같이 표현된다.

$$P_t = ca^{b^t}. \tag{2.7}$$

위 식의 양변에 로그를 취하면 식 (2.8)과 같이 나타낼 수 있고, 이는 수정된 지수곡선식과 유사한 형태임을 알 수 있다.

$$\log P_t = \log c + (b^t)\log a. \tag{2.8}$$

식 (2.8)의 Gompertz곡선식은 식 (2.6)의 수정된 지수곡선식과 동일하며 차이는 $\log p_t$, $\log c$, $\log a$가 p_t, c, a를 각각 대체한 것뿐이다. 곡선의 형태도 수정된 지수곡선식과 마찬가지로 네 가지로 구분된다.

2.2.6 Logistic곡선식

지역의 인구를 추정하는 데 가장 널리 쓰이는 추정식이 있다면 그것은 바로 Logistic곡선식일 것이다. 이 식은 1880년대 벨기에의 수학자 P.F. Verhurst에 의해 제시되었으며, 식 (2.9)와 같이 표현된다.

$$\frac{1}{P_t} = c + ab^t \quad \text{또는 } P_t = (c + ab^t)^{-1}. \tag{2.9}$$

Logistic곡선은 위에서 설명한 수정된 지수곡선식이나 Gompertz곡선식과 거의 동일하다. 다만, 차이는 수정된 지수곡선식의 값이나 Gompertz곡선의 로그 값은 Logistic곡선에서 그들의 값이 역수로 취해진다는 것이다. 그림 2.3과 같이 Logistic곡선식의 형태는 수정된 지수곡선식과 Gompertz곡선식의 형태와 유사하다.

그림 2.3 Logistic곡선식의 계수값에 따른 형태구분

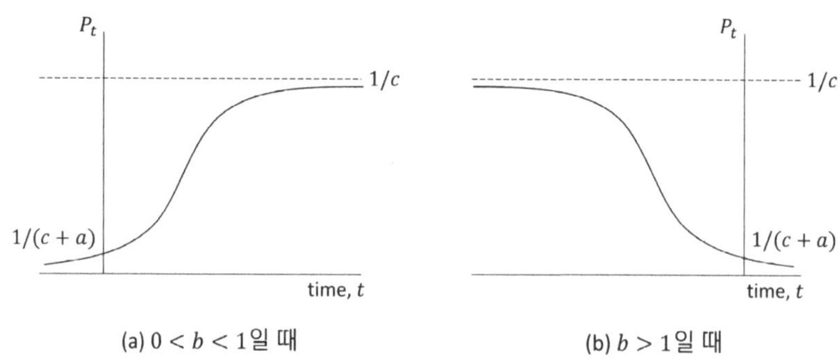

2.3 인구추정식의 결정방법

추세연장법에서 사용되는 여섯 가지 인구추정식을 지역의 인구 자료를 이용하여 결정하는 과정에 대한 설명은 다음과 같다. 가장 기본적인 결정기준은 관찰된 실제 인구와 추정된 인구의 차이, 즉 오차의 합을 최소로 하는 최소자승법(least squares method)이다. 최소자승법은 일반 통계학 서적에 자세히 설명되어 있으므로 여기서는 각 추정식의 계수를 결정하는 공식만 제공하기로 한다.

한편, 여섯가지 인구추정식 중 수정된 지수곡선식과 Gompertz곡선식, 그리고 Logistic곡선식에는 인구성장의 한계선, 즉 상한선과 하한선이 존재한다고 하였다. 이러한 성장한계선은 인구추정식의 외부에서 주어질 수도 있고 지역의 과거 관찰자료를 바탕으로 추정할 수도 있다. 여기서는 인구성장의 한계선이 외부에서 주어지는 것으로 전제한다(관찰된 과거자료에서 인구성장 한계선을 도출하는 방법은 김홍배(2016)를 참고하기 바란다).

❑ 선형식

선형식 $P_t = a + bt$에서 각 계수는 식 (2.10)에 의해 결정된다.

$$a = \overline{P} - b\overline{t},\ \ b = \frac{\sum_t tP_t - nt\overline{P}}{\sum_t t^2 - n\overline{t}^{\,2}}\ , \tag{2.10}$$

$$\overline{P} = \frac{\sum_t P_t}{n},\quad \overline{t} = \frac{\sum_t t}{n}.$$

여기서 n은 관찰자료의 수를, 그리고 $\overline{x}$는 변수(x)의 평균값을 가리킨다. 위의 식에서 t는 보통 연도를 나타내기 때문에 식을 결정하기 위해서는 지표변수로 전환되어야 한다. 지표변수의 범위는 분석자들에 의해 결정되며, 각 지표 간의 차이는 등차가 되도록 설정하여야 한다. 그리고 관찰 연도에 대한 지표변수의 초기값은 양수 또는 음수로 설정될 수 있다. 단, 관찰 기간에 대해 지표변수를 설정할 때 그의 평균이 0이 되도록 설정하면($\overline{t}$ =0) 각 계수를 결정하는 계산 과정을 크게 줄일 수 있다. 예를 들어 지표변수의 평균을 0이 되게 설정하면 식 (2.10)은 다음과 같이 간편화된다.

$$a = \overline{P},\ \ b = \frac{\sum_t tP_t}{\sum_t t^2}. \tag{2.11}$$

지표변수의 평균을 0으로 만드는 데 있어서 그 방법은 관찰 자료의 수(n)에 따라 조금 차이가 있다. 구체적으로 말해 관찰된 자료의 수가 홀수인 경우, 지표변수는 관찰기간의 중간 시점을 0으로 하고 각 시간대별로 대칭되게 지표변수를 설정한다. 이에 대한 예는 표 2.1과 같다.

관찰 자료의 수가 짝수인 경우도 홀수인 경우와 마찬가지로 변수의 평균값을 0이 되게 설정할 수 있다. 즉 관찰기간 중 중간의 두 시점을 선택하고 각각의 초기 값은 부호가 다르고 절대값이 같은 정수로 설정한다. 이에 대한 예는 표 2.2와 같다. 이와 같은 지표변수의 설정 방법은 선형식뿐만 아니라 다음의 모든 식에도 동일하게 적용된다.

표 2.1 지표변수의 설정방법 (n이 홀수인 경우)

연 도	지표변수(t)
1990	−3
1995	−2
2000	−1
2005	0
2010	+1
2015	+2
2020	+3

표 2.2 지표변수의 설정방법 (n이 짝수인 경우)

연 도	지표변수(t)
1985	−7
1990	−5
1995	−3
2000	−1
2005	+1
2010	+3
2015	+5
2020	+7

❑ 기하곡선식

기하곡선식 $P_t = ab^t$의 양변에 로그를 취하여 비선형식을 다음과 같이 선형식으로 전환할 수 있다.

$$\log P_t = \log a + (\log b)t. \tag{2.12}$$

따라서 위의 식에서 나타나는 계수는 식 (2.13)과 같이 간편화된 공식에 의해 결정된다.

$$\log a = \overline{\log P},\ \ \log b = \frac{\sum_t t\log P_t}{\sum_t t^2}. \tag{2.13}$$

❑ 포물선식

포물선식 $P_t = a + bt + ct^2$의 각 계수 결정은 다음과 같은 식에 의해 정해진다.

$$c = \frac{n\sum_t t^2 P_t - \sum_t t^2 \sum_t P_t}{n\sum_t t^4 - (\sum_t t^2)^2}, \quad a = \frac{\sum_t P_t - c\sum_t t^2}{n}, \quad b = \frac{\sum_t tP_t}{\sum_t t^2}. \tag{2.14}$$

❑ 수정된 지수곡선식

수정된 지수곡선식 $P_t = c + ab^t$은 앞서 설명하였듯이 각 계수 a와 b의 값에 따라 그 곡선의 형태가 변한다. 다시 말하면, 계수들의 값에 따라 곡선의 상한선 또는 하한선이 존재한다. 여기서는 지역의 성장에 있어서 일반적인 경우($a < 0$, $0 < b < 1$)만을 고려하여 설명한다. 이러한 조건하에 수정된 지수곡선식은 다음과 같이 표현된다.

$$P_t = c - ab^t, \qquad (a > 0).$$

그리고 양변에 로그를 취하면 다음과 같이 선형화시킬 수 있다.

$$\log(c - P_t) = \log a + (\log b)t. \tag{2.15}$$

선형식의 경우와 마찬가지로 각 계수는 다음과 같은 식에 의해 정해진다.

$$\log a = \overline{\log(c - P_t)}, \quad \log b = \frac{\sum_t t\log(c - P_t)}{\sum_t t^2}. \tag{2.16}$$

❑ Gompertz곡선식

Gompertz곡선식의 일반식, $P_t = ca^{b^t}$의 양변에 로그를 취하면 다음과 같다.

$$\log P_t = \log c + (\log a)b^t. \tag{2.17}$$

Gompertz곡선도 수정된 지수곡선과 같이 $\log a$와 b의 값에 따라 네 가지 형태로 구분된다. 여기서도 그중 가장 일반적인 유형 ($\log a < 0$과 $0 < b < 1$)에 한해 설명을 한다. 위의 식 (2.17)의 양변에 다시 한 번 양변에 로그를 취하여 Gompertz곡선식을 선형식으로 전환시킬 수 있다.

$$\log(\log c - \log P_t) = \log(\log a) + (\log b)t. \tag{2.18}$$

그러므로 위에 나타난 계수도 다음 식 (2.19)에 의하여 결정된다.

$$\log(\log a) = \left\{\overline{\log(\log c - \log P_t)}\right\}, \log b = \frac{\sum_t \{t \log(\log c - \log P_t)\}}{\sum_t t^2} \tag{2.19}$$

❑ Logistic곡선식

Logistic곡선의 일반식, $P_t = (c + ab^t)^{-1}$의 양변에 로그를 취하여 다음과 같이 선형식으로 전환시킬 수 있다.

$$\log(P_t^{-1} - c) = \log a + (\log b)t. \tag{2.20}$$

식 (2.20)의 선형식에서 나타나는 각 계수는 다음과 같이 정해진다.

$$\log a = \left\{\overline{\log(P_t^{-1} - c)}\right\},\ \log b = \frac{\sum_t \{t \log(P_t^{-1} - c)\}}{\sum_t t^2}. \tag{2.21}$$

2.4 요약

제2장에서는 추세연장법에 대해 설명하였다. 추세연장법에 의한 인구예측은 지역의 과거 인구 추세를 가장 잘 설명하는 인구추정식을 결정하고, 그 추정식을 시간에 대해 단순히 연장함으로써 이루어진다. 이러한 추세연장법은 계획 및 개발의 실무 분야에서 널리 사용된다. 이는 예측에 필요한 자료의 수집이 용이하며 방법 또한 간단하기 때문이다. 그러나 이 방법에 의한 인구예측은 단지 지역의 총 인구만 예측되는 단조로움이 결점이라고 할 수 있다. 본 장에서는 추세연장법에 사용되는 인구추정식을 크게 여섯 가지로 구분하여 설명하였다. 여기서 유의해야 할 것은 각 인구추정식은 서로 다른 결과를 제시한다는 사실이다. 따라서 연구자들의 관심은 인구추정식의 선택, 즉 정확성이 높은 결과를 얻기 위해 어떤 인구추정식을 선택할 것인가에 있다. 이러한 인구추정식의 선택 문제에 대해서는 다음 장에서 상세히 다루도록 한다.

제 02 장 적용 연습 문제

문제 1 지난 8년간 지역 1의 인구변화는 <표 2-A-1>과 같다.

〈표 2-A-1〉 지역 1의 연도별 인구

연도	인구 (명)
2013	528,930
2014	521,983
2015	520,101
2016	519,998
2017	519,231
2018	518,465
2019	518,035
2020	517,350

1-1 선형식을 이용하여 2030년의 지역 1의 인구를 예측하라 (단, 계산은 소수점 첫째자리까지 구하라).

1-2 기하곡선식을 이용하여 2030년의 지역 1의 인구를 예측하라 (단, 계산은 소수점 셋째자리까지 구하라).

1-3 포물선 식을 이용하여 2030년의 지역 1의 인구를 예측하라 (단, 계산은 소수점 둘째자리 까지 구하라).

문제 2 지난 9년간 지역 2의 인구는 <표 2-A-2>와 같다 (단, 지역 2에 관한 연구에 의하면 이 도시의 인구는 700,000명을 초과할 수 없다).

〈표 2-A-2〉 지역 2의 연도별 인구

연도	인구(명)
2012	425,123
2013	440,255
2014	435,675
2015	450,850
2016	460,015
2017	470,867
2018	480,152
2019	495,357
2020	500,112

2-1 수정된 지수곡선식을 이용하여 2030년의 지역 2의 인구를 예측하라 (단, 소수점은 셋째자리까지 반올림하여 계산하라).

2-2 Gompertz곡선식을 이용하여 2030년 지역 2의 인구를 예측하라 (단, 소수점은 셋째자리까지 반올림하여 계산하라).

2-3 Logistic곡선식을 이용하여 2030년 지역 2의 인구를 예측하라 (단, a, c는 소수점 여섯째자리까지 구하라).

문제 3 지난 9년간 지역 3의 인구는 <표 2-A-3>과 같다 (단, 지역 3에 관한 연구에 의하면 이 도시의 인구하한선은 300,000명이다).

〈표 2-A-3〉 지역 3의 연도별 인구

연도	인구(명)
2012	631,533
2013	618,137
2014	601,124
2015	586,228
2016	551,144
2017	527,567
2018	511,338
2019	497,274
2020	482,228

3-1 수정된 지수곡선식을 이용하여 2030년의 지역 3의 인구를 예측하라 (단, 소수점은 셋째자리까지 반올림하여 계산하라).

3-2 Gompertz곡선식을 이용하여 2030년 지역 3의 인구를 예측하라 (단, 소수점은 셋째자리까지 반올림하여 계산하라).

3-3 Logistic곡선식을 이용하여 2030년 지역 3의 인구를 예측하라 (단, a, c는 소수점 일곱째자리까지 구하라).

제 02 장

적용 문제 풀이

문제 1 1-1

〈표 2-A-4〉 선형식을 이용한 인구예측

연도	P_t	t	t^2	$t \times P_t$
2013	528,930	−7	49	−3,702,510
2014	521,983	−5	25	−2,609,915
2015	520,101	−3	9	−1,560,303
2016	519,998	−1	1	−519,998
2017	519,231	1	1	519,231
2018	518,465	3	9	1,555,395
2019	518,035	5	25	2,590,175
2020	517,350	7	49	3,621,450
합계	4,164,093	0	168	−106,475

선형식의 기본구조는 $P_t = a + bt$이며, 각 계수는 식 (2.1)에 의해 결정된다.

$$a = \overline{P} - b\bar{t},$$

$$b = \frac{\sum_t tP_t - n\bar{t}\,\overline{P}}{\sum_t t^2 - n\overline{t^2}}. \tag{2.1}$$

n: 관찰자료의 수,

$\bar{x}$: 변수 x의 평균값

지표 변수 $\bar{t}$의 평균이 0이 되도록 설정되었으므로 각 계수 값은 다음과 같이 계산된다.

$$a = \overline{P} = 520{,}511.6,$$

$$b = \frac{\sum_t tP_t}{\sum_t t^2} = \frac{-106,475}{168} = -633.8.$$

지역 1의 인구변화는 다음과 같은 선형식에 의해 표현된다.

$$P_{2030} = 520,511.6 - 633.8t.$$

∴ 2030년의 t=27이다. 따라서 지역 1의 인구는 503,399(인)으로 예측된다.

$$P_{2030} = 520,511.6 - 633.8 \times 27$$

$$= 503,399(\text{인}).$$

문제 1 1-2

〈표 2-A-5〉 기하곡선식을 이용한 인구예측

연도	P_t	t	t^2	$\log P_t$	$t \times \log P_t$
2013	528,930	−7	49	5.723	−40.064
2014	521,983	−5	25	5.718	−28.588
2015	520,101	−3	9	5.716	−17.148
2016	519,998	−1	1	5.716	−5.716
2017	519,231	1	1	5.715	5.715
2018	518,465	3	9	5.715	17.144
2019	518,035	5	25	5.714	28.572
2020	517,350	7	49	5.714	39.996
합계	4,164,093	0	168	45.731	−0.089

기하곡선식의 기본구조는 $P_t = ab^t$이며, 양변에 로그를 취하면 다음과 같이 계산된다.

$$\log P_t = \log a + (\log b)t.$$

위의 식의 각 계수는 다음과 같이 결정된다.

$$\log a = \overline{\log P} = 5.716,$$

$$\log b = \frac{\sum_t t \log P_t}{\sum_t t^2} = \frac{-0.089}{168} = -0.001.$$

따라서 각 계수의 값은 다음과 같이 계산된다.

$$a = 10^{5.716} = 519,995.997,\ b = 10^{-0.001} = 0.998.$$

∴ 2030년의 t=27이다. 따라서 지역 1의 인구는 492,634(인)으로 예측된다.

$$P_{2030} = 519,995.997 \times 0.998^{27} = 492,634(\text{인}).$$

문제 1 **1-3**

〈표 2-A-6〉 포물선식을 이용한 인구예측

연도	P_t	t	t^4	$t^2 \times P_t$	$t \times P_t$
2013	528,930	−7	2,401	25,917,570	−3,702,510
2014	521,983	−5	625	13,049,575	−2,609,915
2015	520,101	−3	81	4,680,909	−1,560,303
2016	519,998	−1	1	519,998	−519,998
2017	519,231	1	1	519,231	519,231
2018	518,465	3	81	4,666,185	1,555,395
2019	518,035	5	625	12,950,875	2,590,175
2020	517,350	7	2,401	25,350,150	3,621,450
합계	4,164,093	0	6,216	87,654,493	−106,475

포물선식 $P_t = a + bt + ct^2$의 각 계수는 다음 식 (2.2)와 같이 계산된다.

$$c = \frac{n\sum_t t^2 P_t - \sum_t t^2 \times \sum_t P_t}{n\sum_t t^4 - (\sum_t t)^2} = \frac{8 \times 87,654,493 - 168 \times 4,164,093}{8 \times 6,216}$$
$$= 33.55,$$

$$a = \frac{\sum_t P_t - c\sum_t t^2}{n} = \frac{4,164,093 - 33.55 \times 168}{8} = 519,807.08,$$

$$b = \frac{\sum_t tP_t}{\sum_t t^2} = \frac{-106,475}{168} = -633.78. \tag{2.2}$$

∴ 2030년의 t=27이다. 따라서 지역 1의 인구는 527,153(인)으로 예측된다.

$$P_{2030} = 519,807.08 + (-633.78 \times 27) + (33.55 \times 27^2) = 527,153(\text{인}).$$

문제 2 **2-1**

〈표 2-A-7〉 수정된 지수곡선식을 이용한 인구예측

연도	P_t	t	t^2	$c-P_t$	$Log(c-P_t)$	$t \times Log(c-P_t)$
2012	425,123	−4	16	274,877	5.439	−21.757
2013	440,255	−3	9	259,745	5.415	−16.244
2014	435,675	−2	4	264,325	5.422	−10.844
2015	450,850	−1	1	249,150	5.396	−5.396
2016	460,015	0	0	239,985	5.380	0.000
2017	470,867	1	1	229,133	5.360	5.360
2018	480,152	2	4	219,848	5.342	10.684
2019	495,357	3	9	204,643	5.311	15.933
2020	500,112	4	16	199,888	5.301	21.203
합계	4,158,406	0	60	2,141,594	48.366	−1.060

수정된 지수곡선식 $P_t = c - ab^t$이며, 각 계수 값은 다음과 같이 계산된다.

$$\log a = \overline{\log(c - P_t)} = 5.374,$$

$$a = 10^{5.374} = 236,592.$$

$$\log b = \frac{\sum_t t\log(c - P_t)}{\sum_t t^2} = \frac{-1.060}{60} = -0.018,$$

$$b = 10^{-0.018} = 0.959.$$

∴ 2030년의 t=14이다. 따라서 2030년 지역 2의 인구는 568,338(인)으로 예측된다.

$$P_t = 700,000 - 236,592 \times 0.959^{14} = 568,338(\text{인}).$$

〈표 2-A-8〉 Gompertz곡선식을 이용한 인구예측

연도	P_t	t	t^2	$LogP_t$	$Log(Logc-LogP_t)$	$t \times Log(Logc-LogP_t)$
2012	425,123	−4	16	5.629	−0.664	2.657
2013	440,255	−3	9	5.644	−0.696	2.088
2014	435,675	−2	4	5.639	−0.686	1.373
2015	450,850	−1	1	5.654	−0.719	0.719
2016	460,015	0	0	5.663	−0.739	0.000
2017	470,867	1	1	5.673	−0.764	−0.764
2018	480,152	2	4	5.681	−0.786	−1.572
2019	495,357	3	9	5.695	−0.823	−2.470
2020	500,112	4	16	5.699	−0.836	−3.342
합계	4,158,406	0	60	50.977	−6.714	−1.311

Gompertz곡선식의 일반식, $P_t = ca^{b^t}$ $(\log a < 0$과 $0 < b < 1)$이며, 각 계수 값은 다음과 같이 계산된다.

$$\log(-\log a) = \{\overline{\log(\log c - \log P_t)}\} = -0.746,$$

$$\log a = -0.179,\ a = 0.662,$$

$$\log b = \frac{\sum_t \{t \log(\log c - \log P_t)\}}{\sum_t t^2} = \frac{-1.311}{60} = -0.022,$$

$$b = 10^{-0.022} = 0.951.$$

∴ 2030년의 t=14이다. 따라서 2030년 지역 2의 인구는 570,741(인)으로 예측된다.

$$P_{2030} = 700,000(0.662)^{0.951^{14}} = 570,741(\text{인})$$

〈표 2-A-9〉 Logistic곡선식을 이용한 인구예측

연도	P_t	t	t^2	c	$\log(P_t^{-1}-c)$	$t\times\log(P_t^{-1}-c)$
2012	425,123	-4	16	0.0000014	-6.0344742	24.1378970
2013	440,255	-3	9	0.0000014	-6.0742551	18.2227654
2014	435,675	-2	4	0.0000014	-6.0621224	12.1242449
2015	450,850	-1	1	0.0000014	-6.1026692	6.1026692
2016	460,015	0	0	0.0000014	-6.1276859	0.0000000
2017	470,867	1	1	0.0000014	-6.1579087	-6.1579087
2018	480,152	2	4	0.0000014	-6.1843543	-12.3687085
2019	495,357	3	9	0.0000014	-6.2290195	-18.6870584
2020	500,112	4	16	0.0000014	-6.2433786	-24.9735144
합계	4,158,406	0	60	-	-55.2158679	-1.5996134

Logistic곡선식의 일반식, $P_t = (c + ab^t)^{-1}$을 선형으로 전환하면 다음과 같다.

$$\log(P_t^{-1} - c) = \log a + (\log b)t.$$

위의 선형식에서 나타나는 각 계수는 다음과 같이 계산된다.

$$\log a = \overline{\log(P_t^{-1} - c)} = -6.1350964$$

$$a = 10^{-6.1350964} = 0.0000007,$$

$$\log b = \frac{\sum_t t\log(P_t^{-1} - c)}{\sum_t t^2} = \frac{-1.599613}{60} = -0.0266602,$$

$$b = 10^{-0.0266602} = 0.9404590.$$

∴ 2030년의 t=14이다. 따라서 2030년 지역 2의 인구는 589,489(인)으로 예측된다.

$$P_{2030} = (0.0000014 + 0.0000007(0.9404590)^{14})^{-1} = 589,489(\text{인}).$$

문제 3 3-1

〈표 2-A-10〉 수정된 지수곡선식을 이용한 인구예측

연도	P_t	t	t^2	P_t-c	$Log(P_t-c)$	$t \times Log(P_t-c)$
2012	631,533	−4	16	331,533	5.521	−22.082
2013	618,137	−3	9	318,137	5.503	−16.508
2014	601,124	−2	4	301,124	5.479	−10.957
2015	586,228	−1	1	286,228	5.457	−5.457
2016	551,144	0	0	251,144	5.400	0.000
2017	527,567	1	1	227,567	5.357	5.357
2018	511,338	2	4	211,338	5.325	10.650
2019	497,274	3	9	197,274	5.295	15.885
2020	482,228	4	16	182,228	5.261	21.042
합계	5,006,573	0	60	2,306,573	48.596	−2.069

수정된 지수곡선식 $P_t = c + ab^t$이며, 각 계수 값은 다음과 같이 계산된다.

$$\log a = \overline{\log(P_t - c)} = 5.400,$$

$$a = 10^{5.400} = 251,189.$$

$$\log b = \frac{\sum_t t \log(c - P_t)}{\sum_t t^2} = \frac{-2.069}{60} = -0.034,$$

$$b = 10^{-0.034} = 0.925.$$

∴ 2030년의 t=14이다. 따라서 2030년 지역 3의 인구는 384,331(인)으로 예측된다.

$$P_t = 300,000 + 251,189 \times 0.924^{14} = 384,331(\text{인}).$$

문제 3 ——— 3-2

〈표 2-A-11〉 Gompertz곡선식을 이용한 인구예측

연도	P_t	t	t^2	$LogP_t$	$Log(LogP_t-Logc)$	$t \times Log(LogP_t-Logc)$
2012	631,533	−4	16	5.800	−0.490	1.962
2013	618,137	−3	9	5.791	−0.503	1.509
2014	601,124	−2	4	5.779	−0.520	1.040
2015	586,228	−1	1	5.768	−0.536	0.536
2016	551,144	0	0	5.741	−0.578	0.000
2017	527,567	1	1	5.722	−0.611	−0.611
2018	511,338	2	4	5.709	−0.635	−1.271
2019	497,274	3	9	5.697	−0.659	−1.976
2020	482,228	4	16	5.683	−0.686	−2.743
합계	5,006,573	0	60	51.691	−5.218	−1.553

Gompertz곡선식의 일반식, $P_t = ca^{b^t}$ $(\log a > 0$과 $0 < b < 1)$이며, 각 계수 값은 다음과 같이 계산된다.

$$\log(\log a) = \{\overline{\log(\log P_t - \log c)}\} = -0.580,$$

$$\log a = 0.263,\ a = 1.833,$$

$$\log b = \frac{\sum_t \{t \log(\log P_t - \log c)\}}{\sum_t t^2} = \frac{-1.553}{60} = -0.026,$$

$$b = 10^{-0.026} = 0.942.$$

∴ 2030년의 t=14이다. 따라서 2030년 지역 3의 인구는 390,281(인)으로 예측된다.

$$P_{2030} = 300,000(1.833)^{0.942^{14}} = 390,281(\text{인})$$

문제 3 3-3

〈표 2-A-12〉 Logistic곡선식을 이용한 인구예측

연도	P_t	t	t^2	c	$\log(c-P_t^{-1})$	$t\times\log(P_t^{-1}-c)$
2012	631,533	-4	16	0.0000033	-5.7569905	23.0279622
2013	618,137	-3	9	0.0000033	-5.7655918	17.2967754
2014	601,124	-2	4	0.0000033	-5.7773400	11.5546799
2015	586,228	-1	1	0.0000033	-5.7884757	5.7884757
2016	551,144	0	0	0.0000033	-5.8184635	0.0000000
2017	527,567	1	1	0.0000033	-5.8422896	-5.8422896
2018	511,338	2	4	0.0000033	-5.8608517	-11.7217035
2019	497,274	3	9	0.0000033	-5.8786472	-17.6359415
2020	482,228	4	16	0.0000033	-5.8997586	-23.5990343
합계	5,006,573	0	60	-	-52.3884086	-1.1310756

Logistic곡선식의 일반식, $P_t = (c - ab^t)^{-1}$을 선형으로 전환하면 다음과 같다.

$$\log(c - P_t^{-1}) = \log a + (\log b)t.$$

위의 선형식에서 나타나는 각 계수는 다음과 같이 계산된다.

$$\log a = \overline{\log(c - P_t^{-1})} = -5.8209343$$

$$a = 10^{-5.8209343} = 0.0000015,$$

$$\log b = \frac{\sum_t t\log(P_t^{-1} - c)}{\sum_t t^2} = \frac{-1.1310756}{60} = -0.01885126,$$

$$b = 10^{-0.01885126} = 0.9575220.$$

∴ 2030년의 t=14이다. 따라서 2030년 지역 3의 인구는 398,278(인)으로 예측된다.

$$P_{2030} = (0.0000033 - 0.0000015(0.9575220)^{14})^{-1} = 398,278(\text{인}).$$

제 03 장 인구추정식의 선택

3.1 서 론

앞 장에서는 추세연장법의 두 단계, 즉 관찰된 자료로부터 추정식을 결정하고, 그 식을 이용하여 지역의 장래 인구를 예측하는 여섯 가지 인구추정식에 대해 설명하였다. 여기서 분석자에게 발생하는 문제는 각 추정식으로부터 구한 인구 예측의 결과가 서로 다르다는 것이다. 그러므로 연구자는 지역인구 예측에 가장 적합한 추정식을 결정해야 하는 선택의 문제에 직면하게 된다. 본 장에서는 과거 자료로부터 도출한 추정식 중 지역인구 예측에 가장 적합한 식을 선택하는 방법에 대해 설명한다.

지역인구를 예측하기 위한 추정식 선택에는 여러 가지 기준이 있다. 각 기준은 추정식 선택을 합리적으로 유도하여 결정하게 한다. 그러한 기준 중 가장 신속한 방법이 관찰 자료를 좌표상에 직접 표시하는 방법이다. 이를 산포도법(scatter diagram method)이라 한다. 즉 산포도법은 지역인구의 변화 특성을 가장 근사하게 나타내는 식을 지역의 인구추정식으로 결정하는 방법이다. 그러나 일반적으로 지역인구의 변화가 어떠한 특정 형태를 나타내지 않는 경우가 대부분이다. 이에 따라 산포도법은 사용상 한계가 있지만 지역의 인구변화를 설명하는데 적합하지 않은 추정식을 1차적으로 배제할 수 있다는 면에서 나름대로의 의미가 있다.

또 다른 방법으로는 추정 인구와 지역의 실제 인구를 비교하여 추정식을 선택하는 방법이다. 이는 과거를 가장 잘 설명하는 추정식이 예측에 있어서도 가장 신뢰성이 높다는 전제에 바탕을 두고 있다. 본 장에서는 이 방법에 대해 구체적으로 설명한다. 지역의 인구추정식 선택은 접근방법상 크게 두 가지로 나누어진다. 첫째는 각 추정식이 가지고 있는 특성과 과거에 나타난 지역인구의 성장 특성을 비교함으로써 지역에 적합한 추정식을 선택하는 방법이다. 둘째는 결정된 추정식을 이용하여 과거 지역의 인구를 추정하고 그 후 추정 결과와 지역의 실제 인구를 비교하여 지역에 적정한 추정식을 선택하는 방법이다. 전자의 방법을 투입평가법(input evaluation method)이라 하며, 후자의 방법을 결과평가법(output evaluation method)이라 한다.

설명에 앞서 본 장의 구성은 다섯 개의 절로 이루어진다. 제2절에서는 실제로 관찰된 지역인구의 성장 형태와 앞 장에서 설명한 여섯 가지의 인구추정식의 변화 형태를 비교하여 지역에 적합한 인구추정식을 평가하는 투입평가법에 대해 설명한다. 제3절에서는 관찰된 지역의 인구와 각 추정식에 의해 추정된 인구를 비교하여 지역에 적합한 인구추정식을 평가하는 결과평가법에 대해 설명한다. 제4절에서는 앞 절에서 설명한 투입평가법과 결과평가법을 동시에 고려하여 지역에 적합한 인구추정식의 선택에 대해 설명한다. 마지막으로 제5절에서는 본 장에서 설명된 내용이 요약된다.

3.2 투입평가법

3.2.1 인구추정식의 특성

투입평가법은 대상지역 인구 예측에 가장 적합한 추정식을 선택하기 위해 실제의 지역 인구 성장 형태와 각 추정식의 변화 특성을 비교하는 방법이다. 일반적으로 지역의 실제 자료는 어떠한 추정식의 변화 특성과도 완전히 일치하지 않는다. 그러므로 추정식의 선택 방법은 지역의 실제 성장 형태와 각 추정식이 가지는 특성과의 차이를 측정하여 그 차이가 최소가 되는 식을 지역의 인구추정식으로 선택하는 것이다. 이 방법을 설명하기 전에 우선 추정식이 어떠한 성장 특성을 가지고 있는지 알아보자.

❑ 선형식

선형식은 시간에 대해 변화량이 일정하다는 특징이 있다. 그러므로 만일 지역의 변화된 인구가 시간대별로 일정하다면 이것은 그 지역의 인구 예측에는 선형식이 가장 적절한 인구추정식임을 가리킨다.

$$d_t = P_t - P_{t-1} = constant. \tag{3.1}$$

❑ 기하곡선식

기하곡선식을 로그를 통하여 선형화시키면 다음과 같이 표현된다.

$$\log P_t = \log a + t \log b.$$

따라서 관찰된 인구의 로그값 변화량이 일정하다면, 이는 지역의 예측을 위하여 기하곡선식이 가장 적절한 추정식이라 하겠다.

$$d_t^{\log} = \log P_t - \log P_{t-1} = constant. \tag{3.2}$$

❑ 포물선식

포물선식은 시간대별로 변화된 인구의 차이가 일정한 특정이 있다. 따라서 관찰된 자료에서 변화된 인구의 차가 일정하다면 포물선식이 지역인구 예측방법으로 가장 적합함을 가리킨다고 할 수 있다.

$$s_t = d_t - d_{t-1} = constant. \tag{3.3}$$

❑ 수정된 지수곡선식

수정된 지수곡선식은 변화된 인구의 비가 일정한 특징이 있다. 따라서 지역의 시간대별로 변화된 인구의 비가 일정하다면 대상 지역의 인구예측은 수정된 지수곡선식이 가장 적절한 추정식이라 할 수 있다.

$$q_t = \frac{d_t}{d_{t-1}} = constant. \tag{3.4}$$

❑ Gompertz곡선식

Gompertz곡선식은 양변에 로그를 취함으로써 수정된 지수곡선형태가 될 수 있음은 앞서 설명한 바 있다. 따라서 Gompertz곡선식은 지역의 로그 인구 $(\log P_t)$ 변화비가 일정하다는 가정을 바탕으로 한다. 그러므로 대상 지역에서 시간대별로 로그 인구의 변화비가 일정하다면 그 지역의 예측에는 Gompertz곡선식의 사용이 가장 적절함을 나타낸다고 하겠다.

$$q_t^{\log} = \frac{d_t^{\log}}{d_{t-1}^{\log}} = constant. \tag{3.5}$$

여기서, $d_t^{\log} = \log P_t - \log P_{t-1}$ 이다.

❑ Logistic곡선식

Logistic곡선식은 지역인구 역수의 차이 비가 일정한 특징이 있다. 따라서 관찰된 인구 역수의 차이 비가 시간대별로 일정하다면 그 지역의 인구예측에는 Logistic곡선식이 가장 적합하다.

$$d_t^{-1} = P_t^{-1} - P_{t-1}^{-1},\ q_t^{-1} = \frac{d_t^{-1}}{d_{t-1}^{-1}} = constant. \tag{3.6}$$

3.2.2 투입평가법

지역에서 관찰된 인구성장의 특징은 어느 특정 추정식이 가지고 있는 특성에 정확하게 상응하지 않는다. 그러므로 적절한 추정식을 선택하기 위해서는 통계적 방법이 필요하게 된다. 즉 실제로 나타난 지역인구의 성장 특성과 각 추정식이 기초하고 있는 특성의 차이를 측정할 수 있는 방법이 필요하다. 여기서 이러한 측정값과 실제값의 차이를 표준편차(s)라 하며, 이는 다음과 같은 식에 의해 측정된다.

$$s = \left[\frac{\sum_t (Z_t - \overline{Z})^2}{M-1} \right]^{1/2}, \tag{3.7}$$

여기서 Z_t : 투입값,

M : 투입값의 개수,

$\overline{Z}$: 투입값의 산술평균 $\left(\overline{Z} = \frac{\sum_t Z_t}{M}\right)$.

여기서 투입값이라 함은 실제 지역인구성장의 특성을 나타내는 변수의 값을 의미한다. 지역인구변화의 특성은 각 추정식별로 서로 다르므로 각 추정식에서 의미하는 투입값이란 구체적으로 d_t, $d_t^{\log}$, s_t, q_t, $q_t^{\log}$, q_t^{-1}을 가리킨다. 위의 식은 다음과 같이 표현된다.

$$s = \left[\frac{\sum Z_t^2 - (\sum \overline{Z_t})^2/M}{M-1}\right]^{1/2}. \tag{3.8}$$

여기서 각 추정식을 비교하여 선택하는 데 있어서 표준편차의 이용은 적절하지 않다. 왜냐하면 각 식의 편차는 서로 다른 단위를 가지고 있기 때문이다. 예를 들면 선형식에서는 지역의 변화된 인구(d_t)를, 포물선식에서는 변화된 인구의 변화(s_t)를 단위로 갖기 때문이다. 그러므로 각 식의 편차를 비교하기 위해서는 동일한 단위로 통일해야 하는데, 이는 각 추정식의 표준편차를 그 식에 투입되는 값의 산술평균으로 나누어 줌으로써 가능하다. 이러한 과정을 통해 얻어지는 계수를 상대분산계수(coefficient of relative variation, CRV)라 하며, 다음과 같이 표현된다.

$$CRV = \frac{s}{|\overline{Z}|} \times 100. \tag{3.9}$$

따라서 CRV에서 각 추정식은 서로 동일한 단위로 측정되므로 각 추정식의 정확성을 비교할 수 있게 된다(엄밀히 말해서 CRV의 단위는 무단위(dimensionless)이다). 즉 각 추정식의 CRV가 가장 작은 값을 가지는 식이 지역의 인구예측에 가장 정확성이 높은 추정식이 된다. 각 추정식에서 CRV의 계산 과정은 선형식을 예로 들어 표 3.1에 제시하였다. 그리고 각 추정식에 대한 결과는 표 3.3에 제공되었으므로 독자들은 스스로 연습해보기 바란다.

표 3.1 CRV의 계산과정

연 도	P_t	$Z_t = P_t - P_{t-1}$	Z_t^2
1980	180	–	–
1985	250	70	4,900
1990	320	70	4,900
1995	370	50	2,500
2000	480	110	12,100
2005	580	100	10,000
2010	700	120	14,400
2015	850	150	22,500
2020	940	90	8,100
합계	–	760	79,400

식 (3.8)을 이용하면 표준편차(s)는 다음과 같다.

$$s = \left[\frac{79,400 - 760^2/8}{7} \right]^{1/2} = 32.07.$$

그리고 $\overline{Z}$의 값도 다음과 같다.

$$\overline{Z} = 95.$$

따라서 식 (3.9)에 의한 CRV는 33.76이 된다.

$$CRV = 32.07/95 \times 100 = 33.76.$$

3.3 결과평가법

결과평가법은 관찰된 자료와 각 추정식의 결과와의 차이를 가지고 평가하는 방법이다. 이 방법은 지역의 과거 성장 추세를 가장 정확하게 묘사하는 식이 미래의 예측에도 가장 정확성이 높음을 기본 관점으로 하고 있다. 이를 바탕으로 한 추정식의 평가방법이 절대평균오차백분법(mean absolute percentage error, $MAPE$)이다. 이 방법은 다음과 같은 식으로 표현된다.

$$MAPE = \frac{\sum_t \frac{|P_t - P_t^e|}{P_t}}{n} \times 100. \qquad (3.10)$$

여기서 P_t^e는 추정식을 이용하여 추정된 지역인구이다. $MAPE$는 실제값과 추정값의 오차를 백분율의 합으로 계산하고 이를 다시 산술평균함으로써 구해진다. 다시 말해, $MAPE$는 오차의 평균 크기를 제공하여 추정식의 선택에 적절한 바탕을 제공하는 것이다. 또한 사용단위나 관찰 자료의 수가 다른 경우에도 서로 비교할 수 있는 장점을 가지고 있다. 계산과정은 매우 간단하다. 선형식을 중심으로 $MAPE$의 계산 과정은 표 3.2에 제시된 바와 같다. 그리고 다른 곡선식에 대한 $MAPE$ 값은 표 3.3에 요약되었다.

표 3.2 $MAPE$의 계산과정(선형식)

연 도	P_t	P_t^e	$P_t - P_{t-1}$	$\frac{\|P_t - P_t^e\|}{P_t}$
1980	180	132	48	0.2691
1985	250	228	22	0.0864
1990	320	325	−5	0.0163
1995	370	422	−52	0.1407
2000	480	519	−39	0.0810
2005	580	616	−36	0.0616
2010	700	713	−13	0.0179
2015	850	809	41	0.0478
2020	940	906	34	0.0359
합계	−	−	−	0.7568

표 3.2의 결과로부터 선형식의 $MAPE$ 값은 8.409이다.

$$MAPE = \frac{0.7568}{9} \times 100 = 8.409.$$

3.4 인구추정식의 선택

위에서 설명한 *CRV*와 *MAPE*가 동일하게 어느 특정한 추정식이 지역예측에 최적임을 가리킨다면 연구자의 선택은 분명해진다. 즉 *CRV*와 *MAPE*가 동일하게 최소가 되는 식을 선택하면 된다. 그러나 이러한 두 기준이 서로 다른 추정식을 지역의 인구예측에 최적임을 제시할 때 분석자는 추정식을 선택해야 하는 문제에 직면하게 된다.

앞서 설명한 투입평가법과 결과평가법을 지역 "가"에 각각 적용했을 때 각 추정식에 대한 결과는 표 3.3에 요약되었다. 표는 *CRV*와 *MAPE*에 의한 각 추정식의 평가가 어느 특정한 식이 지역에 대해 최적임을 제시하지 않는 경우도 발생할 수 있음을 가리킨다. 즉 *CRV*에 의한 기준에 의하면 지역에 가장 적합한 인구추정식은 선형식이다. 반면, *MAPE*의 기준에 의하면 지역예측에 가장 적합한 인구추정식은 포물선식이다.

표 3.3 각 추정식의 평가

곡선식의 종류	*CRV*	*MAPE*
선형식	33.76	8.41
기하곡선식	34.30	4.54
포물선식	1,351.23	2.29
수정된 지수곡선식	47.09	17.54
Gompertz곡선식	47.16	6.58
Logistic곡선식	47.68	2.65

표 3.3에서 나타나듯이 *CRV*와 *MAPE*에 의한 기준이 동일하게 지역인구예측에 적합한 추정식을 가리키지 않는다고 할지라도 두 기준의 적용은 연구자로 하여금 선택의 폭을 줄이게 한다. 지역인구추정식의 선택 과정은 다음과 같다. 표 3.3에서 가장 높은 *CRV*값을 보이는 포물선식과 가장 높은 *MAPE*값을 보이는 수정된 지수곡선식은 우선 지역 "가"의 인구추정에 부적합한 식으로 선택의 대상에서 제외시킬 수 있다(여기서 포물선식은 특별한 경우로 *CRV*에서는 가장 높은 값을, 그리고 *MAPE*에서는 가장 낮은 값을 보이고 있다. 따라서 포물선식을 우선적으로 지역의 인구추정식의 선택과정에서 제외하기는 실제적으로 무리가 있으나 설명상 식의

CRV값이 가장 높으므로 제외하는 것으로 한다). 그리고 나머지 네 가지 식 중 선형식과 기하곡선식, 그리고 Gompertz곡선식과 Logistic곡선식을 서로 묶어 비교하면 선택의 폭은 다시 줄어든다. 왜냐하면 묶인 두 식은 CRV에서 서로 근소한 차이를 보이는 반면 $MAPE$에서는 뚜렷한 차이를 보이기 때문이다.

지역 "가"에 적합한 추정식의 선택 대상은 기하곡선식과 Logistic곡선식으로 줄어들게 된다. 이 두 식 중 지역의 인구추정식으로 최종 선택은 연구자의 판단에 의한다. 이는 대상 지역의 성장 과정과 지형적인 특징, 그리고 타 지역과의 관계 등을 종합적으로 고려하여 결정되어야만 한다. 예를 들어 만일 지역의 성장한계선은 1,500천 명이라면 기하곡선식에 의한 인구예측은 2035년 2,343천 명이다. 이 예측인구는 지역의 인구 수용 능력을 초과하였으므로 최종 인구추정식 선택에서 제외될 수 있다. 따라서 지역 "가"의 인구예측에 가장 적절한 식은 Logistic곡선식이라 할 수 있다.

3.5 요 약

인구추정식의 결정과 추세연장법에 의한 지역인구의 예측은 하나의 단순 자료만을 이용하여 지역의 미래를 예측할 수 있는 유일한 수단이다. 특히 시간이나 비용이 제한되어 있는 경우 이 방법은 유용하게 사용될 수 있다. 그러나 이 방법은 무엇이 지역의 성장과 쇠퇴를 야기시키는가에 대한 요인 등이 전혀 고려되지 않는다. 따라서 추세연장법은 이론적으로 매우 취약하다고 할 수 있다. 예를 들면 지역의 남녀 구성, 인구의 연령 구조, 지역간 인구이동 형태, 지역의 산업구조 등은 지역의 인구예측에 매우 중요한 요소이다. 그러나 추세연장법에서는 이러한 요소들이 전혀 고려되지 않아 예측 결과의 정확성에 한계가 있다. 그러므로 추세연장법에 의한 지역인구의 예측은 장기적인 것보다는 단기적인 예측으로 제한되어야 바람직하다.

제 03 장 적용 연습 문제

문제 1 2장에서 추세연장법을 이용하여 장래인구를 예측하였다. 지역 1과 지역 2에 적합한 추정식을 선택하라.

1-1 투입평가법을 이용하여 지역 1에서 사용된 추정식들 중 지역 1에 가장 적합한 식을 선택하라.

1-2 투입평가법을 이용하여 지역 2에서 사용된 추정식들 중 지역 2에 가장 적합한 식을 선택하라.

1-3 결과평가법을 이용하여 지역 1에서 사용된 추정식들 중 지역 1에 가장 적합한 식을 선택하라.

1-4 결과평가법을 이용하여 지역 2에서 사용된 추정식들 중 지역 2에 가장 적합한 식을 선택하라.

1-5 투입평가법과 결과평가법 결과를 바탕으로 지역 1에 적합한 추정식을 선택하라.

1-6 투입평가법과 결과평가법 결과를 바탕으로 지역 2에 적합한 추정식을 선택하라.

제 03 장

적용 문제 풀이

문제 1 — 1-1

각 추정식의 CRV가 가장 작은 값을 가지는 식이 지역의 인구 예측의 정확성이 높은 추정식이 된다. 지역 1에 대해 계산된 선형식, 기하곡선식, 포물선식의 CRV의 결과는 <표 3-A-1>과 같다. 기하곡선식이 가장 낮은 값을 보이고 있고, 포물선식이 가장 높은 값을 보이고 있다. 따라서 지역 '가'의 인구를 추정하는데 있어서 가장 적합한 식은 기하곡선식이다.

〈표 3-A-1〉 지역 1 대상 인구추정식의 CRV

곡선식종류	CRV
선형식	144.9
기하곡선식	144.1
포물선식	205.1

문제 1 — 1-2

지역 2의 경우 <표 3-A-2>와 같이 Gompertz곡선식의 CRV가 가장 높고, Logistic곡선식이 가장 낮다. 따라서 3개의 추정식 중 지역 2의 인구를 추정하는데 있어서 가장 적합한 식은 Logistic곡선식이다.

〈표 3-A-2〉 지역 2 대상 인구추정식의 CRV

곡선식종류	CRV
수정된 지수곡선식	1,176.6
Gompertz곡선식	1,239.9
Logistic곡선식	363.7

문제 1 — 1-3

결과평가법은 관찰된 자료와 각 추정식의 결과와의 차이를 가지고 평가하는 방법이다. 각 추정식별 MAPE의 결과는 <표 3-A-3>과 같다. 포물선식이 가장 낮고, 그리고 기하곡선식이 가장 높다. 따라서 포물선식이 3개의 추정식 중 지역 1의 인구를 추정하는 데 있어서 가장 적합한 식이다.

〈표 3-A-3〉 지역 1 대상 인구추정식의 MAPE

곡선식종류	MAPE
선형식	0.28
기하곡선식	0.45
포물선식	0.20

문제 1 — 1-4

결과평가법은 관찰된 자료와 각 추정식의 결과와의 차이를 가지고 평가하는방법이다. 각 추정식별 MAPE의 결과는 <표 3-A-4>와 같으며, Gompertz곡선식이 가장 낮고 Logistic곡선식은 가장 높게 나타났다. 따라서 지역 2의 인구를 추정하는데 있어서 가장 적합한 식은 Gompertz곡선식이다.

〈표 3-A-4〉 지역 2 대상 인구추정식의 MAPE

곡선식종류	MAPE
수정된 지수곡선식	0.86
Gompertz곡선식	0.79
Logistic곡선식	2.93

문제 1 — 1-5

CRV와 MAPE 값이 높은 식을 제외하는 것으로 인구추정식을 결정한다. CRV는 포물선식, MAPE는 기하곡선식이 가장 높은 값을 가지므로 선형식이 지역 1의 인구를 예측하는 데 보다 적합한 식이라고 할 수 있다.

〈표 3-A-5〉 지역 1 대상 CRV와 MAPE

곡선식종류	CRV	MAPE
선형식	144.9	0.28
기하곡선식	144.1	0.45
포물선식	205.1	0.20

문제 1 — 1-6

CRV와 MAPE 값이 높은 식을 제외하는 것으로 인구추정식을 결정한다. CRV는 Gompertz곡선식, MAPE는 Logistic곡선식이 가장 높은 값을 가지므로 수정된 지수곡선식이 지역 2의 인구를 예측하는 데 보다 적합한 식이라고 할 수 있다.

〈표 3-A-6〉 지역 2 대상 CRV와 MAPE

곡선식종류	CRV	MAPE
수정된 지수곡선식	1,176.6	0.86
Gompertz곡선식	1,239.9	0.79
Logistic곡선식	363.7	2.93

제 II 편

조성법

제 04 장 조성법

4.1 서 론

지역인구의 성장은 출생과 사망에 의한 자연성장과 지역간 인구이동에 의한 사회적 성장으로 구분된다. 즉 지역인구의 성장은 출생과 사망, 그리고 지역간 인구이동에 의한 시간적 변화의 결과라 할 수 있다. 이러한 인구변화에는 성별, 연령별, 그리고 지역별로 일반적인 특성이 있다. 이를 좀 더 구체적으로 살펴보면 다음과 같다. 출생은 여성들에 의해서만 이루어지며, 출산율은 연령에 따라 크게 변한다. 그러므로 지역인구의 성별 연령구조는 지역인구성장에 중요한 영향을 미친다. 둘째, 사망은 연령에 따라 뚜렷한 특징을 보인다. 사망률의 경우 신생아에게 비교적 높고 유아층에게 낮으며 나이에 따라서 완만히 증가하는 경향을 보인다. 또한 사망률은 성별로 볼 때 여성이 남성보다 낮은 것으로 나타난다. 셋째, 지역간 인구이동도 인구의 계층마다 특징을 가지고 있다. 일반적으로 말해, 연령별로는 젊은 계층일수록 지역간 이동성이 높다. 또한 인구의 교육수준에 따라 이동성의 차이가 존재한다.

위에서 설명한 출생과 사망, 그리고 인구이동의 세 가지 성장 요소들의 관계는 서로 매우 독립적이며, 각 요소마다 여러 가지의 지역특성에 의해 복잡하게 변한다. 따라서 지역의 모든 특성을 고려하여 지역인구를 예측한다는 것은 실제로 매우 어렵다. 그러나 지역인구의 변화에는 어떠한 규칙성이 존재한다. 그러므로 지역인구의 예측은 변화의 규칙성에 바탕을 두고 이루어져야 하며, 그러한 규칙성이 세밀하게 고려될 때 예측의 신뢰성은 향상될 수 있다. 여기서 말하는 인구변화의 규칙성을 고려한 인구예측방법이 바로 조성법(cohort component method) 또는 집단생존법(cohort survival method)이다.

본 장에서는 조성법의 개념과 기본구조에 대해서 설명한다. 본 장은 총 4절로 구성되며, 제2절에서는 조성법의 기초 내용인 인구 코호트에 대해 설명한다. 제3절에서는 지역인구의 요인별 성장, 즉 출생과 사망, 그리고 지역간 인구이동에 대해 설명한다. 마지막으로 제4절에서는 본 장에서 설명된 내용이 요약된다.

4.2 인구 코호트

코호트(cohort)란 인구를 연령에 의해 구분할 때 같은 등급 안에 묶이는 연령집단을 의미한다. 예를 들면 인구를 10년 단위로 구분한다면 연령대별 인구구조는 0~9, 10~19,...... 60~69, 70+ 등의 8등급으로 구분될 것이다. 이 경우 지역인구는 총 8코호트로 구성되어 있다고 말한다. 여기서 연령 집단 중 n코호트에 해당하는 남성의 인구를 M_t^n으로, 그리고 이에 해당하는 여성의 인구를 F_t^n으로 표현하기로 한다. 그러므로 해당 코호트의 총인구는 식 (4.1)과 같이 표현된다.

$$P_t^n = M_t^n + F_t^n. \tag{4.1}$$

가상 지역 "나"의 총인구 78,800명을 성별로, 10년 단위로 구분하면 표 4.1과 같이 나타낼 수 있다. 인구의 코호트별 구분은 일정 기간 동안을 기준으로 구분한 것이다. 여기서 나타나는 문제는 구분된 기간 사이에 일어나는 인구변화이다. 왜냐하면 구분된 기간 동안에도 인구의 변화는 계속해서 발생하기 때문이다. 이러한 문제는 각 기간의 중간 시점에서 관찰된 인구인 정지인구를 사용함으로써 해결할 수 있다. 예를 들면 1년을 기준으로 인구가 구분되었다면 연초(1월 1일)와 연말(12월 31일)의 인구에서 차이가 있을 것이다. 그러므로 특정 연도의 인구는 중간 시점(6월 30일)을 기준으로 관찰된 인구를 사용한다. 이후에 나타나는 코호트의 인구는 별도의 설명이 없는 한 각 코호트 기간의 중간 시점에서 관찰된 인구임을 전제한다.

표 4.1 지역 “나” 인구의 성별 · 연령별 인구구조

연령 구분	코호트 번호 (n)	남성 인구수 (M_t^n)	여성 인구수 (F_t^n)	전체 인구수 (P_t^n)
0~9	1	5,700	6,900	12,600
10~19	2	6,800	8,100	14,900
20~29	3	5,100	8,900	14,000
30~39	4	4,200	6,200	10,400
40~49	5	3,900	5,700	9,600
50~59	6	3,700	5,100	8,800
60~69	7	2,100	2,500	4,600
70 +	8	1800	2100	3,900
합계	–	33,300	45,500	78,800

4.3 인구성장의 요인

지역인구의 성장은 크게 세 가지 요인, 출생과 사망, 그리고 지역간 인구이동에 의해 이루어진다. 본 절에서는 각각에 대해 구체적으로 설명한다.

4.3.1 출생

신생아는 다양한 가임여성층으로부터 출생하게 된다. 각 여성의 코호트로부터 출생하는 신생아수(B_t^n)의 규모는 여성의 코호트별(또는 연령별) 출산율과 각 코호트에 속한 여성의 수에 의해 결정된다. 그러므로 여성의 출산율이 높아도 가임여성의 수가 적으면 신생아의 수는 적게 되며, 반대로 실버 타운(silver town)과 같이 여성 수는 많으나 출산율이 낮은 인구로 구성되어 있으면 그 지역에서 출생하는 신생아의 수는 적게 된다. 이와 같이 지역의 신생아 규모는 위의 두 요인이 동시에 고려되어야 결정할 수 있다.

n 코호트에 속한 여성이 한 해에 출산하는 신생아수를 여성의 연령별 출산율(age specific birth rate, $ASBR_t^n$)이라 하며 다음 식 (4.2)와 같이 표현된다. 여기서 1,000을 곱해주는 이유는 $ASBR_t^n$는 일반적으로 여성 1,000명을 기준으로 하기 때문이다. 그러므로 지역내 코호트별 여성인구수와 그들이 출산하는

신생아수를 알면 연령별 출산율은 쉽게 계산된다. 표 4.2는 지역내 코호트별 여성수와 신생아수가 주어졌을 때 여성들의 연령별 출산율을 계산하여 제시한 것이다.

$$ASBR_t^n = \frac{B_t^n}{F_t^n} \times 1,000. \tag{4.2}$$

표 4.2 지역 "나" 여성의 연령별 출산율($ASBR_t^n$)

연령 구분	코호트	코호트별 여성수(F_t^n)	신생아수(B_t^n)	연령별 출산율($ASBR_t^n$)
10~19	2	6,520	200	25
20~29	3	6,950	1,100	124
30~39	4	5,500	600	97
40~49	5	3,060	60	11

연령별 출산율($ASBR_t^n$)과 여성수(F_t^n)의 자료로부터, 각 코호트별 한 해 출산하는 신생아의 수는 식 (4.3)을 이용하면 쉽게 계산할 수 있다. 그리고 가임여성은 코호트 2에서 5까지 해당하기 때문에 한 기간에 출생하는 총 신생아의 수(B_t^T)는 다음과 같은 식을 이용하여 구할 수 있다. 여기서 10을 곱하는 이유는 각 코호트의 구분이 10년을 기준으로 하였기 때문이다.

$$B_t^n = \frac{F_t^n \times ASBR_t^n}{1,000}, \quad B_t^T = 10 \times \sum_{n=2}^{5} B_t^n, \tag{4.3}$$

B_t^n : t년도 n코호트에서 태어난 신생아 수,

B_t^T : t년도에 태어난 총 신생아 수.

총 신생아는 다시 남녀로 구분되어야 한다. 이러한 구분은 인구예측에서 매우 중요한 부분을 차지한다. 왜냐하면 신생아의 성별 구분은 다음 기간의 가임여성의 규모를 결정하기 때문이다. 신생아의 성별 구분은 출생 시 성의 비에 관한 자료에 의한다. 일반적으로 출생 시 남녀의 성비는 105 : 100 ~ 107 : 100 정도로 나타난다. 즉 출생 시 남성의 비율이 여성보다 조금 높은 편이다. 따라서 출생 시 성의 비가 $a_t : b_t$라 할 때 남성과 여성의 신생아 수는 다음 식 (4.4)에 의해 구분된다.

$$Bm_t = B_t^T \times \overline{a_t}, \quad Bf_t = B_t^T \times \overline{b_t}, \tag{4.4}$$

$$\overline{a_t} = \frac{a_t}{a_t + b_t}, \quad \overline{b_t} = \frac{b_t}{a_t + b_t},$$

$Bm_t(Bf_t)$: 신생아 중 남아(여아)의 수.

여성의 연령별 출산율과 함께 인구 분야에서 가장 많이 사용하는 것이 합계출산율(total fertility rate, TFR)이다. 합계출산율은 한 여성이 일생 동안 출산하는 신생아의 수를 의미한다. 여기서 합계출산율을 계산할 때 두 가지를 주의해야 한다. 첫째는 합계출산율을 구하기 전에 분석자는 각 코호트가 몇 년 단위로 구분되었는가를 확인하는 것이다. 왜냐하면 각 여성은 각 코호트의 구분된 시간만큼 해당 코호트에 속하기 때문이다. 즉 지역 "나"의 경우 10년으로 각 코호트가 구분되었기 때문에 각 여성은 각 코호트에 10년간 머무른다. 그러므로 합계출산율은 합계출산율을 구하기 전에 구분된 시간을 확인하고 각 $ASBR_t^n$에 구분된 기간을 곱하여 구해진다. 둘째로 $ASBR_t^n$은 일반적으로 여성 1,000명을 기준으로 표현되나 합계출산율은 각 여성 1인당 값으로 표현된다. 그러므로 $ASBR_t^n$에 1,000을 나누어 주어야 한다. 이러한 두 가지에 유의하여 합계출산율은 식 (4.5)와 같이 계산된다. 식 (4.5)에 의한 지역 "나"의 합계출산율은 2.56, 즉 지역 "나"에 사는 여성이 평생 출산하는 신생아의 수는 2.56명임을 의미한다.

$$TFR = \frac{\sum_{n=2}^{5} ASBR_t^n \times 10}{1,000}. \tag{4.5}$$

4.3.2 사망

인구의 사망률도 출산율과 마찬가지로 연령에 따라 변한다. 즉 코호트 n에 속한 인구 중 사고와 질병 등으로 인하여 다음 코호트 $n+1$에 도달하기 전에 사망하는 인구가 발생하게 된다. 이러한 각 코호트별 사망을 나타내는 것이 사망률(d_t^n)이다. 이는 다음 식 (4.6)과 같이 각 코호트 기간에 발생하는 사망자 수(D_t^n)를 각 코호트의 인구 수(P_t^n)로 나누어 줌으로써 계산된다.

$$d_t^n = \frac{D_t^n}{P_t^n}, \quad 0 < d_t^n < 1. \tag{4.6}$$

식 (4.6)의 사망률은 반대로 코호트 n에 속한 인구가 다음 코호트 $n+1$까지 생잔할 확률로 표현될 수 있다. 이를 각 코호트별 생잔율(survival rate, s_t^n)이라 하며, 식 (4.7)과 같이 구해진다.

$$s_t^n = 1 - d_t^n, \quad 0 < s_t^n < 1. \tag{4.7}$$

따라서 각 코호트별 인구수(P_t^n)와 코호트별 생잔율을 이용하여 다음 기간의 해당 코호트의 인구수(P_{t+1}^{n+1})를 계산할 수 있다. 이는 다음과 같이 표현된다.

$$P_{t+1}^{n+1} = P_t^n \times s_t^n. \tag{4.8}$$

마지막 코호트(P_t^f)의 경우는 식 (4.9)와 같이 두 코호트의 인구변화로 구성된다. 즉 $f-1$의 코호트에서 f코호트로 생잔하는 인구와 마지막 코호트에서 다시 생잔하는 인구의 합이 $t+1$기간의 f코호트 인구가 된다.

$$P_{t+1}^f = (P_t^{f-1} \times s_t^{f-1}) + (P_t^f \times s_t^f). \tag{4.9}$$

각 코호트별 생잔율은 인구변화를 예측하는 데 매우 중요하다. 각 코호트별 생잔율은 생명표(life table)로부터 계산된다. 생명표란 인간의 수명에 관한 통계표로서 인구의 각 코호트에서 사망으로 인해 인구가 감소되어 가는 과정을 남녀로 구분하여 작성한 것이다. 생명표는 기본적으로 인구 100,000명을 기준으로 작성된다.

표 4.3은 우리나라의 2020년 기준 생명표이다. 연령 구분은 1년(1월 1일부터 12월 31일) 단위로 되어 있으며, 유의해야 할 것은 생존자수(L^n)와 정지인구수(P^n)이다. 생존자수는 이미 구분된 기간의 초(1월 1일 기준)의 생존자수를 말하며, 정지인구는 각 구분의 기간 동안의 평균 인구를 말한다. 따라서 코호트별 정지인구는 다음과 같이 계산된다.

$$P^n = \frac{L^n + L^{n+1}}{2}. \tag{4.10}$$

표 4.3과 같이 코호트별 정지인구 중 영유아(0~4세)의 경우는 식 (4.10)에 의한 계산과는 일치하지 않는다. 왜냐하면 일반적으로 영유아층의 사망은 계절적으로 관계가 있기 때문이다. 영유아층에서 발생하는 사망은 후반기(7월 1일~12월 31일)보다는 전반기(1월 1일~6월 30일)에 더 많이 일어난다. 표 4.3에서 영유아층의 정지인구가 식 (4.10)에 의해 계산된 인구보다 낮게 나타나는 것은 바로 이러한 이유이다. 각 코호트별 생잔율은 정지인구를 기준으로 다음과 같이 구한다.

$$S^n = \frac{P^{n+1}}{P^n}. \tag{4.11}$$

예를 들어 연령이 10살인 어떤 사람이 11살까지 생잔할 확률은 다음과 같이 구해진다. 연령이 10살인 사람이 11살까지 생잔할 확률은 바로 0.99993이다.

$$S^{10} = \frac{P^{11}}{P^{10}} = \frac{99,664}{99,671} = 0.99993.$$

위의 표에서 생잔율은 1년을 구분한 것이므로 본 장에서와 같이 10년 단위로 연령이 구분되어 있을 경우 각 코호트의 생잔율은 다음 식 (4.12)와 같이 구할 수 있다. 1년 단위로 구분된 코호트를 10년별로 다시 구분하고 각 코호트에 해당하는 인구를 합함으로써 가능하다. 예를 들어 표 4.3에서 주어진 인구자료를 10년으로 구분한 첫 번째 코호트(0~9세)에 해당하는 인구가 다음 코호트(10~19세)까지 생잔할 확률은 다음과 같은 식을 이용하여 계산할 수 있다.

$$S^1 = \frac{\sum_{n=10}^{19} P^n}{\sum_{n=0}^{9} P^n} = 0.99902. \tag{4.12}$$

그러므로 10년 단위로 인구가 구분되었을 때 첫 번째 코호트의 생잔율은 0.99902이다. 같은 방법으로 각 코호트의 생잔율을 계산할 수 있다.

표 4.3 우리나라 생명표(Life Table)

연령 (n)	사망률 (d^n)	생존자수 (L^n)	사망자 (D^n)	정지인구 (P^n)	생잔율 (s^n)	총생존년수 (T^n)	기대여명 (E^n)
0	0.00243	100,000	243	99,803	0.99945	8,348,050	83.5
1	0.00019	99,757	19	99,748	0.99983	8,248,247	82.7
2	0.00014	99,738	14	99,731	0.99988	8,148,499	81.7
3	0.00010	99,724	10	99,719	0.99991	8,048,768	80.7
4	0.00008	99,714	8	99,710	0.99992	7,949,049	79.7
5	0.00007	99,706	7	99,702	0.99994	7,849,340	78.7
·	·	·	·	·	·	·	·
·	·	·	·	·	·	·	·
10	0.00007	99,674	7	99,671	0.99993	7,350,891	73.7
11	0.00007	99,668	7	99,664	0.99992	7,251,220	72.8
·	·	·	·	·	·	·	·
·	·	·	·	·	·	·	·
20	0.00028	99,523	28	99,509	0.99971	6,354,712	63.9
21	0.00031	99,495	31	99,480	0.99968	6,255,203	62.9
·	·	·	·	·	·	·	·
·	·	·	·	·	·	·	·
40	0.00091	98,467	90	98,422	0.99907	4,372,923	44.4
·	·	·	·	·	·	·	·
·	·	·	·	·	·	·	·
70	0.01091	88,048	960	87,568	0.98856	1,520,584	17.3
·	·	·	·	·	·	·	·

• 통계청 2020년 생명표에서 인용

4.3.3 지역간 인구이동

인구이동은 크게 두 가지 형태로 구분된다. 지역간 인구이동과 지역내 이동이다. 이 두 가지 이동은 인구이동의 공간적인 범위 측면에서 차이가 있다. 따라서 이 두 이동의 구분은 지역의 범위를 어떻게 정할 것인가에 달려 있다. 만약에 지역의 최소단위를 군으로 설정할 경우, 군의 행정경계를 넘어선 인구이동은 지역간 이동(migration)으로, 그리고 행정경계 안에서 일어나는 인구이동은 주거이동(residential movement)으로 구분할 수 있다. 그러므로 지역의 인구 예측에서 주거이동은 고려하지 않는다.

지역의 인구이동률(mr_t)은 식 (4.13)과 같이 순이동인구(NM_t)을 지역인구로 나누어 줌으로써 구할 수 있다. 여기서 순인구이동은 전입인구(IM_t)와 전출인구(OM_t)의 차이를 의미한다.

$$mr_t = \frac{NM_t}{P_t},\ 단,\ NM_t = IM_t - OM_t. \tag{4.13}$$

전입인구와 전출인구의 규모에 따라 인구이동률의 부호는 아래와 같이 정해진다. 즉, 전입인구가 전출인구보다 클 경우에는 인구이동률의 부호는 양의 값을 가지고 반대로 전입인구가 전출인구보다 작을 경우에는 인구이동률의 부호는 음의 값을 가지게 된다.

$$mr_t \begin{Bmatrix} > \\ = \\ < \end{Bmatrix} 0 \quad \Leftrightarrow IM_t \begin{Bmatrix} > \\ = \\ < \end{Bmatrix} OM_t. \tag{4.14}$$

물론 지역의 인구이동률은 연령에 따라 변화하므로 코호트별로 세분화하면 다음과 같이 표현할 수 있다.

$$mr_t^n = \frac{NM_t^n}{P_t^n}, \quad NM_t^n = IM_t^n - OM_t^n. \tag{4.15}$$

지역 "나"의 코호트별 인구에서 전입자와 전출자의 수가 표 4.4와 같이 주어졌다면 코호트별 인구이동률은 표의 마지막 열에 제시된 바와 같이 계산된다. 이와 같은 형태로 인구를 남녀로 구분할 경우, 각 성별, 그리고 코호트별 남성 이동률(mrm_t^n)과 여성 이동률(mrf_t^n)을 구할 수 있으나 이러한 계산 과정은 위의 인구이동률 계산 과정과 동일하므로 여기서는 생략하기로 한다.

표 4.4 지역 "나"의 코호트별 지역 인구이동률

연령 구분	코호트 번호	코호트별 인구	전입자 수(IM_t^n)	전출자 수(OM_t^n)	이동률(mr_t^n)
0~9	1	12,600	550	770	−0.017
10~19	2	14,900	950	1,250	−0.020
20~29	3	14,000	800	1,150	−0.025
30~39	4	10,400	760	960	−0.019
40~49	5	9,600	680	590	0.009
50~59	6	8,800	610	430	0.020
60~69	7	4,600	420	250	0.037
70 +	8	3,900	250	180	0.018

4.4 요약

본 장에서는 인구의 변화를 세 가지 요인, 즉 출생과 사망, 그리고 인구의 지역간 이동으로 구분하였으며, 각 요인의 변화가 지역의 인구변화에 미치는 영향에 관해 설명하였다. 각 변화는 성별, 그리고 코호트별로 구분되기 때문에 이러한 특성을 반영한 조성법은 지역 분석이나 예측에 매우 유용하게 사용될 수 있다. 조성법을 적용한 분석이나 예측된 결과는 지역의 전체 인구뿐만 아니라 성별, 그리고 연령별 인구 규모도 함께 제시하기 때문에 분석자는 예측결과를 바탕으로 각 코호트 인구와 관련한 서비스 및 지역 하부구조에 대한 규모 등을 결정할 수 있는 장점이 있다.

제 04 장 적용 연습 문제

문제 1 다음 <표 4-A-1>은 t년도 지역 1의 가임기여성 인구수와 연령별 출산율 자료이다.

〈표 4-A-1〉 t년도 지역 1의 가임기여성 인구수 및 연령별 출산율

코호트		가임기여성 인구수(명)	연령별 출산율
2	10~19	19,624	1
3	20~29	33,119	15
4	30~39	31,194	62
5	40~49	36,745	3

· 연령별 출산율은 여성인구 1,000명을 기준으로 한다.

1-1 t년도 지역 1의 성별 신생아수를 구하라 (단, 출생시 남녀 성비는 105:100을 가정한다).

1-2 t년도 지역 1의 합계출산율을 구하라 (단, 계산은 소수 둘째짜리까지 구하라).

1-3 t년도 지역 1의 가임기여성 인구의 지역 인구이동률이 다음 <표 4-A-2>와 같다. t년도 인구이동률이 $t+10$년도에도 일정하게 나타날 때 $t+10$년도 신생아 수를 구하라.

〈표 4-A-2〉 t년도 지역 1의 가임기여성 인구수 및 지역 인구이동률

코호트		가임기여성 인구수 (명)	지역 인구이동률
2	10~19	19,624	−0.025
3	20~29	33,119	−0.087
4	30~39	31,194	−0.054
5	40~49	36,745	−0.038

문제 2 다음 <표 4-A-3>은 t 년도 지역 2의 생명표 중 29~40세의 생존자수와 사망자수 자료이다. 지역 2의 30~39세별 정지인구와 생잔율(소수 다섯째자리까지)을 구하라 (단, 40세 정지인구는 97,971명으로 가정한다).

〈표 4-A-3〉 t년도 지역 2의 29-40세 생존자수 및 사망자수 (단위: 명)

연령	생존자수	사망자수
29	98,961	65
30	98,896	66
31	98,830	67
32	98,762	71
33	98,691	76
34	98,616	81
35	98,535	85
36	98,450	89
37	98,361	96
38	98,264	107
39	98,157	119
40	98,038	133

문제 3 다음은 t년도 지역 3의 40대 이상 인구수, 전입자수, 전출자수 자료이다.

〈표 4-A-4〉 t년도 지역 3의 40대 이상 인구수, 전입자수 및 전출자수 (단위: 명)

코호트		총합		
		인구수	전입자수	전출자수
5	40~49	3,782	145	357
6	50~59	4,205	212	389
7	60~69	4,743	311	211
8	70~79	3,120	357	126
9	80+	2,189	431	184

3-1 지역 3의 40대 이상 인구의 각 코호트별 지역의 인구이동률을 구하라 (단, 계산은 소수점 셋째자리까지 구하라).

3-2 t년도 지역 3의 40대 이상 인구 중 대학교졸업 이하 인구의 이동현황이 다음과 같을 때, 대학원졸업 이상 인구의 지역 인구이동률을 구하라.

〈표 4-A-8〉 t년도 지역 3의 40대 이상 대학교졸업 이하 인구 이동현황

코호트		대학교졸업 이하			
		인구수(명)	전입자수(명)	전출자수(명)	인구이동률
5	40~49	2,271	61	136	−0.033
6	50~59	3,089	78	198	−0.039
7	60~69	3,926	78	95	−0.004
8	70~79	2,352	111	77	0.014
9	80+	1,423	192	82	0.077

제 04 장

적용 문제 풀이

문제 1 — 1-1

연령별 출산율과 가임기 여성수 자료로부터 지역 1의 각 코호트별 신생아수는 다음과 같다.

$$B_t^2 = \frac{19,624 \times 1}{1,000} = 20, \qquad B_t^3 = \frac{33,119 \times 15}{1,000} = 497,$$

$$B_t^4 = \frac{31,194 \times 62}{1,000} = 1,934, \qquad B_t^5 = \frac{36,745 \times 3}{1,000} = 110.$$

한 기간에 출생하는 총 신생아의 수(B_t^T)는 다음과 같다.

$$B_t^T = 10 \times \sum_{n=2}^{5} B_t^n = 10 \times (20 + 497 + 1,934 + 110) = 25,610.$$

∴ 남녀성비가 105:100이므로 이를 총 신생아수에 적용하면 신생아 중 남자와 여자의 수는 각각 13,117명, 12,493명으로 계산된다.

$$Bm_t = B_t^T \times \frac{a_t}{a_t + b_t} = 25,610 \times \frac{105}{105 + 100} = 13,117$$

$$Bf_t = B_t^T \times \frac{b_t}{a_t + b_t} = 25,610 \times \frac{100}{105 + 100} = 12,493$$

문제 1 **1-2**

합계출산율은 식 (4.1)과 같다.

$$TFR = \frac{\sum_{n=2}^{5} ASBR_t^n \times 10}{1,000}. \tag{4.1}$$

∴ t년도 지역 1의 합계출산율은 다음과 같다.

$$TFR = \frac{(1+15+62+3) \times 10}{1,000} = \frac{810}{1000} = 0.81.$$

문제 1 **1-3**

t년도 지역 1의 코호트별 가임기여성의 순이동자수는 다음과 같다.

$$NM_t^2 = (-0.025) \times 19624 = -491,\ NM_t^3 = (-0.087) \times 33,119 = -2,881,$$
$$NM_t^4 = (-0.054) \times 31,194 = -1,684,\ NM_t^5 = (-0.038) \times 36,745 = -1,396.$$

지역이동을 고려한 지역 1의 $t+10$년도 코호트별 가임기여성의 순이동자수는 다음 <표 4-A-5>와 같다.

〈표 4-A-5〉 $t+10$년도 지역 1의 가임기여성수 및 순이동자수

코호트		가임기여성 수	순이동자수	지역이동을 고려한 가임기 여성 수
2	10~19	19,624	-491	19,133
3	20~29	33,119	-2,881	30,238
4	30~39	31,194	-1,684	29,510
5	40~49	36,745	-1,396	35,349

가임기여성의 지역이동을 고려하였을 때 지역 1의 각 코호트별 신생아수는 다음과 같다.

$$B_{t+1}^2 = \frac{19,133 \times 1}{1,000} = 19, \qquad B_{t+1}^3 = \frac{30,238 \times 15}{1,000} = 454,$$
$$B_{t+1}^4 = \frac{29,510 \times 62}{1,000} = 1,830, \qquad B_{t+1}^5 = \frac{35,349 \times 3}{1,000} = 106.$$

∴ 이때 한 기간에 출생하는 총 신생아의 수는 다음과 같다.

$$B_{t+1}^{T} = 10 \times \sum_{n=2}^{5} B_t^n = 10 \times (19 + 454 + 1{,}830 + 106) = 24{,}090$$

문제 2

30세의 정지인구와 생잔율은 다음과 같이 계산된다.

$$P^{30} = \frac{L^{30} + L^{31}}{2} = \frac{98{,}896 + 98{,}830}{2} = 98{,}863,$$

$$s^{30} = \frac{P^{31}}{P^{30}} = \frac{98{,}796}{98{,}863} = 0.99932\,.$$

∴ 지역 2의 30-39세별 정지인구와 생잔율은 다음 <표 4-A-6>과 같다.

〈표 4-A-6〉 t년도 지역 2의 30-39세별 정지인구 및 생잔율

연령	정지인구	생잔율	연령	정지인구	생잔율
30	98,863	0.99932	35	98,493	0.99912
31	98,796	0.99930	36	98,406	0.99905
32	98,727	0.99926	37	98,313	0.99896
33	98,654	0.99921	38	98,211	0.99885
34	98,576	0.99916	39	98,098	0.99871

문제 3

3-1

지역 3의 40대 이상 인구의 각 코호트별 지역이동률은 다음과 같다.

$$mr_t^5 = \frac{145 - 357}{3{,}782} = -0.056, \qquad mr_t^6 = \frac{212 - 389}{4{,}205} = -0.042,$$

$$mr_t^7 = \frac{311 - 211}{4{,}743} = 0.021, \qquad mr_t^8 = \frac{357 - 126}{3{,}120} = 0.074$$

$$mr_t^9 = \frac{431 - 184}{2{,}189} = 0.113.$$

문제 3 | 3-2

코호트별 대학원졸업 이상 인구와 전입자수 및 전출자수는 다음과 같다.

$$P^n_{t,\,grad} = P^n_t - P^n_{t,\,uni}\,,$$
$$IM^n_{t,\,grad} = IM^n_t - IM^n_{t,\,uni}\,,$$
$$OM^n_{t,\,grad} = OM^n_t - OM^n_{t,\,uni}\,, \quad (4.2)$$

$P^n_{t,grad}(P^n_{t,uni})$: t년도 코호트 n 대학원졸업 이상(대학교졸업 이하) 인구수,

$IM^n_{t,grad}(IM^n_{t,uni})$: t년도 코호트 n 대학원졸업 이상(대학교졸업 이하) 전입자수,

$OM^n_{t,grad}(OM^n_{t,uni})$: t년도 코호트 n 대학원졸업 이상(대학교졸업 이하) 전출자수.

식 (4.2)에 의하여 지역 3의 40대 이상 인구 중 대학원졸업 이상 인구 및 이동현황은 다음과 같다.

〈표 4-A-8〉 t년도 지역 3의 40대 이상 대학원졸업 이상 인구 이동현황

코호트		대학원졸업 이상		
		인구수	전입자수	전출자수
5	40~49	1,511	84	221
6	50~59	1,116	134	190
7	60~69	817	233	116
8	70~79	768	246	49
9	80+	766	239	102

∴ 지역 3의 40대 이상 대학원졸업 이상 인구의 각 코호트별 지역이동률은 다음과 같이 계산된다.

$$mr^5_{t,\,grad} = \frac{84-221}{1{,}511} = -0.091, \qquad mr^6_{t,grad} = \frac{134-190}{1{,}116} = -0.051,$$

$$mr^7_{t,grad} = \frac{233-116}{817} = 0.143, \qquad mr^8_{t,grad} = \frac{246-49}{768} = 0.257$$

$$mr^9_{t,grad} = \frac{239-102}{766} = 0.179.$$

제 05 장 조성법을 이용한 인구예측

5.1 서 론

앞 장에서 지역의 인구성장을 결정하는 세 가지 요소, 즉 출생과 사망, 그리고 지역간 인구이동에 관한 기본적인 특징에 관해 살펴보았다. 이를 바탕으로 본 장에서는 조성법을 이용한 지역인구 예측방법을 소개한다. 본 장은 모두 5절로 구성된다. 제2절에서는 자연성장만 고려한 인구 예측, 즉 출생과 사망의 두 요인만을 고려한 지역의 인구예측방법에 대해 설명한다. 제3절에서는 지역의 인구를 자연성장과 함께 지역간 인구이동도 고려하여 예측하는 방법에 대해 설명한다. 제4절에서는 조성법의 응용으로 지역내 주택규모의 예측에 대해 설명한다. 그리고 제5절에서는 본 장에서 다루어진 내용을 요약한다.

5.2 자연성장에 의한 인구예측

본 절에서는 지역간 인구이동은 없으며 지역의 인구변화는 오로지 사망과 출생, 즉 자연성장에 의해서만 이루어지는 것으로 전제한다. 자연성장에 의한 인구예측은 두 부분으로 나누어 진행한다. 첫째 부분은 주어진 지역인구의 자료가 코호트별로는 구분되어 있으나 성별로 구분되지 못하였을 경우 인구예측 방법이고, 둘째 부분은 지역의 인구 자료가 성별, 그리고 코호트별로 구분되었을 경우의 인구예측 방법이다.

5.2.1 조성법을 이용한 인구예측의 전제

앞에서 설명한 세 가지 성장요인의 변화에는 어떠한 규칙성이 존재한다. 이러한 규칙성은 조성법을 이용한 인구예측에 기초를 제공한다. 변화의 규칙성을 이용하여 지역의 인구를 예측하려면 우선 변화의 안정성이 전제되어야 한다. 즉 각 변화의 특징은 과거와 현재의 자료를 이용하여 도출하고, 도출된 변화 특성은 미래에도 일정하게 일어난다는 전제가 필요하다. 조성법에서의 필요한 전제는 코호트별 생잔율, 사망률, 순인구이동률, 여성 코호트별 출산율, 출생 성비 등이 시간에 따라 변하지 않는다는 점이다. 다시 말하면 인구성장요인의 변화 특징이 시간과 무관하다는 것을 전제함으로써 지역인구의 예측이 가능하게 된다.

5.2.2 인구가 연령별로만 구분되어 있을 경우

인구가 성별 구분 없이 코호트로만 구분되어 있을 경우 인구변화는 다음과 같이 나타낼 수 있다.

$$
\begin{aligned}
&P_{t+1}^{1} = ab^{1}P_{t}^{1} + ab^{2}P_{t}^{2} + \cdots\cdots + ab^{n}P_{t}^{n},\\
&P_{t+1}^{2} = s^{1}P_{t}^{1},\\
&P_{t+1}^{3} = s^{2}P_{t}^{2},\\
&\cdots\cdots\cdots\cdots\cdots\cdots\cdots\cdots\cdots\cdots\cdots\cdots\\
&P_{t+1}^{(n-1)} = s^{n-2}P_{t}^{n-2},\\
&P_{t+1}^{n} = s^{n-1}P_{t}^{n-1} + s^{n}P_{t}^{n}.
\end{aligned}
\tag{5.1}
$$

여기서 ab^{n}은 성별이 구분되지 않은 코호트별 출산율을 말하며, 다음 식 (5.2)와 같이 구해진다.

$$
ab^{n} = \frac{B_{t}^{n}}{P_{t}^{n}}. \tag{5.2}
$$

식 (5.1)의 식들은 하나의 행렬식으로 간단히 표현할 수 있다.

$$\underset{(n\times 1)}{P_{t+1}} = \underset{(n\times n)}{CSM_I} \times \underset{(n\times 1)}{P_t}. \tag{5.3}$$

여기서 CSM_I은 연령별 출산율과 코호트별 생잔율을 나타내는 집단생존행렬(cohort survival matrix)이다. 아래 첨자 I는 후술될 성별이 구분된 집단생존행렬과 구분하기 위한 것이다. 위의 식에서 각 행렬의 구조는 다음과 같다.

$$P_{t+1} = \begin{bmatrix} P_{t+1}^1 \\ P_{t+1}^2 \\ P_{t+1}^3 \\ \cdots \\ P_{t+1}^{n-1} \\ P_{t+1}^n \end{bmatrix},\ CSM_I = \begin{bmatrix} ab^1 & ab^2 & \cdots & ab^{n-2} & ab^{n-1} & ab^n \\ s^1 & 0 & \cdots & 0 & 0 & 0 \\ 0 & s^2 & \cdots & 0 & 0 & 0 \\ . & . & \cdots & . & . & . \\ 0 & 0 & \cdots & s^{n-2} & 0 & 0 \\ 0 & 0 & \cdots & 0 & s^{n-1} & s^n \end{bmatrix},\ P_t = \begin{bmatrix} P_t^1 \\ P_t^2 \\ P_t^3 \\ \cdots \\ P_t^{n-1} \\ P_t^n \end{bmatrix}.$$

집단생존행렬에서 각 요소는 앞 장에서 가정한 바와 같이 시간에 따라 일정하다. 그러므로 지역의 각 코호트별 인구 자료(P_t^n)를 알면 출생과 사망으로 인한 기간별(t, $t+1$, $t+2$,..., $t+m$) 인구예측은 가능하다. 이를 예를 들어 알아보자.

(예 5-1) 지역 "다"의 인구는 5개의 코호트로 구분되었다. 그리고 각 코호트별 인구수와 연령별 출산율, 그리고 생잔율은 각각 행렬 P_t와 AB, SR로 표시되었다. 이를 이용하여 $t+1$의 지역인구를 예측하라.

$$P_t = \begin{bmatrix} 350 \\ 500 \\ 600 \\ 250 \\ 100 \end{bmatrix},\quad AB = \begin{bmatrix} 0.00 \\ 0.25 \\ 0.20 \\ 0.05 \\ 0.00 \end{bmatrix},\quad SR = \begin{bmatrix} 0.98 \\ 0.95 \\ 0.85 \\ 0.75 \\ 0.20 \end{bmatrix}.$$

인구예측을 위하여 우선 주어진 자료를 이용하여 다음과 같이 집단생존행렬(CSM_I)을 작성한다.

$$CSM_I = \begin{bmatrix} 0.00 & 0.25 & 0.20 & 0.05 & 0.00 \\ 0.98 & 0.00 & 0.00 & 0.00 & 0.00 \\ 0.00 & 0.95 & 0.00 & 0.00 & 0.00 \\ 0.00 & 0.00 & 0.85 & 0.00 & 0.00 \\ 0.00 & 0.00 & 0.00 & 0.75 & 0.20 \end{bmatrix}.$$

식 (5.3)을 이용하여 $t+1$의 지역 "다"의 인구는 코호트별로 예측된다. 즉 지역 전체의 인구수는 1,799명이고 각 코호트별 인구수는 다음과 같다.

$$P_{t+1}=\begin{bmatrix}258\\343\\475\\510\\213\end{bmatrix}.$$

같은 방법으로 $t+2$의 지역인구예측도 가능하다. $t+2$에서 지역의 총인구수는 1,624명이며 각 코호트별 인구수는 다음과 같다.

$$P_{t+2}=\begin{bmatrix}206\\252\\326\\404\\436\end{bmatrix}.$$

이와 같이 일단 집단생존행렬(CSM_I)이 결정되면, 이를 이용한 장래 예측은 어떠한 시점에서도 가능하다. 이는 다음과 같이 기간별로 연장하여 보면 더 분명해진다.

$$P_{t+1}=CSM_I\times P_t,$$

$$P_{t+2}=CSM_I\times P_{t+1}=CSM_I\times(CSM_I\times P_t)=CSM_I^2\times P_t,$$

$$P_{t+3}=CSM_I\times P_{t+2}=CSM_I\times(CSM_I^2\times P_t)=CSM_I^3\times P_t,$$

$$\cdots\cdots\cdots\cdots\cdots\cdots\cdots\cdots\cdots\cdots\cdots\cdots\cdots\cdots\cdots\cdots\cdots\cdots\cdots\cdots\cdots\cdots\cdots$$

$$P_{t+m-1}=CSM_I\times P_{t+m-2}=CSM_I\times(CSM_I^{m-2}\times P_t),$$

$$=CSM_I^{m-1}\times P_t.$$

위의 식들에서 나타나듯이 집단생존행렬을 이용한 인구예측은 다음과 같이 일반식으로 표현할 수 있다.

$$P_{t+m}=CSM_I^m\times P_t. \tag{5.4}$$

위에서 설명한 인구예측방법은 인구 자료가 성별이 구분되지 않은 채 단지 코호트별로 주어졌을 경우의 인구예측방법이다. 그러나 앞서 여러 번 언급하였듯이 지역의 인구성장은 가임여성 인구의 각 코호트별 출산율과 인구수에 의해 큰 영향을 받는다. 이는 지역인구의 예측에 있어서 인구의 성별, 코호트별 구분이 필수적임을 의미한다. 따라서 다음은 인구가 성별, 그리고 코호트별로 구분되어 있을 때 인구예측 방법에 대한 설명이다.

5.2.3 인구가 성별, 코호트별로 구분되어 있을 경우

인구가 성별, 코호트별로 구분되어 있을 경우 그 계산 과정은 앞의 경우와 거의 동일하다. 즉 인구예측은 다음과 같이 하나의 행렬식으로 나타낼 수 있다.

$$\underset{(2n\times 1)}{P_{t+1}} = \underset{(2n\times 2n)}{CSM_{II}} \times \underset{(2n\times 1)}{P_t}. \tag{5.5}$$

여기서 CSM_{II}은 성별로 구분된 집단생존행렬을 말한다. 위의 행렬식은 남녀로 구분되었기 때문에 다음과 같이 쓸 수 있다.

$$\begin{bmatrix} M_{t+1} \\ \hline F_{t+1} \end{bmatrix} = \left[\begin{array}{c|c} SM & BM \\ ZM & SF \end{array}\right] \times \begin{bmatrix} M_t \\ \hline F_t \end{bmatrix}. \tag{5.6}$$

식 (5.6)에서 각 행렬구조는 다음과 같다.

$$M_{t+1} = \begin{bmatrix} M_{t+1}^{1} \\ M_{t+1}^{2} \\ \cdots \\ M_{t+1}^{n-1} \\ M_{t+1}^{n} \end{bmatrix}, \quad F_{t+1} = \begin{bmatrix} F_{t+1}^{1} \\ F_{t+1}^{2} \\ \cdots \\ F_{t+1}^{n-1} \\ F_{t+1}^{n} \end{bmatrix},$$

$$SM = \begin{bmatrix} 0 & \cdots & 0 & 0 & 0 \\ sm^1 & \cdots & 0 & 0 & 0 \\ \cdot & \cdots & \cdot & \cdot & \cdot \\ 0 & \cdots & sm^{n-2} & 0 & 0 \\ 0 & \cdots & 0 & sm^{n-1} & sm^n \end{bmatrix}, \quad BM = \begin{bmatrix} \bar{a}ab^1 & \cdots & \bar{a}ab^{n-2} & \bar{a}ab^{n-1} & \bar{a}ab^n \\ 0 & \cdots & 0 & 0 & 0 \\ \cdot & \cdots & \cdot & \cdot & \cdot \\ 0 & \cdots & 0 & 0 & 0 \\ 0 & \cdots & 0 & 0 & 0 \end{bmatrix},$$

$$ZM = \begin{bmatrix} 0 & \cdots & 0 & 0 & 0 \\ 0 & \cdots & 0 & 0 & 0 \\ \cdot & \cdots & \cdot & \cdot & \cdot \\ 0 & \cdots & 0 & 0 & 0 \\ 0 & \cdots & 0 & 0 & 0 \end{bmatrix}, \quad SF = \begin{bmatrix} \bar{b}ab^1 & \cdots & \bar{b}ab^{n-2} & \bar{b}ab^{n-1} & \bar{b}ab^n \\ sf^1 & \cdots & 0 & 0 & 0 \\ \cdot & \cdots & \cdot & \cdot & \cdot \\ 0 & \cdots & sf^{n-2} & 0 & 0 \\ 0 & \cdots & 0 & sf^{n-1} & sf^n \end{bmatrix},$$

M_{t+1} : $t+1$에서 남성의 코호트별 인구수,

F_{t+1} : $t+1$에서 여성의 코호트별 인구수,

SM : 남성의 코호트별 생잔율을 나타내는 행렬,

BM : 여성의 코호트별 남아 출산율을 나타내는 행렬,

ZM : 모든 요소가 0인 행렬,

SF : 여성의 코호트별 여아 출산율과 생잔율을 나타내는 행렬,

$\bar{a} = \dfrac{a}{a+b}$, $\bar{b} = \dfrac{b}{a+b}$, $a:b$ = 남녀출생성비.

이를 예와 함께 계산 과정을 살펴보자.

(예 5-2) 예제 5-1에서 지역 "다"의 인구 자료는 다음과 같이 성별로 구분되었다. 아래 주어진 자료를 이용하여 $t+1$의 지역인구를 예측하라. 여기서 출생시 남녀의 성비는 105 : 100이다.

$$M_t = \begin{bmatrix} 170 \\ 260 \\ 290 \\ 130 \\ 40 \end{bmatrix},\ F_t = \begin{bmatrix} 180 \\ 240 \\ 310 \\ 120 \\ 60 \end{bmatrix},\ SM = \begin{bmatrix} 0.97 \\ 0.96 \\ 0.83 \\ 0.72 \\ 0.21 \end{bmatrix},\ SF = \begin{bmatrix} 0.98 \\ 0.95 \\ 0.85 \\ 0.75 \\ 0.25 \end{bmatrix},\ ASBR = \begin{bmatrix} 0.00 \\ 0.25 \\ 0.20 \\ 0.05 \\ 0.00 \end{bmatrix}.$$

출생 시 남아와 여아의 비가 105 : 100이므로 식 (4.4)에 의하여 $\bar{a} = 0.512$, 그리고 $\bar{b} = 0.488$이다. 주어진 자료를 이용하여 CSM_{II}를 작성하면 다음과 같다.

$$CSM_{II} = \left[\begin{array}{ccccc|ccccc} 0.00 & 0.00 & 0.00 & 0.00 & 0.00 & 0.00 & 0.13 & 0.10 & 0.03 & 0.00 \\ 0.97 & 0.00 & 0.00 & 0.00 & 0.00 & 0.00 & 0.00 & 0.00 & 0.00 & 0.00 \\ 0.00 & 0.96 & 0.00 & 0.00 & 0.00 & 0.00 & 0.00 & 0.00 & 0.00 & 0.00 \\ 0.00 & 0.00 & 0.83 & 0.00 & 0.00 & 0.00 & 0.00 & 0.00 & 0.00 & 0.00 \\ 0.00 & 0.00 & 0.00 & 0.72 & 0.21 & 0.00 & 0.00 & 0.00 & 0.00 & 0.00 \\ \hline 0.00 & 0.00 & 0.00 & 0.00 & 0.00 & 0.00 & 0.12 & 0.10 & 0.02 & 0.00 \\ 0.00 & 0.00 & 0.00 & 0.00 & 0.00 & 0.98 & 0.00 & 0.00 & 0.00 & 0.00 \\ 0.00 & 0.00 & 0.00 & 0.00 & 0.00 & 0.00 & 0.95 & 0.00 & 0.00 & 0.00 \\ 0.00 & 0.00 & 0.00 & 0.00 & 0.00 & 0.00 & 0.00 & 0.85 & 0.00 & 0.00 \\ 0.00 & 0.00 & 0.00 & 0.00 & 0.00 & 0.00 & 0.00 & 0.00 & 0.75 & 0.25 \end{array}\right].$$

식 (5.6)을 이용하면 $t+1$의 지역인구는 총 1,659명이며, $t+2$의 인구는 1,374명이다. 이 예측인구의 성별, 그리고 코호트별 인구는 다음과 같다.

$$P_t = \begin{bmatrix} 170 \\ 260 \\ 290 \\ 130 \\ 40 \\ \hdashline 180 \\ 240 \\ 310 \\ 120 \\ 60 \end{bmatrix}, \quad P_{t+1} = \begin{bmatrix} 66 \\ 165 \\ 250 \\ 241 \\ 102 \\ \hdashline 62 \\ 176 \\ 228 \\ 264 \\ 105 \end{bmatrix}, \quad P_{t+2} = \begin{bmatrix} 53 \\ 64 \\ 158 \\ 207 \\ 195 \\ \hdashline 50 \\ 61 \\ 168 \\ 194 \\ 224 \end{bmatrix},$$

식 (5.4)와 같이 인구가 성별로 구분되어 있을 때에도 인구예측은 다음과 같이 일반식으로 나타낼 수 있다.

$$P_{t+m} = CSM_{II}^{m} \times P_t. \tag{5.7}$$

식 (5.7)을 이용한 예측은 독자 스스로 해보기 바란다.

5.3 인구이동을 고려한 인구예측

본 절에서 지역은 폐쇄지역(closed region)이 아닌 개방지역(open region)이다. 즉 국가는 여러 지역으로 구성되어 있으며, 각 지역간 인구이동을 막는 어떠한 제도적인 장치는 없다. 이러한 지역 개방성을 고려한다면 앞 절에서와 같이 출생과 사망으로 인한 자연성장만으로 지역의 인구성장을 설명하는 데 한계가 있다. 지역의 성장은 지역간 인구의 사회적 이동으로 인하여 많은 영향을 받기 때문이다. 특히, 지역의 단위가 작으면 작을수록 지역간 인구이동의 영향은 크게 나타나는 것이 일반적인 특성이다.

조성법에서 지역간 인구의 이동 규모는 관찰 연도의 실제 인구와 전년도를 기준으로 자연성장한 인구를 비교하여 구한다. 다시 말해서, 지역간 인구이동은 자연성장으로 설명되지 않는 인구의 변화를 지역간 인구이동에 의한 변화로 간주하는 것이다. 따라서 실제의 관찰인구가 자연 증가에 의한 인구보다 큰 지역은 타 지역으로부터 전입되는 인구가 전출되는 인구보다 큰 지역이다. 이러한 현상은 산업화된 지역이나 경제적으로 성장하는 지역에서 통상적으로 나타나는 현상이다. 반대로 관찰인구가 자연 증가에 의한 인구보다 작은 지역은 전입보다는 전출이 더 많이 일어나는 지역이다. 이러한 현상은 침체지역이나 낙후지역 등에서 흔히 나타나는 현상이다. 전입과 전출은 성별, 연령별로 다르게 나타나기 때문에 조성법은 이를 반영하기에는 적당한 방법이라 할 수 있다.

지역간 인구이동이 고려되었을 때에는 앞서 설명하였듯이 지역의 인구예측은 두 단계로 구분된다. 첫째 단계는 자연성장에 의한 인구예측 단계이고, 둘째 단계는 인구이동을 고려하는 단계이다. 따라서 각 단계별로 계산되는 인구를 편의상 구분해야 한다. 여기서는 첫째 단계, 즉 자연성장을 바탕으로 예측한 지역인구를 변화인구(P_t^c)라 하며, 자연성장과 사회적 성장 모두를 고려하여 예측된 지역인구를 예측인구(P_t^e)라 한다. 그리고 실제로 관찰된 인구를 관찰인구(P_t)라 하기로 한다. 지역간 인구이동을 고려한 지역인구예측 방법을 구체적으로 설명하면 다음과 같다. 자연성장에 의해 예측된 지역의 변화인구(P_t^c)는 앞 절에서 설명한 방식에 의해 계산된다.

$$P_t^c = CSM_{II} \times P_{t-1}. \tag{5.8}$$

여기서는 각 지역인구 자료는 성별로 구분되었다고 가정하여 집단생존행렬은 CSM_{II}로 표현하기로 한다.

$$\begin{bmatrix} M_t^c \\ \hdashline F_t^c \end{bmatrix} = \begin{bmatrix} SM & BM \\ ZM & SF \end{bmatrix} \times \begin{bmatrix} M_{t-1} \\ \hdashline F_{t-1} \end{bmatrix}. \tag{5.9}$$

실제 관찰인구와 변화인구의 차이가 지역간 이동한 순이동 인구(net migration, NM)이므로 순이동 인구는 다음과 같이 표현된다.

$$NM_t = P_t - P_t^c. \tag{5.10}$$

이를 성별로 구분하면 다음과 같다.

$$\begin{bmatrix} NMM_t \\ \hdashline NMF_t \end{bmatrix} = \begin{bmatrix} M_t \\ \hdashline F_t \end{bmatrix} - \begin{bmatrix} M_t^c \\ \hdashline F_t^c \end{bmatrix}, \tag{5.11}$$

NMM_t : 남성의 순이동 수를 나타내는 행렬,

NMF_t : 여성의 순이동 수를 나타내는 행렬.

각 성별, 코호트별 순이동률은 다음 식 (5.12)를 이용하여 구한다.

$$nmm_t^n = \frac{M_t^n - M_t^{nc}}{M_t^{nc}}, \quad nmf_t^n = \frac{F_t^n - F_t^{nc}}{F_t^{nc}}, \tag{5.12}$$

$nmm_t^n(nmf_t^n)$: n코호트에 해당하는 남성(여성)의 순이동률.

식 (5.12)로부터 지역의 인구이동률을 나타내는 순이동률 행렬(net migration matrix, NMM)을 작성할 수 있다.

$$NMM = \left[\begin{array}{c|c} NM & ZF \\ \hline ZM & FM \end{array}\right]. \tag{5.13}$$

위의 행렬에서 $MM(FM)$은 남성(여성)의 코호트별 순이동률을 나타내는 행렬이며 ZF, ZM은 모든 요소가 0인 영(zero)행렬을 말한다. 그리고 식 (5.13)의 각 행렬은 다음과 같다.

$$MM = \begin{bmatrix} nmm^1 & 0 & \cdots & 0 & 0 \\ 0 & nmm^2 & \cdots & 0 & 0 \\ \cdot & \cdot & \cdots & \cdot & \cdot \\ 0 & 0 & \cdots & nmm^{n-1} & 0 \\ 0 & 0 & \cdots & 0 & nmm^n \end{bmatrix}, \quad ZF = ZM = \begin{bmatrix} 0 & \cdots & 0 & 0 & 0 \\ 0 & \cdots & 0 & 0 & 0 \\ \cdot & \cdots & \cdot & \cdot & \cdot \\ 0 & \cdots & 0 & 0 & 0 \\ 0 & \cdots & 0 & 0 & 0 \end{bmatrix},$$

$$FM = \begin{bmatrix} nmf^1 & 0 & \cdots & 0 & 0 \\ 0 & nmf^2 & \cdots & 0 & 0 \\ \cdot & \cdot & \cdots & \cdot & \cdot \\ 0 & 0 & \cdots & nmf^{n-1} & 0 \\ 0 & 0 & \cdots & 0 & nmf^n \end{bmatrix}.$$

여기서 NMM행렬과 단위행렬(identity matrix)을 합함으로써 지역의 변화인구를 지역의 예측인구로 전환할 수 있는 전환 행렬(transformation matrix, TSM)이 작성된다.

$$TSM = I + NMM. \tag{5.14}$$

이를 구체적으로 설명하면, 지역간 인구이동을 반영한 예측 과정은 다음과 같이 표현된다.

$$
P_{t+1}^{e} = \underbrace{TSM \times \underbrace{(CSM_{II}) \times P_{t}}_{\text{(a)}}}_{\text{(b)}}. \tag{5.15}
$$

식 (5.15)에서 (a)는 자연성장에 의한 변화인구를 예측하는 과정을 말하며, (b)는 자연성장과 사회성장 모두를 고려한 지역의 예측인구를 계산하는 과정을 말한다. 위에서 설명한 지역간 인구이동을 반영한 인구예측 과정을 예를 들어 알아보자.

(예 5-3) 예제 5-2에서 인용한 지역 "다"의 실제 인구는 $t+1$에서 다음과 같이 성별, 코호트별로 관찰되었다. 그러면 이를 이용하여 $t+2$시점에서 지역의 인구를 예측하라 (현재시점은 여기서 $t+1$이 된다).

$$
M_{t+1} = \begin{bmatrix} 60 \\ 190 \\ 210 \\ 215 \\ 90 \end{bmatrix}, \quad F_{t+1} = \begin{bmatrix} 75 \\ 150 \\ 260 \\ 235 \\ 95 \end{bmatrix}.
$$

지역인구를 예측하기 위해서 먼저 성별, 코호트별 순이동 인구를 구하여 이를 바탕으로 순이동 행렬(NMM)을 작성해야 한다. 식 (5.9)를 이용하여 변화인구를 구하고, 이 변화 인구를 관찰된 실제 인구와 비교하여 다음과 같이 순이동 인구를 계산해야 한다. 계산결과는 다음과 같다.

$$
NM_{t+1} = \begin{bmatrix} -6 \\ 25 \\ -40 \\ -26 \\ -12 \end{bmatrix}, \quad NF_{t+1} = \begin{bmatrix} 13 \\ -26 \\ 32 \\ -29 \\ -10 \end{bmatrix}.
$$

위의 계산 결과와 식 (5.12)를 이용하여 성별, 코호트별 순인구이동률을 가리키는 행렬이 다음과 같이 작성된다.

$$
MM = \begin{bmatrix} -0.085 & 0.000 & 0.000 & 0.000 & 0.000 \\ 0.000 & 0.152 & 0.000 & 0.000 & 0.000 \\ 0.000 & 0.000 & -0.159 & 0.000 & 0.000 \\ 0.000 & 0.000 & 0.000 & -0.107 & 0.000 \\ 0.000 & 0.000 & 0.000 & 0.000 & -0.118 \end{bmatrix},
$$

$$FM = \begin{bmatrix} 0.201 & 0.000 & 0.000 & 0.000 & 0.000 \\ 0.000 & -0.150 & 0.000 & 0.000 & 0.000 \\ 0.000 & 0.000 & 0.140 & 0.000 & 0.000 \\ 0.000 & 0.000 & 0.000 & -0.108 & 0.000 \\ 0.000 & 0.000 & 0.000 & 0.000 & -0.095 \end{bmatrix}.$$

마지막으로 식 (5.14)를 이용하여 전환 행렬(TSM)을 작성한다.

$$TSM = \left[\begin{array}{ccccc|ccccc} 0.915 & 0.000 & 0.000 & 0.000 & 0.000 & 0.000 & 0.000 & 0.000 & 0.000 & 0.000 \\ 0.000 & 1.152 & 0.000 & 0.000 & 0.000 & 0.000 & 0.000 & 0.000 & 0.000 & 0.000 \\ 0.000 & 0.000 & 0.841 & 0.000 & 0.000 & 0.000 & 0.000 & 0.000 & 0.000 & 0.000 \\ 0.000 & 0.000 & 0.000 & 0.893 & 0.000 & 0.000 & 0.000 & 0.000 & 0.000 & 0.000 \\ 0.000 & 0.000 & 0.000 & 0.000 & 0.882 & 0.000 & 0.000 & 0.000 & 0.000 & 0.000 \\ \hline 0.000 & 0.000 & 0.000 & 0.000 & 0.000 & 1.201 & 0.000 & 0.000 & 0.000 & 0.000 \\ 0.000 & 0.000 & 0.000 & 0.000 & 0.000 & 0.000 & 0.850 & 0.000 & 0.000 & 0.000 \\ 0.000 & 0.000 & 0.000 & 0.000 & 0.000 & 0.000 & 0.000 & 1.140 & 0.000 & 0.000 \\ 0.000 & 0.000 & 0.000 & 0.000 & 0.000 & 0.000 & 0.000 & 0.000 & 0.892 & 0.000 \\ 0.000 & 0.000 & 0.000 & 0.000 & 0.000 & 0.000 & 0.000 & 0.000 & 0.000 & 0.905 \end{array}\right].$$

위와 같은 과정을 통해 지역의 인구예측이 이루어진다. 지역 "다"의 경우 변화 인구는 $t+2$에서 다음과 같다.

$$M^c_{t+2} = \begin{bmatrix} 52 \\ 58 \\ 182 \\ 174 \\ 174 \end{bmatrix}, \quad F^c_{t+2} = \begin{bmatrix} 49 \\ 74 \\ 143 \\ 221 \\ 200 \end{bmatrix}.$$

위의 변화 인구와 전환 행렬(TSM)로부터 지역의 $t+2$에서 예측인구는 다음과 같이 구해진다. 즉 $t+2$에서 지역의 총 인구는 1,239명(남자 576명, 여자 663명)이며, 각 코호트별 인구수는 다음과 같다.

$$M^e_{t+2} = \begin{bmatrix} 47 \\ 67 \\ 153 \\ 156 \\ 153 \end{bmatrix}, \quad F^e_{t+2} = \begin{bmatrix} 59 \\ 63 \\ 163 \\ 197 \\ 181 \end{bmatrix}.$$

5.4 응용의 예

조성법 또는 집단생존법은 지역의 인구 예측뿐만 아니라 토지이용의 변화나 주택 또는 병원과 같은 시설규모 예측 등에서도 유용하게 사용될 수 있다. 여기서는 조성법을 이용한 지역내 주택량의 예측 방법에 대해 알아보자.

지역 "라" 내 주택은 상태에 따라 4가지 등급(A, B, C, D)으로 구분된다. A등급의 주택이 가장 수준이 양호한 주택을 의미하며, D등급의 주택은 가장 수준이 불량한 주택을 말한다. 지난 10년간(2010-2020) 지역내 주택 등급별 규모는 표 5.1에 요약된 바와 같다.

표 5.1 지역 "라"의 연도별 주택량

주택의 등급	2010년	2020년
A등급	400호	370호
B등급	700호	480호
C등급	1,100호	670호
D등급	600호	540호
합계	2,800호	2,060호

그리고 지역 당국은 지난 10년간 주택이 어떻게 변화하였는가를 관찰 기록하고 있다. 그 관찰 내용은 다음과 같다.

- A등급의 주택 총 400호 중 200호는 A등급으로 수준을 유지하였으나 100호는 B등급으로 50호는 C등급으로 그리고 40호는 D등급으로 각각 수준이 변경되었으며, 나머지 주택은 철거되었다.
- B등급의 주택 총 700호 중 70호는 A등급으로 향상되었고, 280호는 B등급으로 수준 유지를, 120호는 C등급으로 그리고 100호는 D등급으로 변경되었으며 나머지는 철거되었다.
- C등급의 주택 총 1,100주택 중 500호는 C등급으로 수준을 유지하였으나 300호는 D등급으로 변경되었으며, 그리고 나머지는 철거되었다.
- D등급의 주택 총 600호 중 100호는 리모델링을 통해 A등급으로 그리고 100호는 B등급으로 수준이 각각 향상되었으며, 100호는 D등급으로 그리고, 나머지는 철거되었다.

(예제 5-4) 지난 10년과 마찬가지로 지역 "라"는 새로운 주택지의 확보를 통한 주택 공급이 없다면 위의 자료를 이용하여 10년과 20년 후의 지역 내 등급별 주택의 규모를 예측하라.

이 문제에서 가장 중요한 부분은 지난 10년간 주택 등급의 변화는 앞으로도 계속 같은 형태로 진행될 것이라는 가정이다. 그리고 이러한 가정과 함께 지난 10년간 주택의 변화를 나타내는 주택전환행렬(housing transition matrix, HTM)을 작성하는 것이다. 구체적으로 말해, 주택전환행렬의 각 요소(elemenet)는 각 주택 등급의 변화하는 주택 전환율이며, 이는 다음과 같은 식에 의해 결정된다.

$$T_{xy} = \frac{\text{관찰기간 동안 } x\text{등급의 주택 중 } y\text{등급으로 변한 주택의 양}}{\text{관찰 초기의 } x\text{등급의 총주택량}}.$$

각 주택의 변화를 위의 식에 의해 계산하고, 아래와 같이 주택전환행렬을 작성한다.

$$HTM = \begin{bmatrix} T_{aa} & T_{ba} & T_{ca} & T_{da} \\ T_{ab} & T_{bb} & T_{cb} & T_{db} \\ T_{ac} & T_{bc} & T_{cc} & T_{dc} \\ T_{ad} & T_{bd} & T_{cd} & T_{dd} \end{bmatrix} = \begin{bmatrix} 0.500 & 0.100 & 0.000 & 0.167 \\ 0.250 & 0.400 & 0.000 & 0.167 \\ 0.125 & 0.171 & 0.455 & 0.000 \\ 0.100 & 0.143 & 0.273 & 0.167 \end{bmatrix}.$$

주택전환행렬을 이용하면 기간별 주택 규모는 다음과 같은 식에 의해 예측된다.

$$H_{t+1} = HTM \times H_t.$$

주택규모의 예측식을 일반식으로 표현하면 다음과 같다.

$$H_{t+m} = HTM^m \times H_t.$$

2030년과 2040년의 지역 “라”의 등급별 주택규모는 각각 1,509호와 1,124호이다. 이를 등급별로 보면 각각 다음과 같다.

$$H_{2030} = \begin{bmatrix} 323 \\ 375 \\ 433 \\ 378 \end{bmatrix}, \quad H_{2040} = \begin{bmatrix} 262 \\ 294 \\ 301 \\ 167 \end{bmatrix}.$$

5.5 요 약

본 장에서는 출생과 사망, 그리고 지역간 인구이동에 관한 기본적인 특징을 바탕으로 지역인구 예측방법에 관해 살펴보았다. 조성법에 의한 인구예측은 지역을 구성하는 인구의 성별, 그리고 연령별 특성을 고려하였기 때문에 앞서 설명한 추세연장법보다는 이론적으로 우수하다고 할 수 있다. 또한 예측인구의 성별·연령별로 자세한 정보를 제공하기 때문에 계획이나 행정 분야에 유용하게 사용될 수 있다. 그리고 예측된 인구의 구성 특성에 따라 각 연령층에 맞는 서비스와 지역 하부구조에 대한 규모 등을 구체적으로 제시하는 장점을 가지고 있다.

조성법의 한계는 바로 지역의 인구성장을 결정하는 요소들의 특성이 조성법 밖에서 정해진다는 것이다. 즉 여성의 연령별 출산율, 사망률, 그리고 인구이동률은 조성법 이전에 정해진다. 즉 이론적으로 가장 중요한 지역인구의 특징은 조성법에서는 설명이 안 된다는 것이다. 또한 지역의 성장과 쇠퇴는 지역산업의 변화와 전국의 산업변화, 생산기술의 변화, 소비자들의 수요변화 등에 따라 민감하게 반응한다. 그러나 조성법에서는 이러한 산업의 변화를 예측에 고려할 수 없는 것이 약점이다.

제 05 장 **적용** 연습 문제

문제 1 t년 전국의 코호트별 인구수와 출산율 그리고 사망률은 <표 5-A-1>과 같다. 다음 기간 ($t+10$년)의 코호트별 인구수와 총인구수를 예측하라 (단, 출생시 남녀 성비는 105:100이다).

〈표 5-A-1〉 t년 전국의 코호트별 인구수, 출산율 및 사망률

코호트	인구수 (명)			사망률			출산율
	합계	남성	여성	합계	남성	여성	
0~9	4,303,062	2,208,857	2,094,205	0.00	0.00	0.00	–
10~19	5,131,153	2,662,198	2,468,955	0.00	0.00	0.00	0.00
20~29	6,823,973	3,591,833	3,232,140	0.00	0.00	0.00	0.15
30~39	7,270,143	3,723,573	3,546,570	0.01	0.01	0.01	0.62
40~49	8,488,587	4,316,614	4,171,973	0.01	0.02	0.01	0.03
50~59	8,615,884	4,339,203	4,276,681	0.03	0.04	0.02	–
60~69	5,949,639	2,907,138	3,042,501	0.06	0.09	0.03	–
70~79	3,497,936	1,549,636	1,948,300	0.16	0.23	0.11	–
80+	1,745,682	567,077	1,178,605	0.61	0.69	0.56	–
합계	51,826,059	25,866,129	25,959,930	–	–	–	–

· 출산율은 여성인구 1명을 기준으로 한다.

문제 2 t년과 $t+10$년 지역 1의 실제 관찰된 성별·코호트별 인구가 아래 <표 5-A-2>와 같다.

〈표 5-A-2〉 지역 1의 실제 관찰된 성별, 코호트별 인구수

코호트	t년 인구수 (명)			t+10년 인구수 (명)		
	합계	남성	여성	합계	남성	여성
0~9	31,150	16,005	15,145	24,728	12,746	11,982
10~19	39,956	20,332	19,624	29,010	15,665	13,345
20~29	65,100	31,981	33,119	42,404	21,004	21,400
30~39	62,084	30,890	31,194	63,911	31,426	32,485
40~49	72,990	36,245	36,745	52,851	27,989	24,862
50~59	69,456	34,073	35,383	64,691	32,484	32,207
60~69	51,756	24,305	27,451	60,066	29,491	30,575
70~79	32,715	14,354	18,361	48,309	21,733	26,576
80+	14,875	5,405	9,470	32,967	12,579	20,388
합계	440,082	213,590	226,492	418,936	205,116	213,820

2-1 자연성장과 사회적 성장을 모두 고려하여 $t+20$년 지역 1의 인구를 예측하라 (단, 성별·코호트별 집단생존행렬은 문제 1과 같다).

2-2 지난 10년간($t \sim t+10$년) 지역 1의 코호트별 인구이동은 다음 <표 5-A-3>과 같다. $t+20$년 지역 1의 인구를 예측하라 (단, 성별·코호트별 집단생존행렬은 문제 1과 같다고 한다).

〈표 5-A-3〉 $t+10$년도 지역 1의 인구이동 (단위: 명)

코호트	합계	남성	여성
0~9	−750	−300	−450
10~19	−2,400	−400	−2,000
20~29	2,260	600	1,660
30~39	−1,210	−550	−660
40~49	−10,200	−3,200	−7,000
50~59	−7,600	−3,300	−4,300
60~69	−8,700	−3,700	−5,000
70~79	−410	−360	−50
80+	−230	−130	−100

2-3 지역 1의 주택 재개발 사업으로 문제2-2의 인구의 순이동자료가 다음 <표 5-A-4>와 같이 변화한다고 가정할 때, 지역 1의 $t+20$년도 코호트별 인구수를 예측하고, 인구수 측면에서 지역 1의 재개발의 효과를 기술하라.

〈표 5-A-4〉 $t+10$년도 지역 1의 재개발 완공 이후 인구이동

코호트	재개발 이후 순이동 (명)		
	합계	남성	여성
0~9	1,170	1,300	−130
10~19	850	460	390
20~29	3,130	1,260	1,870
30~39	2,700	2,200	500
40~49	1,300	−1,500	2,800
50~59	4,800	1,600	3,200
60~69	−1,530	−1,500	−30
70~79	−1,900	−2,000	100
80+	−2,600	−1,200	−1,400

문제 3 <표 5-A-5>는 지난 10년간 (2010-2020) 지역 2의 주택 등급별 규모가 어떻게 변화하였는지 관찰한 자료이다. 지난 10년 동안 지역 2에는 새로운 주택 공급이 없다면 10년 후 지역 2의 등급별 주택의 규모를 예측하라.

〈표 5-A-5〉 지난 10년간 (2010-2020) 지역 2의 주택 등급별 규모

주택의 등급	2010년	2020년
A등급	700호	800호
B등급	600호	540호
C등급	1,000호	750호
D등급	700호	500호
합계	3,000호	2,590호

- A등급 주택 총 700호 중 300호는 A등급 수준을 유지하였으나 140호는 B등급으로, 150호는 C등급으로, 50호는 D등급으로 각각 수준이 변경되었으며, 나머지 주택은 철거되었다.
- B등급 주택 총 600호 중 100호는 A등급으로 향상되었고, 300호는 B등급으로 유지, 100호는 C등급으로, 그리고 50호는 D등급으로 각각 수준이 변경되었으며, 나머지 주택은 철거되었다.
- C등급 주택 총 1,000호 중 200호는 A등급으로 향상되었고, 500호는 C등급으로 수준을 유지하였으나, 200호는 D등급으로 변경되었으며, 나머지는 철거되었다.
- D등급 주택 총 700호 중 200호는 재개발을 통해 A등급으로, 그리고 100호는 B등급으로 향상되었으며, 200호는 D등급을 유지하였으나, 나머지는 철거되었다.

문제 4 다음 <표 5-A-6>은 2020년 지역 3의 상수도관 현황자료와 지역당국이 지난 10년간 상수도관이 어떻게 변화하였는지 조사한 자료이다. 2040년 지역 3의 등급별 상수도관의 길이를 구하라.

〈표 5-A-6〉 지난 10년간 (2010-2020) 지역 3의 상수도관 등급별 규모

상수도관의 등급	2010년	2020년
A등급	1,400km	2,700km
B등급	1,200km	1,200km
C등급	1,300km	1,500km
D등급	2,000km	500km
합계	5,900km	5,900km

- A등급 상수도관 총 1,400km 중 700km는 A등급 수준을 유지하였으나 400km는 B등급으로, 200km는 C등급으로, 100km는 D등급으로 각각 수준이 변경되었다.
- B등급 상수도관 총 1,200km 중 800km는 B등급으로 유지, 300km는 C등급으로, 그리고 100km는 D등급으로 각각 수준이 변경되었다.
- C등급 상수도관 총 1,300km 중 1,000km는 C등급으로 수준을 유지하였으나, 300km는 D등급으로 변경되었다.
- D등급의 상수도관은 노후관으로 분류되며 노후관은 지역 주민의 건강을 위협하여 철거하고 철거된 길이만큼 새로 설치하기로 한다 (이때 새로 설치한 상수도관은 모두 A등급이다).

문제 5 현재 지역 4의 교육수준별 부모(1세대) 인구수와 부모의 학력에 따른 자녀(2세대)의 학력별 비율이 각각 <표 5-A-7>과 <표 5-A-8> 같다고 하자.

〈표 5-A-7〉 지역 4의 교육수준별 부모(1세대) 인구수

구분	인구수 (명)
고졸	1,200
전문대졸	3,000
4년제 대졸	5,000
석사졸업이상	1,800
합계	11,000

〈표 5-A-8〉 부모학력에 따른 자녀의 학력별 비율

구분			자녀 (%)			
			1	2	3	4
			고졸	전문대졸	4년제 대졸	석사졸업이상
부모	1	고졸	32.6	33.0	21.9	12.5
	2	전문대졸	16.7	27.8	38.8	16.7
	3	4년제 대졸	12.0	16.0	44.0	28.0
	4	석사졸업이상	10.3	10.3	37.9	41.5

5-1 지역 4의 3세대의 교육수준별 인구수를 예측하라.

5-2 지역 4에 산업단지가 건설되었고, 단지에서 근무하는 사람들은 모두 지역 외부에서 이동하였다고 하자. 외부지역에서 이동해온 부모(1세대)들의 교육수준별 인구수는 다음 <표 5-A-9>와 같다고 한다. 이 경우 지역 4의 3세대 교육수준별 인구수를 예측하라.

〈표 5-A-9〉 외부지역에서 이동해온 부모(1세대)의 교육수준별 인구수

구분	인구수 (명)
고졸	120
전문대졸	350
4년제 대졸	830
석사졸업이상	650
합계	1,950

▶ ▶ ▶ ▶ ▶
제 05 장

적용 문제 풀이

문제 1

주어진 자료로 부터 집단생존행렬(CSM_{II})을 작성하면 다음과 같다.

$$CSM_{\text{II}} = \left[\begin{array}{ccccccccc|ccccccccc}
0.00 & 0.00 & 0.00 & 0.00 & 0.00 & 0.00 & 0.00 & 0.00 & 0.00 & 0.00 & 0.08 & 0.32 & 0.02 & 0.00 & 0.00 & 0.00 & 0.00 & 0.00 \\
1.00 & 0.00 & 0.00 & 0.00 & 0.00 & 0.00 & 0.00 & 0.00 & 0.00 & 0.00 & 0.00 & 0.00 & 0.00 & 0.00 & 0.00 & 0.00 & 0.00 & 0.00 \\
0.00 & 1.00 & 0.00 & 0.00 & 0.00 & 0.00 & 0.00 & 0.00 & 0.00 & 0.00 & 0.00 & 0.00 & 0.00 & 0.00 & 0.00 & 0.00 & 0.00 & 0.00 \\
0.00 & 0.00 & 1.00 & 0.00 & 0.00 & 0.00 & 0.00 & 0.00 & 0.00 & 0.00 & 0.00 & 0.00 & 0.00 & 0.00 & 0.00 & 0.00 & 0.00 & 0.00 \\
0.00 & 0.00 & 0.00 & 0.99 & 0.00 & 0.00 & 0.00 & 0.00 & 0.00 & 0.00 & 0.00 & 0.00 & 0.00 & 0.00 & 0.00 & 0.00 & 0.00 & 0.00 \\
0.00 & 0.00 & 0.00 & 0.00 & 0.98 & 0.00 & 0.00 & 0.00 & 0.00 & 0.00 & 0.00 & 0.00 & 0.00 & 0.00 & 0.00 & 0.00 & 0.00 & 0.00 \\
0.00 & 0.00 & 0.00 & 0.00 & 0.00 & 0.96 & 0.00 & 0.00 & 0.00 & 0.00 & 0.00 & 0.00 & 0.00 & 0.00 & 0.00 & 0.00 & 0.00 & 0.00 \\
0.00 & 0.00 & 0.00 & 0.00 & 0.00 & 0.00 & 0.91 & 0.00 & 0.00 & 0.00 & 0.00 & 0.00 & 0.00 & 0.00 & 0.00 & 0.00 & 0.00 & 0.00 \\
0.00 & 0.00 & 0.00 & 0.00 & 0.00 & 0.00 & 0.00 & 0.77 & 0.31 & 0.00 & 0.00 & 0.00 & 0.00 & 0.00 & 0.00 & 0.00 & 0.00 & 0.00 \\
\hline
0.00 & 0.00 & 0.00 & 0.00 & 0.00 & 0.00 & 0.00 & 0.00 & 0.00 & 0.00 & 0.07 & 0.30 & 0.01 & 0.00 & 0.00 & 0.00 & 0.00 & 0.00 \\
0.00 & 0.00 & 0.00 & 0.00 & 0.00 & 0.00 & 0.00 & 0.00 & 0.00 & 1.00 & 0.00 & 0.00 & 0.00 & 0.00 & 0.00 & 0.00 & 0.00 & 0.00 \\
0.00 & 0.00 & 0.00 & 0.00 & 0.00 & 0.00 & 0.00 & 0.00 & 0.00 & 0.00 & 1.00 & 0.00 & 0.00 & 0.00 & 0.00 & 0.00 & 0.00 & 0.00 \\
0.00 & 0.00 & 0.00 & 0.00 & 0.00 & 0.00 & 0.00 & 0.00 & 0.00 & 0.00 & 0.00 & 1.00 & 0.00 & 0.00 & 0.00 & 0.00 & 0.00 & 0.00 \\
0.00 & 0.00 & 0.00 & 0.00 & 0.00 & 0.00 & 0.00 & 0.00 & 0.00 & 0.00 & 0.00 & 0.00 & 0.99 & 0.00 & 0.00 & 0.00 & 0.00 & 0.00 \\
0.00 & 0.00 & 0.00 & 0.00 & 0.00 & 0.00 & 0.00 & 0.00 & 0.00 & 0.00 & 0.00 & 0.00 & 0.00 & 0.99 & 0.00 & 0.00 & 0.00 & 0.00 \\
0.00 & 0.00 & 0.00 & 0.00 & 0.00 & 0.00 & 0.00 & 0.00 & 0.00 & 0.00 & 0.00 & 0.00 & 0.00 & 0.00 & 0.98 & 0.00 & 0.00 & 0.00 \\
0.00 & 0.00 & 0.00 & 0.00 & 0.00 & 0.00 & 0.00 & 0.00 & 0.00 & 0.00 & 0.00 & 0.00 & 0.00 & 0.00 & 0.00 & 0.97 & 0.00 & 0.00 \\
0.00 & 0.00 & 0.00 & 0.00 & 0.00 & 0.00 & 0.00 & 0.00 & 0.00 & 0.00 & 0.00 & 0.00 & 0.00 & 0.00 & 0.00 & 0.00 & 0.89 & 0.44
\end{array}\right]$$

∴ 위의 CSM_{II}과 t년 성별 코호트별 인구수를 이용하면 $t+10$년 전국의 인구는 51,871,922명이다.

〈표 5-A-10〉 $t+10$년도 전국의 성별, 코호트별 변화인구

코호트	인구수 (명)		
	합계	남성	여성
0~9	2,480,667	1,302,733	1,177,935
10~19	4,303,062	2,208,857	2,094,205
20~29	5,131,153	2,662,198	2,468,955
30~39	6,823,973	3,591,833	3,232,140
40~49	7,197,442	3,686,337	3,511,104
50~59	8,360,535	4,230,282	4,130,253
60~69	8,356,782	4,165,635	4,191,147
70~79	5,596,722	2,645,496	2,951,226
80+	3,621,587	1,369,014	2,252,573
합계	51,871,922	25,862,384	26,009,539

문제 2 2-1

지역간 인구이동자료가 주어지지 않았으므로 이 경우는 변화인구와 관찰인구로부터 인구이동을 계산해야 한다. 문제 1의 CSM_{II}과 t년 성별 코호트별 인구수를 이용하면 $t+10$년 지역 1의 변화인구는 443,347명이다.

〈표 5-A-11〉 $t+10$년도 지역 1의 성별, 코호트별 변화인구수

코호트	인구수 (명)		
	합계	남성	여성
0~9	24,413	12,792	11,621
10~19	31,150	16,005	15,145
20~29	39,956	20,332	19,624
30~39	65,100	31,981	33,119
40~49	61,463	30,581	30,882
50~59	71,898	35,520	36,378
60~69	67,385	32,710	34,675
70~79	48,745	22,118	26,627
80+	33,236	12,728	20,508
합계	443,347	214,767	228,580

지역 1의 성별, 코호트별 순이동 인구는 다음과 같이 산정된다.

$$NMM_{t+10} = \begin{bmatrix} -46 \\ -340 \\ 672 \\ -555 \\ -2,592 \\ -3,036 \\ -3,219 \\ -385 \\ -149 \end{bmatrix}, \quad NMF_{t+10} = \begin{bmatrix} 361 \\ -1,800 \\ 1,776 \\ -634 \\ -6,020 \\ -4,171 \\ -4,100 \\ -51 \\ -120 \end{bmatrix}.$$

주어진 자료를 이용하여 지역 1의 TSM를 작성하면 다음과 같다.

$$TSM = \left[\begin{array}{ccccccccc|ccccccccc}
1.00 & 0.00 & 0.00 & 0.00 & 0.00 & 0.00 & 0.00 & 0.00 & 0.00 & 0.00 & 0.00 & 0.00 & 0.00 & 0.00 & 0.00 & 0.00 & 0.00 & 0.00 \\
0.00 & 0.98 & 0.00 & 0.00 & 0.00 & 0.00 & 0.00 & 0.00 & 0.00 & 0.00 & 0.00 & 0.00 & 0.00 & 0.00 & 0.00 & 0.00 & 0.00 & 0.00 \\
0.00 & 0.00 & 1.03 & 0.00 & 0.00 & 0.00 & 0.00 & 0.00 & 0.00 & 0.00 & 0.00 & 0.00 & 0.00 & 0.00 & 0.00 & 0.00 & 0.00 & 0.00 \\
0.00 & 0.00 & 0.00 & 0.98 & 0.00 & 0.00 & 0.00 & 0.00 & 0.00 & 0.00 & 0.00 & 0.00 & 0.00 & 0.00 & 0.00 & 0.00 & 0.00 & 0.00 \\
0.00 & 0.00 & 0.00 & 0.00 & 0.92 & 0.00 & 0.00 & 0.00 & 0.00 & 0.00 & 0.00 & 0.00 & 0.00 & 0.00 & 0.00 & 0.00 & 0.00 & 0.00 \\
0.00 & 0.00 & 0.00 & 0.00 & 0.00 & 0.91 & 0.00 & 0.00 & 0.00 & 0.00 & 0.00 & 0.00 & 0.00 & 0.00 & 0.00 & 0.00 & 0.00 & 0.00 \\
0.00 & 0.00 & 0.00 & 0.00 & 0.00 & 0.00 & 0.90 & 0.00 & 0.00 & 0.00 & 0.00 & 0.00 & 0.00 & 0.00 & 0.00 & 0.00 & 0.00 & 0.00 \\
0.00 & 0.00 & 0.00 & 0.00 & 0.00 & 0.00 & 0.00 & 0.98 & 0.00 & 0.00 & 0.00 & 0.00 & 0.00 & 0.00 & 0.00 & 0.00 & 0.00 & 0.00 \\
0.00 & 0.00 & 0.00 & 0.00 & 0.00 & 0.00 & 0.00 & 0.00 & 0.99 & 0.00 & 0.00 & 0.00 & 0.00 & 0.00 & 0.00 & 0.00 & 0.00 & 0.00 \\
\hline
0.00 & 0.00 & 0.00 & 0.00 & 0.00 & 0.00 & 0.00 & 0.00 & 0.00 & 1.03 & 0.00 & 0.00 & 0.00 & 0.00 & 0.00 & 0.00 & 0.00 & 0.00 \\
0.00 & 0.00 & 0.00 & 0.00 & 0.00 & 0.00 & 0.00 & 0.00 & 0.00 & 0.00 & 0.88 & 0.00 & 0.00 & 0.00 & 0.00 & 0.00 & 0.00 & 0.00 \\
0.00 & 0.00 & 0.00 & 0.00 & 0.00 & 0.00 & 0.00 & 0.00 & 0.00 & 0.00 & 0.00 & 1.09 & 0.00 & 0.00 & 0.00 & 0.00 & 0.00 & 0.00 \\
0.00 & 0.00 & 0.00 & 0.00 & 0.00 & 0.00 & 0.00 & 0.00 & 0.00 & 0.00 & 0.00 & 0.00 & 0.98 & 0.00 & 0.00 & 0.00 & 0.00 & 0.00 \\
0.00 & 0.00 & 0.00 & 0.00 & 0.00 & 0.00 & 0.00 & 0.00 & 0.00 & 0.00 & 0.00 & 0.00 & 0.00 & 0.81 & 0.00 & 0.00 & 0.00 & 0.00 \\
0.00 & 0.00 & 0.00 & 0.00 & 0.00 & 0.00 & 0.00 & 0.00 & 0.00 & 0.00 & 0.00 & 0.00 & 0.00 & 0.00 & 0.89 & 0.00 & 0.00 & 0.00 \\
0.00 & 0.00 & 0.00 & 0.00 & 0.00 & 0.00 & 0.00 & 0.00 & 0.00 & 0.00 & 0.00 & 0.00 & 0.00 & 0.00 & 0.00 & 0.88 & 0.00 & 0.00 \\
0.00 & 0.00 & 0.00 & 0.00 & 0.00 & 0.00 & 0.00 & 0.00 & 0.00 & 0.00 & 0.00 & 0.00 & 0.00 & 0.00 & 0.00 & 0.00 & 1.00 & 0.00 \\
0.00 & 0.00 & 0.00 & 0.00 & 0.00 & 0.00 & 0.00 & 0.00 & 0.00 & 0.00 & 0.00 & 0.00 & 0.00 & 0.00 & 0.00 & 0.00 & 0.00 & 0.99
\end{array}\right]$$

지역간 인구이동을 반영한 예측 과정은 다음과 같이 표현된다.

$$P^{e}_{t+20} = TSM \times (CSM_{II}) \times P_{t+10} = TSM \times P^{c}_{t+20}. \qquad (5.1)$$

∴ 식 (5.1)을 이용해 인구이동을 고려한 $t+20$년도 인구를 예측하면 다음 <표 5-A-12>와 같다.

〈표 5-A-12〉 $t+20$년도 지역 1의 성별, 코호트별 예측인구수

코호트	인구수 (명)		
	합계	남성	여성
0~9	16,474	8,565	7,909
10~19	23,035	12,491	10,544
20~29	30,681	16,135	14,546
30~39	41,556	20,584	20,972
40~49	54,673	28,623	26,050
50~59	46,866	24,960	21,906
60~69	55,842	28,067	27,775
70~79	55,958	26,300	29,658
80+	52,724	20,428	32,297
합계	377,810	186,153	191,657

문제 2 **2-2**

인구이동자료가 제시되었으므로 변화인구와 제시된 인구이동을 이용하여 인구이동율을 계산하여 지역의 인구를 예측할 수 있다. 우선 성별 코호트별 인구이동율로부터 계산된 지역 1의 TSM은 다음과 같다.

$$TSM=\left[\begin{array}{ccccccccc|ccccccccc}
0.98&0.00&0.00&0.00&0.00&0.00&0.00&0.00&0.00&0.00&0.00&0.00&0.00&0.00&0.00&0.00&0.00&0.00\\
0.00&0.98&0.00&0.00&0.00&0.00&0.00&0.00&0.00&0.00&0.00&0.00&0.00&0.00&0.00&0.00&0.00&0.00\\
0.00&0.00&1.03&0.00&0.00&0.00&0.00&0.00&0.00&0.00&0.00&0.00&0.00&0.00&0.00&0.00&0.00&0.00\\
0.00&0.00&0.00&0.98&0.00&0.00&0.00&0.00&0.00&0.00&0.00&0.00&0.00&0.00&0.00&0.00&0.00&0.00\\
0.00&0.00&0.00&0.00&0.90&0.00&0.00&0.00&0.00&0.00&0.00&0.00&0.00&0.00&0.00&0.00&0.00&0.00\\
0.00&0.00&0.00&0.00&0.00&0.91&0.00&0.00&0.00&0.00&0.00&0.00&0.00&0.00&0.00&0.00&0.00&0.00\\
0.00&0.00&0.00&0.00&0.00&0.00&0.89&0.00&0.00&0.00&0.00&0.00&0.00&0.00&0.00&0.00&0.00&0.00\\
0.00&0.00&0.00&0.00&0.00&0.00&0.00&0.98&0.00&0.00&0.00&0.00&0.00&0.00&0.00&0.00&0.00&0.00\\
0.00&0.00&0.00&0.00&0.00&0.00&0.00&0.00&0.99&0.00&0.00&0.00&0.00&0.00&0.00&0.00&0.00&0.00\\
\hline
0.00&0.00&0.00&0.00&0.00&0.00&0.00&0.00&0.00&0.96&0.00&0.00&0.00&0.00&0.00&0.00&0.00&0.00\\
0.00&0.00&0.00&0.00&0.00&0.00&0.00&0.00&0.00&0.00&0.87&0.00&0.00&0.00&0.00&0.00&0.00&0.00\\
0.00&0.00&0.00&0.00&0.00&0.00&0.00&0.00&0.00&0.00&0.00&1.08&0.00&0.00&0.00&0.00&0.00&0.00\\
0.00&0.00&0.00&0.00&0.00&0.00&0.00&0.00&0.00&0.00&0.00&0.00&0.98&0.00&0.00&0.00&0.00&0.00\\
0.00&0.00&0.00&0.00&0.00&0.00&0.00&0.00&0.00&0.00&0.00&0.00&0.00&0.77&0.00&0.00&0.00&0.00\\
0.00&0.00&0.00&0.00&0.00&0.00&0.00&0.00&0.00&0.00&0.00&0.00&0.00&0.00&0.88&0.00&0.00&0.00\\
0.00&0.00&0.00&0.00&0.00&0.00&0.00&0.00&0.00&0.00&0.00&0.00&0.00&0.00&0.00&0.86&0.00&0.00\\
0.00&0.00&0.00&0.00&0.00&0.00&0.00&0.00&0.00&0.00&0.00&0.00&0.00&0.00&0.00&0.00&1.00&0.00\\
0.00&0.00&0.00&0.00&0.00&0.00&0.00&0.00&0.00&0.00&0.00&0.00&0.00&0.00&0.00&0.00&0.00&1.00
\end{array}\right]$$

∴ 인구이동을 고려한 $t+20$년도 인구를 예측하면 다음 <표 5-A-13>과 같다.

〈표 5-A-13〉 $t+20$년도 지역 1의 성별, 코호트별 예측인구수

코호트	인구수 (명)		
	합계	남성	여성
0~9	15,766	8,394	7,372
10~19	22,915	12,491	10,424
20~29	30,548	16,135	14,413
30~39	41,556	20,584	20,972
40~49	52,764	28,001	24,763
50~59	46,620	24,960	21,659
60~69	54,899	27,755	27,144
70~79	55,958	26,300	29,658
80+	53,051	20,428	32,623
합계	374,076	185,047	189,029

문제 2	2-3

재개발 사업이 완료되었을 때 지역 1의 새로운 TSM^{new}을 작성하면,

$$TSM^{new} = \left[\begin{array}{ccccccccc|ccccccccc}
1.10 & 0.00 & 0.00 & 0.00 & 0.00 & 0.00 & 0.00 & 0.00 & 0.00 & 0.00 & 0.00 & 0.00 & 0.00 & 0.00 & 0.00 & 0.00 & 0.00 & 0.00 \\
0.00 & 1.03 & 0.00 & 0.00 & 0.00 & 0.00 & 0.00 & 0.00 & 0.00 & 0.00 & 0.00 & 0.00 & 0.00 & 0.00 & 0.00 & 0.00 & 0.00 & 0.00 \\
0.00 & 0.00 & 1.06 & 0.00 & 0.00 & 0.00 & 0.00 & 0.00 & 0.00 & 0.00 & 0.00 & 0.00 & 0.00 & 0.00 & 0.00 & 0.00 & 0.00 & 0.00 \\
0.00 & 0.00 & 0.00 & 1.07 & 0.00 & 0.00 & 0.00 & 0.00 & 0.00 & 0.00 & 0.00 & 0.00 & 0.00 & 0.00 & 0.00 & 0.00 & 0.00 & 0.00 \\
0.00 & 0.00 & 0.00 & 0.00 & 0.95 & 0.00 & 0.00 & 0.00 & 0.00 & 0.00 & 0.00 & 0.00 & 0.00 & 0.00 & 0.00 & 0.00 & 0.00 & 0.00 \\
0.00 & 0.00 & 0.00 & 0.00 & 0.00 & 1.05 & 0.00 & 0.00 & 0.00 & 0.00 & 0.00 & 0.00 & 0.00 & 0.00 & 0.00 & 0.00 & 0.00 & 0.00 \\
0.00 & 0.00 & 0.00 & 0.00 & 0.00 & 0.00 & 0.95 & 0.00 & 0.00 & 0.00 & 0.00 & 0.00 & 0.00 & 0.00 & 0.00 & 0.00 & 0.00 & 0.00 \\
0.00 & 0.00 & 0.00 & 0.00 & 0.00 & 0.00 & 0.00 & 0.91 & 0.00 & 0.00 & 0.00 & 0.00 & 0.00 & 0.00 & 0.00 & 0.00 & 0.00 & 0.00 \\
0.00 & 0.00 & 0.00 & 0.00 & 0.00 & 0.00 & 0.00 & 0.00 & 0.91 & 0.00 & 0.00 & 0.00 & 0.00 & 0.00 & 0.00 & 0.00 & 0.00 & 0.00 \\
\hline
0.00 & 0.00 & 0.00 & 0.00 & 0.00 & 0.00 & 0.00 & 0.00 & 0.00 & 0.99 & 0.00 & 0.00 & 0.00 & 0.00 & 0.00 & 0.00 & 0.00 & 0.00 \\
0.00 & 0.00 & 0.00 & 0.00 & 0.00 & 0.00 & 0.00 & 0.00 & 0.00 & 0.00 & 1.03 & 0.00 & 0.00 & 0.00 & 0.00 & 0.00 & 0.00 & 0.00 \\
0.00 & 0.00 & 0.00 & 0.00 & 0.00 & 0.00 & 0.00 & 0.00 & 0.00 & 0.00 & 0.00 & 1.10 & 0.00 & 0.00 & 0.00 & 0.00 & 0.00 & 0.00 \\
0.00 & 0.00 & 0.00 & 0.00 & 0.00 & 0.00 & 0.00 & 0.00 & 0.00 & 0.00 & 0.00 & 0.00 & 1.02 & 0.00 & 0.00 & 0.00 & 0.00 & 0.00 \\
0.00 & 0.00 & 0.00 & 0.00 & 0.00 & 0.00 & 0.00 & 0.00 & 0.00 & 0.00 & 0.00 & 0.00 & 0.00 & 1.09 & 0.00 & 0.00 & 0.00 & 0.00 \\
0.00 & 0.00 & 0.00 & 0.00 & 0.00 & 0.00 & 0.00 & 0.00 & 0.00 & 0.00 & 0.00 & 0.00 & 0.00 & 0.00 & 1.09 & 0.00 & 0.00 & 0.00 \\
0.00 & 0.00 & 0.00 & 0.00 & 0.00 & 0.00 & 0.00 & 0.00 & 0.00 & 0.00 & 0.00 & 0.00 & 0.00 & 0.00 & 0.00 & 1.00 & 0.00 & 0.00 \\
0.00 & 0.00 & 0.00 & 0.00 & 0.00 & 0.00 & 0.00 & 0.00 & 0.00 & 0.00 & 0.00 & 0.00 & 0.00 & 0.00 & 0.00 & 0.00 & 1.00 & 0.00 \\
0.00 & 0.00 & 0.00 & 0.00 & 0.00 & 0.00 & 0.00 & 0.00 & 0.00 & 0.00 & 0.00 & 0.00 & 0.00 & 0.00 & 0.00 & 0.00 & 0.00 & 0.93
\end{array}\right]$$

재개발 사업으로 인한 인구이동을 고려한 $t+20$년도 인구를 예측하면 다음 <표 5-A-14>와 같다.

〈표 5-A-14〉 $t+20$년도 지역 1의 성별, 코호트별 예측인구수 (재개발 이후)

코호트	인구수 (명)		
	합계	남성	여성
0~9	17,024	9,422	7,602
10~19	25,470	13,128	12,341
20~29	31,284	16,605	14,680
30~39	44,302	22,474	21,828
40~49	64,611	29,556	35,054
50~59	55,629	28,800	26,828
60~69	61,189	29,626	31,563
70~79	54,080	24,422	29,658
80+	49,116	18,777	30,339
합계	402,704	192,810	209,894

∴ 재개발 완공시 예측된 $t+20$년 인구와 재개발 전 예측된 $t+20$년 인구를 비교하기 위해서 문제4와 문제3의 결과를 비교해야 한다. 비교 결과는 다음 <표 5-A-15>와 같으며, 인구수 측면에서 지역 1의 재개발 효과는 총 28,628명의 인구 증가로 나타났다.

〈표 5-A-15〉 재개발 전 예측인구수와 재개발 완공시 예측인구수 비교

코호트	재개발전 예측인구수 (명)			재개발 완공시 예측인구수 (명)		
	합계	남성	여성	합계	남성	여성
0~9	15,766	8,394	7,372	17,024	9,422	7,602
10~19	22,915	12,491	10,424	25,470	13,128	12,341
20~29	30,548	16,135	14,413	31,284	16,605	14,680
30~39	41,556	20,584	20,972	44,302	22,474	21,828
40~49	52,764	28,001	24,763	64,611	29,556	35,054
50~59	46,620	24,960	21,659	55,629	28,800	26,828
60~69	54,899	27,755	27,144	61,189	29,626	31,563
70~79	55,958	26,300	29,658	54,080	24,422	29,658
80+	53,051	20,428	32,623	49,116	18,777	30,339
합계	374,076	185,047	189,029	402,704	192,810	209,894

문제 3

지역 2의 지난 10년간 주택의 변화를 나타내는 주택전환행렬의 각 요소를 계산하면 다음과 같다.

$$HTM = \begin{bmatrix} T_{AA} & T_{BA} & T_{CA} & T_{DA} \\ T_{AB} & T_{BB} & T_{CB} & T_{DB} \\ T_{AC} & T_{BC} & T_{CC} & T_{DC} \\ T_{AD} & T_{BD} & T_{CD} & T_{DD} \end{bmatrix} = \begin{bmatrix} 0.429 & 0.167 & 0.200 & 0.286 \\ 0.200 & 0.500 & 0.000 & 0.143 \\ 0.214 & 0.167 & 0.500 & 0.000 \\ 0.071 & 0.083 & 0.200 & 0.286 \end{bmatrix}$$

주택전환행렬을 이용하면 2030년 지역 2의 주택 규모(H_{2030})는 다음과 같이 예측된다.

$$H_{2030} = HTM \times H_{2020}$$

$$H_{2030} = \begin{bmatrix} 0.429 & 0.167 & 0.200 & 0.286 \\ 0.200 & 0.500 & 0.000 & 0.143 \\ 0.214 & 0.167 & 0.500 & 0.000 \\ 0.071 & 0.083 & 0.200 & 0.286 \end{bmatrix} \times \begin{bmatrix} 800 \\ 540 \\ 750 \\ 500 \end{bmatrix} = \begin{bmatrix} 726 \\ 502 \\ 636 \\ 395 \end{bmatrix}$$

∴ 2030년 지역 2의 등급별 주택수는 A등급 726호, B등급 502호, C등급 636호, D등급 395호이다.

문제 4

지역 3의 지난 10년간 상수도관의 변화를 나타내는 상수도전환행렬(WTM)의 각 요소를 계산하면 다음과 같다.

$$WTM = \begin{bmatrix} T_{AA} & T_{BA} & T_{CA} & T_{DA} \\ T_{AB} & T_{BB} & T_{CB} & T_{DB} \\ T_{AC} & T_{BC} & T_{CC} & T_{DC} \\ T_{AD} & T_{BD} & T_{CD} & T_{DD} \end{bmatrix} = \begin{bmatrix} 0.500 & 0.000 & 0.000 & 1.000 \\ 0.286 & 0.667 & 0.000 & 0.000 \\ 0.143 & 0.250 & 0.769 & 0.000 \\ 0.071 & 0.083 & 0.231 & 0.000 \end{bmatrix}$$

상수도전환행렬을 이용하면 2040년 지역 3의 상수도관 규모(W_{2040})는 다음과 같이 예측된다.

$$W_{2040} = WTM^2 \times W_{2020}$$

$$W_{2040} = \begin{bmatrix} 0.500 & 0.000 & 0.000 & 1.000 \\ 0.286 & 0.667 & 0.000 & 0.000 \\ 0.143 & 0.250 & 0.769 & 0.000 \\ 0.071 & 0.083 & 0.231 & 0.000 \end{bmatrix}^2 \times \begin{bmatrix} 2,700 \\ 1,200 \\ 1,500 \\ 500 \end{bmatrix} = \begin{bmatrix} 1,563 \\ 1,578 \\ 2,072 \\ 687 \end{bmatrix}$$

∴ 2040년 지역 3의 등급별 상수도관 길이는 A등급 1,563km, B등급 1,578km, C등급 2,072km, D등급 687km이다.

문제 5

5-1

지역 4의 1세대와 2세대간 교육수준 변화를 나타내는 교육수준전환행렬(ETM)의 각 요소는 다음과 같이 계산된다

$$ETM = \begin{bmatrix} T_{11} & T_{21} & T_{31} & T_{41} \\ T_{12} & T_{22} & T_{32} & T_{42} \\ T_{13} & T_{23} & T_{33} & T_{43} \\ T_{14} & T_{24} & T_{34} & T_{44} \end{bmatrix} = \begin{bmatrix} 0.326 & 0.167 & 0.120 & 0.103 \\ 0.330 & 0.278 & 0.160 & 0.103 \\ 0.219 & 0.388 & 0.440 & 0.379 \\ 0.125 & 0.167 & 0.280 & 0.415 \end{bmatrix}$$

교육수준전환행렬을 이용하면 지역 4의 3세대의 교육수준별 인구수(E_3)는 다음과 같은 식에 의해 예측된다.

$$E_3 = ETM^2 \times E_1$$

$$E_3 = \begin{bmatrix} 0.326 & 0.167 & 0.120 & 0.103 \\ 0.330 & 0.278 & 0.160 & 0.103 \\ 0.219 & 0.388 & 0.440 & 0.379 \\ 0.125 & 0.167 & 0.280 & 0.415 \end{bmatrix}^2 \times \begin{bmatrix} 1,200 \\ 3,000 \\ 5,000 \\ 1,800 \end{bmatrix} = \begin{bmatrix} 1,722 \\ 2,147 \\ 4,183 \\ 2,947 \end{bmatrix}$$

∴ 지역 4의 3세대 교육수준별 인구수는 고졸 1,722명, 전문대졸 2,147명, 4년제 대졸 4,183명, 석사졸업이상 2,947명이다.

문제 5 　　　　**5-2**

산업단지 건설 후 지역 4의 3세대의 교육수준별 인구수(E_3^{new})는 다음과 같은 식에 의해 예측된다.

$$E_3^{new} = ETM^2 \times E_1^{new}$$

$$E_3^{new} = \begin{bmatrix} 0.326 & 0.167 & 0.120 & 0.103 \\ 0.330 & 0.278 & 0.160 & 0.103 \\ 0.219 & 0.388 & 0.440 & 0.379 \\ 0.125 & 0.167 & 0.280 & 0.415 \end{bmatrix}^2 \times \begin{bmatrix} 1,320 \\ 3,350 \\ 5,830 \\ 2,450 \end{bmatrix} = \begin{bmatrix} 1,942 \\ 2,552 \\ 5,083 \\ 3,374 \end{bmatrix}$$

∴ 산업단지 건설 후 지역 4의 3세대 교육수준별 인구수는 고졸 1,942명, 전문대졸 2,552명, 4년제 대졸 5,083명, 석사졸업이상 3,374명이다.

제 III 편

경제분석기법

제 06 장 지역 수출기반모형

6.1 지역 수출기반모형이란?

지역경제가 성장하면 그 지역의 인구는 증가하고 지역경제가 쇠퇴하면 그 지역의 인구는 감소하는 것이 일반적인 현상이다. 지역경제가 쇠퇴함에도 불구하고 지역의 인구가 증가하는 경우는 거의 없다. 이러한 면을 고려하면 지역의 인구성장은 지역의 경제성장과 매우 밀접함을 알 수 있다. 본 장에서는 지역 수출기반모형(Regional export base model)을 중심으로 지역경제분석과 예측방법에 대해 설명한다.

지역 수출기반모형의 기본 관점은 지역 성장은 지역 밖에서 발생하는 외부수요의 변화의 결과로 전제한다. 다시 말해, 지역에서 생산된 제품에 대한 높은 외부수요가 지역의 성장을 선도하며, 반대로 지역 제품에 대한 낮은 외부수요가 지역의 성장을 둔화 또는 침체하게 만든다는 것이다. 따라서 지역 수출기반모형의 핵심은 지역의 외부수요이며, 지역경제의 분석이나 예측은 모두 외부수요의 변화에 초점이 맞추어진다. 이러한 지역 수출기반모형은 고전적인 기법으로 구조가 간단하고 자료를 구하기가 용이하여 지역의 분석 및 예측에 많이 쓰이는 모형이다.

본 장은 6절로 구성된다. 제2절에서는 지역 수출기반모형의 구조에 대해 설명한다. 제3절에서는 지역의 수출량을 결정하는 방법의 하나인 입지상법에 대해, 그리고 제4절에서는 입지상법이 가지고 있는 비현실적인 가정과 가정의 보정방향에 대해 설명한다. 제5절에서는 모형을 이용한 지역경제 예측방법에 대해 설명하며, 마지막으로 6절에서는 본 장에서 다루어진 내용이 요약된다.

6.2 모형의 기본 구조

지역 수출기반모형에서는 지역경제를 구성하는 산업을 크게 수출산업(또는 기반산업)과 수입산업(또는 비기반산업)으로 구분한다. 문헌에서 두 산업에 대한 명칭은 다양하나 본 서에서는 각각을 수출산업과 수입산업으로 부르기로 한다. 여기서 수출산업이란 지역에서 생산된 제품이나 서비스가 지역 밖으로 수출되는 산업을 말한다. 바꾸어 말하자면, 지역 내에서 생산된 상품이나 서비스가 최종적으로 지역 외부인에 의해 소비되는 산업을 의미한다. 반면, 수입산업이란 지역내 생산된 제품이나 서비스가 지역 외부로 수출되지 않고 지역 내에서 전적으로 소비되는 산업을 말한다.

수출산업과 수입산업의 구분은 민간 부문(private sector)에만 해당하는 것이 아니라 공공부문(public sector)에서도 동일하게 적용된다. 예를 들면 중앙정부 기관이나 특별시, 광역시 또는 도 단위의 지방정부 기관의 행정 서비스도 지역의 수출산업에 속한다. 왜냐하면 이러한 행정 기관의 서비스는 전국 또는 광역 행정 지역을 대상으로 하고 있기 때문이다(여기서 기억해야 할 것은 본 서에서 지역의 최소단위는 군(郡)이다). 지역에서 제공되는 행정 서비스는 지역 밖으로 수출하고 전국이나 광역지역별로 징수되는 세금은 수출된 행정 서비스의 대가로 볼 수 있다. 반면, 지역 거주자들만을 대상으로 행정 서비스를 제공하는 시청, 군청 또는 구청이나 읍, 면 사무소 등의 행정기관은 수입산업이다.

지역 수출기반모형에서는 지역내 각 산업의 경제 활동은 식 (6.1)과 같이 표현된다.

$$E_i^r = Ex_i^r + Em_i^r, \tag{6.1}$$

E_i^r : 지역내 산업 i에 종사하는 고용인구,

Ex_i^r : 지역내 산업 i의 수출부문에 종사하는 고용인구,

Em_i^r : 지역내 산업 i의 수입부문에 종사하는 고용인구.

여기서 지역내 산업의 경제활동 규모는 산업에 종사하는 고용인구로 나타내기로 한다. 물론 고용인구 외에도 산업의 활동 규모는 산업별 매출 규모 또는

부가가치액 등으로 표현될 수 있다. 그러나 산업별 매출이나 부가가치액 보다는 고용인구에 관한 자료가 통상적으로 구하기 쉽기 때문에 본 서에서는 지역의 경제활동 규모를 고용인구로 나타내기로 한다.

지역 총 고용인구(E^r)는 식 (6.2)와 같이 지역내 산업 중 수출부문에 종사하는 총 고용인구(Ex^r)와 수입부문에 종사하는 총 고용인구(Em^r)로 나누어진다.

$$E^r = Ex^r + Em^r. \tag{6.2}$$

여기서 각 부문에 종사하는 총 고용인구는 각 산업의 각 부문에 종사하는 고용인구의 합이다.

$$E^r = \sum_i E_i^r,\ Ex^r = \sum_i Ex_i^r,\ Em^r = \sum_i Em_i^r. \tag{6.3}$$

지역 수출기반모형에서 중요한 가정은 수출부문과 수입부문과의 관계가 선형적이라는 것이다.

$$Em^r = \rho Ex^r,\ \rho > 0. \tag{6.4}$$

식 (6.4)를 식 (6.2)에 대입하면,

$$E^r = (1+\rho) Ex^r = \lambda^r Ex^r. \tag{6.5}$$

식 (6.5)는 지역의 수출량이 많으면 많을수록 지역경제의 규모는 크다는 것을 가리킨다. 그리고 지역의 수출량 한 단위가 지역경제에 미치는 영향은 그림 6.1과 같이 직선의 기울기 λ^r로 나타나며, 이를 지역의 수출승수(regional export multiplier)라고 한다. 따라서 지역 수출의 변화가 지역경제에 미치는 영향은 다음과 같이 표현된다.

$$\Delta E^r = \lambda^r \Delta Ex^r. \tag{6.6}$$

식 (6.5)로부터 지역의 수출승수는 다음과 같이 구해진다. 식 (6.6)과 식 (6.7)에서 알 수 있듯이 지역의 수출승수는 지역의 한 단위 수출(또는 수출 변화)이 지역경제에 미치는 영향을 종합적으로 나타내는 값이다.

$$\lambda^r = \frac{E^r}{Ex^r}. \tag{6.7}$$

그림 6.1
지역수출량과
지역 경제규모

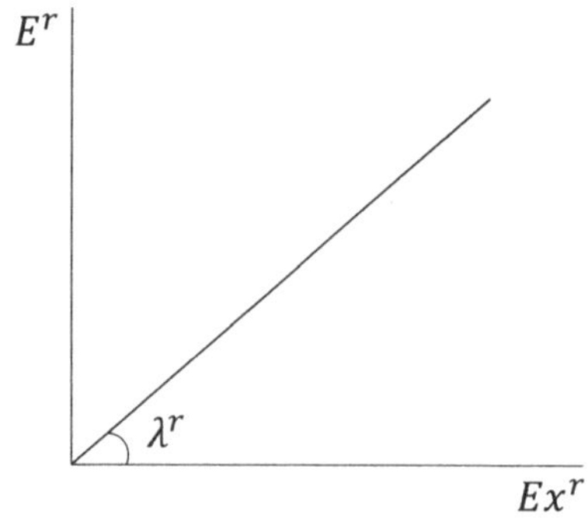

지역 수출승수의 크기는 지역내 경제활동 중 수입부문이 차지하는 비율에 따라 변한다. 이러한 특징은 식 (6.7)을 식 (6.8)과 같이 변형함으로써 알 수 있다. 식에서 알 수 있듯이 지역의 경제활동 중 수입부문이 차지하는 비율이 높을 때 지역의 수출승수는 높게 되고, 이 비율이 낮을 때 수출승수는 낮게 된다. 이는 지역 내에서 수입부문이 차지하는 비율과 수출승수의 크기와는 비례 관계가 있음을 가리킨다.

$$\lambda^r = \frac{E^r}{E^r - Em^r} = \frac{1}{1 - \dfrac{Em^r}{E^r}}. \tag{6.8}$$

(예제 6-1) 지역 전체의 고용이 10,000명이고 이중 수입부문에 종사하는 고용인구는 6,000명인 지역 R_1의 수출승수는 얼마인가? 그리고 지역에 1,000명을 고용하는 공장이 준공되었고, 그 공장에서 생산된 제품 전부를 지역 외부로 수출한다고 한다면, 이 공장의 준공이 지역경제에 미치는 효과를 알아보자.

우선 식 (6.7) 또는 식 (6.8)을 이용하여 지역 R_1의 수출승수를 구하면 다음과 같다.

$$\lambda^{R_1} = \frac{10,000}{4,000} = \frac{1}{1 - \dfrac{6,000}{10,000}} = 2.5$$

이는 지역 R_1의 수출부문에 종사하는 고용 1명의 증가가 지역 전체적으로 볼 때 2.5명의 고용 증가를 가져옴을 가리킨다. 그리고 이 공장의 준공으로 인하여 지역의 수출량 증가가 1,000명이므로 지역 전체의 고용 증가는 2,500명이 된다.

(예제 6-2) 지역 R_2의 총 고용인구는 10,000명이며, 이 중 수입부문에 종사하는 고용인구는 8,000명이다. 지역의 수출승수는 얼마인가? 그리고 위의 예와 동일하게 지역에 1,000명을 고용하는 공장이 준공되었다. 그리고 그 공장에서 생산된 제품 전부는 지역 외부로 수출한다고 한다면, 이 공장의 준공이 지역경제에 미치는 효과를 측정하라.

같은 방법에 의하여 지역 R_2의 수출승수는 다음과 같이 구할 수 있다.

$$\lambda^{R_2} = \frac{10,000}{2,000} = \frac{1}{1-\dfrac{8,000}{10,000}} = 5.$$

따라서 공장의 준공으로 인한 효과는 지역에 5,000명의 고용 증가가 일어날 것이다.

위의 예에서 두 지역 R_1과 R_2를 비교해보자. 두 지역을 비교해보면 서로가 동일한 고용인구를 가지고 있지만 지역 내에서 수입부문이 차지하는 비율이 다르므로 각 지역은 서로 다른 수출승수 값을 가지게 된다. 그 결과 동일한 규모의 공장 준공이 각각의 지역경제에 미치는 영향은 다르게 나타난다. 이로부터 알 수 있는 것은 지역경제를 구성하는 산업의 특징, 즉 외부지역으로의 수출량에 따라 지역의 수출승수는 달라진다는 것이다. 다시 말해 지역간 상품의 교류가 상대적으로 적은 고립된 지역일수록 높은 수출승수를 가지며, 교류가 활발한 지역일수록 낮은 수출승수를 가진다.

6.3 지역 수출량 결정

지역 수출기반모형에서 핵심은 외부수요의 규모, 즉 지역의 수출량 산정에 있다. 여기서 지역의 수출량은 지역경제활동 중 수출부문의 활동 규모로 나타난다. 지역의 수출량을 계산하는 방법으로는 직접적으로 조사하는 방법과 간접적인 방법으로 가정법(assumption method)과 입지상법(location quotient method), 그리고 최소고용요구량법(minimum requirement method) 등이 있다. 직접조사법은 많은 경비와 시간이 소요되므로 시간과 비용이 제한되어 있는 경우에는 사용할 수 없는 방법이다. 본 서에서는 간접적인 방법 중 가장 널리 사용되는 입지상법에 대해서만 설명하기로 한다.

입지상법은 1940년대에 Hildebrand와 Mace(1950)에 의해 개발되었으며, 도시 및 지역경제의 분석과 예측에 광범위하게 사용되는 방법이다. 이 방법은 지역경제를 구성하는 산업들의 특화도를 측정하는 방법이다. 여기서 말하는 산업의 지역 특화도는 산업 i가 지역에서 차지하는 비율과 그 산업이 전국에서 차지하는 비율을 비교함으로써 측정된다. 이러한 산업의 특화도는 다음과 같이 지역내 산업별 입지상 계수(location quotient coefficient, LQ_i^r)로 나타낸다.

$$LQ_i^r = \frac{E_i^r / E^r}{E_i^n / E^n}, \tag{6.9}$$

E_i^r : 지역 r의 산업 i에 종사하는 고용인구,

E^r : 지역 r의 전체 고용인구,

E_i^n : 전국 산업 i에 종사하는 고용인구,

E^n : 전국의 전체 고용인구.

입지상 계수가 1인 산업은 지역에서 그 산업이 차지하는 비율이 전국의 비율과 같음을 의미하며, 그 산업은 지역의 수요만을 충당하는 자급자족하는 산업으로 볼 수 있다. 따라서 이러한 자급자족산업에는 수출부문이 존재하지 않는다. 또한 입지상 계수가 1보다 작은 산업은 전국에 비해 지역산업의 특화가 되지 않았기 때문에 지역내 수요를 충당하기 위해서는 타 지역으로부터 제품을 수입해야 하는 산업을 말한다. 따라서 이 산업에도 역시 수출부문은 존재하지 않는다. 입지상 계수가 1보다 큰 산업은 전국에 비해 특화된 산업이며, 그 산업은 지역의 수요를 충당하고 나머지 잉여분을 지역 외부로 수출하는 산업이다. 따라서 이러한 산업은 수출산업이다. 입지상 계수에 따른 산업의 세 가지 구분은 표 6.1에 요약되어 있다.

표 6.1 입지상 계수에 따른 산업 특성

입지상 계수(LQ)	산업 특성	산업 내 수출부문
$LQ_i > 1$	수출산업	수출부문 존재
$LQ_i = 1$	자급자족산업	수출부문 없음
$LQ_i < 1$	수입산업	수출부문 없음

표 6.2 입지상법에 의한 수출산업과 수입산업의 구분 (단위 : 명)

산업구분	지역 고용인구 (E_i^A)	전국 고용인구 (E_i^n)	입지상 계수 (LQ_i^A)	수출부문
산업 1	2,700	934,321	1.84	○
산업 2	3,200	1,734,245	1.17	○
산업 3	3,700	1,903,234	1.23	○
산업 4	4,300	3,233,455	0.84	×
산업 5	5,200	4,323,193	0.76	×
합계	19,100	12,128,448	–	–

표 6.2는 지역 "A"의 산업별 고용인구와 전국의 산업별 고용인구를 가지고 입지상법에 의해 각 산업의 특성을 구분한 것이다. 언급하였듯이 입지상 계수가 1보다 큰 산업은 수출부문을 가지고 있는 수출산업이다. 여기서 주의해야 할 것은 입지상 계수는 지역산업의 수출부문의 여부를 제시하지만 그 산업의 수출규모에 대해서는 제시하지 않는다는 점이다. 그러므로 다음 단계는 산업 내에서 수출부문, 즉 산업의 수출량을 다음과 같은 식 (6.10)에 의해 계산하는 것이다.

$$Ex_i^r = \left(\frac{E_i^r}{E^r} - \frac{E_i^n}{E^n}\right)E^r, \ LQ > 1 \text{인 경우.} \tag{6.10}$$

위의 식을 이용하여 산업별 수출량을 계산한 결과는 표 6.3에 제시된 바와 같다. 표 6.3에 보이듯이 지역의 수출부문에 종사하는 고용인구는 2,400명이다. 지역의 총 수출량이 2,400명이므로 식 (6.7)에 의하여 지역의 수출승수는 7.96이 된다.

표 6.3 지역내 산업별 수출산업과 수입산업의 구분 (단위 : 명)

산업구분	지역 고용인구	입지상 계수	수출부문	수입부문
산업 1	2,700	1.84	1,229	1,471
산업 2	3,200	1.17	469	2,731
산업 3	3,700	1.23	703	2,997
산업 4	4,300	0.84	0	4,300
산업 5	5,200	0.76	0	5,200
합계	19,100	–	2,400	16,700

• 수출부문과 수입부문의 숫자는 소숫점 첫 번째 자리에서 반올림함.

6.4 입지상법의 가정과 보정방향

입지상법은 앞 절에서 살펴보았듯이 구조가 단순하고 계산 과정 또한 간단하여 도시 및 지역경제 분석과 예측에 광범위하게 사용되고 있다. 그러나 이에 못지않게 입지상법은 가정의 비현실성 때문에 많은 비판을 받아 왔다(Isserman, 1977b, 1980). 일반적으로 모형의 결과에 대한 신뢰성은 그 모형이 기초하고 있는 가정에 의한다. 모형이 기초한 가정이 비현실적일 경우 모형의 결과에 대한 신뢰성은 그 만큼 낮아진다. 지역 수출기반모형이 기초하고 있는 가정은 식 (6.10)을 다음과 같이 변형함으로써 알 수 있다.

$$Ex_i^r = \left(\frac{E_i^r}{E_i^n} - \frac{E^r}{E^n} \right) E_i^n . \tag{6.11}$$

위의 식에서 괄호안의 첫째항은 지역이 전국에서 차지하는 생산비율이다. 그리고 둘째항은 지역이 전국에서 차지하는 소비비율이다. 따라서 위의 식은 지역내 산업 i의 수출량이 생산비율과 소비비율의 차로 인해 결정됨을 가리킨다. 이러한 수출량 산정식이 진정한 의미를 갖기 위해서는 다음과 같은 가정들이 필요하다.

첫째 가정은 동일한 노동생산성이다. 식 (6.11)의 첫째 항, 즉 산업 i에서 지역이 전국에서 차지하는 고용비율이 산업 i 생산의 지역비율이 되기 위해서는 지역과 전국간 노동생산성이 동일하다는 가정이 필요하다. 그러나 이 가정은 현실성이 떨어진다고 할 수 있다. 왜냐하면 지역별로 노동의 생산성은 지역환경의 특성이나 생산기술의 차이로 인해 지역간 차이는 분명 존재하기 때문이다. 따라서 보다 현실성을 갖기 위해서는 지역간 노동생산성의 차이는 필히 고려되어야 한다. 여기서 노동생산성의 차이는 지역과 전국의 산업별로 고용인구당 부가가치액으로 보정될 수 있다.

$$\alpha_i^r = \frac{Y_i^r / E_i^r}{Y_i^n / E_i^n} , \tag{6.12}$$

α_i^r : 지역 r내 산업 i에 대한 노동생산성 보정계수,

$Y_i^r (Y_i^n)$: 지역 r(전국)내 산업 i의 부가가치액.

둘째 가정은 동일한 소비수준이다. 식 (6.11)에서 지역의 소비수준은 지역이 전국에서 차지하는 고용인구의 비율로 나타내었다. 그러나 이러한 고용비율이 진정으로 지역의 소비수준을 의미하기 위해서는 지역과 전국간의 동일한 소비수준이 가정되어야 한다. 이러한 가정은 바로 지역간 소득의 격차가 없다는 가정을 의미하므로 이 가정 또한 비현실적인 가정이라 할 수 있다. 왜냐하면 지역간 소득의 불균형은 현실에 존재하는 사회의 주요 이슈이기 때문이다. 따라서 모형의 정확성 향상을 위해서는 소득수준은 보정되어야 한다. 동일한 소비수준의 가정은 다음과 같이 해당 산업 종사자들의 평균 임금수준에 의해 보정될 수 있다.

$$\beta_i^r = \frac{w_i^r}{w_i^n} \quad (\text{또는 } \beta^r = \frac{w^r}{w^n}), \tag{6.13}$$

β_i^r : 지역 r내 산업 i에 대한 소비보정계수,

β^r : 지역 r의 소비보정계수,

$w_i^r(w_i^n)$: 지역 r(전국)내 산업 i에 종사하는 고용인구의 평균임금,

$w^r(w^n)$: 지역 r(전국)의 고용인구의 평균임금

동일한 소비수준은 위의 식과 같이 산업별로 또는 지역전체의 평균으로 보정할 수 있다. 제품에 대한 소비수준에 대한 보정은 산업별로 이루어지는 것 보다는 지역의 평균소득과 전국의 평균소득을 바탕으로 이루어지는 것이 적절하다. 왜냐하면 소비자들의 소비는 자신이 어느 산업에 종사한다기 보다는 자신의 선호도와 소득수준에 의해 영향을 받을 것이기 때문이다.

셋째 가정은 국가는 외부로부터 폐쇄된 경제, 즉 국가는 바다 한가운데 떠있는 섬과 같은 경제이다. 이는 식 (6.11)의 양변을 지역 r 로 합하면 모든 지역들의 수출량은 0 이 됨으로부터 알 수 있다. 폐쇄된 경제에는 국가간 교역이 없다. 이러한 폐쇄경제는 지구상에서 실제로 존재하지 않는다고 할 수 있다.

표 6.4는 우리나라 국내총생산(gross domestic product, GDP)과 해외수출액 및 수입액의 추세를 요약한 것이다. 표에서 알 수 있듯이 2015년에는 무역규모(수출액+수입액)가 GDP의 69%였으나 경제가 침체되면서 2019년에는 65% 수준으로 감소하였다. 이와 같이 폐쇄경제의 가정은 매우 비현실적인 가정이다.

표 6.4 명목 국내총생산, 해외수출 및 수입규모 (단위 : 십억원)

구분	2015	2019
명목 국내총생산 (a)	1,658,020	1,919,040
수출액 (b)	632,107	650,679
수입액 (c)	523,798	604,011
무역규모 (d=b+c)	1,312,033	1,254,690
d/a	0.69	0.65

자료: 통계청, 국내총생산(명목), 2015 · 2019년
관세청, 수출입통계, 2015 · 2019년

위와 같이 폐쇄경제의 가정은 지역의 수출량 계산의 정확성을 감소시킨다. 따라서 산업별 수출액과 수입액은 수출기반모형에서 필히 고려해야 한다. 폐쇄경제의 가정은 다음과 같이 보정될 수 있다.

$$\gamma_i^r = \frac{EXP_i^n - IMP_i^n}{Y_i^n}, \tag{6.14}$$

γ_i^r : 지역 r내 산업 i에 대한 교역보정계수,

$EXP_i^n(IMP_i^n)$: 산업 i의 대외 수출액(수입액).

넷째 가정은 산업간 제품 이동에 관한 것이다. 식 (6.11)에 의하면, 산업 i의 지역 수출량은 지역이 전국에서 차지하는 생산비율과 소비비율의 차이에 의해 결정된다. 그러나 이는 산업 i의 제품이 지역과 전국간 차이가 없을 때, 즉 제품의 동질성이 보장될 때만이 가능하다. 이러한 가정을 상품의 동질성 가정(homogeneous product assumption)이라 한다. 그러나 이러한 가정 또한 현실적이지 못하다. 왜냐하면 같은 종류의 제품이라도 지역 제품에 대한 소비자의 선호는 다를 수 있기 때문이다.

위와 유사하게 지역산업의 수출 활동을 과소하게 만드는 요인은 산업을 구분할 때도 발생한다. 즉 서로 다른 제품을 생산하는 산업이 동종의 산업으로 묶이게 되는 경우에도 발생한다. 왜냐하면 수출량이 큰 산업과 수출량이 없는 산업이 하나의 산업으로 묶이게 되면 수출산업은 자연 수입산업으로 인해 지역수출량은 크게 감소하게 된다. 따라서 산업을 대분류로 구분할 때, 지역 수출은 실제보다 과소하게 계산된다. 이러한 경우 지역 수출량의 과소평가 가능성에 대해서는

특별한 보정방향이 사실 없는 실정이다. 다만, 가능한 한 지역내 산업을 세분하여 분석에 임하는 것이 최선의 방법이라 할 수 있다.

종합하면 식 (6.12) ~ 식 (6.14)를 이용하여 식 (6.11)은 다음과 같이 보정되고, 이로부터 보정된 지역의 산업별 수출량($Ex_i^{r,adj}$)은 계산될 수 있다.

$$Ex_i^{r,adj} = \left\{ \alpha_i^r \frac{E_i^r}{E_i^n} - \beta_i^r \frac{E^r}{E^n}(1-\gamma_i^r) \right\} \frac{E_i^n}{\alpha_i^r}, \tag{6.15}$$

그리고 보정된 수출량과 함께 보정된 지역의 수출승수($\lambda^{r,adj}$)는 새롭게 구해진다.

$$\lambda^{r,adj} = \frac{E^r}{Ex^{r,adj}}. \tag{6.16}$$

지역 수출기반모형의 가정을 현실적인 가정으로 보정하였을 때 어떠한 차이가 있는가를 살펴보자. 우리나라의 경우 광역지역을 기초로 식 (6.11)에 의한 지역 수출량 산정과 수출승수, 그리고 식 (6.15)에 의한 수출량 산정과 수출승수를 비교하면 표 6.5와 같다.

표 6.5 지역 수출량과 수출승수의 비교 (우리나라의 경우)

지역구분	수출규모 (Ex_i^r)	수출승수 (λ^r)	수출규모 ($Ex_i^{r,adj}$)	수출승수 ($\lambda^{r,adj}$)
서 울	782	6.05	1,144	4.13
부 산	304	5.30	421	3.83
대 구	148	6.19	231	3.96
인 천	151	4.83	150	4.85
경 기	261	9.22	337	7.15
강 원	142	4.38	216	2.88
충 남	239	4.96	176	6.74
충 북	100	5.42	150	3.62
경 남	192	8.28	193	8.14
경 북	318	3.86	341	3.59
전 남	405	3.85	312	5.00
전 북	155	4.78	285	2.60
제 주	76	3.17	121	1.99

• 출처 : 김홍배, 1994

표 6.5는 지역 수출기반모형을 지역경제 분석에 이용할 때 가정을 보정하지 않았을 경우와 보정하였을 경우의 수출량과 수출승수의 차이를 보이고 있다. 우리나라의 경우, 지역 수출량은 인천과 충남을 제외한 모든 지역에서 모형의 가정이 보정되었을 경우가 보정되지 않았을 경우보다 크게 나타난다. 이러한 결과는 지역 수출기반모형을 이용하여 지역경제를 분석할 때 모형이 가지고 있는 가정은 필히 보정되어야 함을 가리킨다.

6.5 지역경제 및 인구예측

지역 수출기반모형에서 지역의 경제활동 규모는 지역 수출량과 수출승수로 설명된다. 여기서 지역의 수출승수는 시간에 따라 일정하다고 가정하면 결국 지역경제의 예측은 지역 수출량의 예측에 달려 있음을 알 수 있다. 즉 지역의 수출량 한 단위의 변화가 지역경제에 미치는 영향은 지역 수출승수에 의해 나타나므로 향후 지역경제의 변화는 지역 수출의 변화에서 예측될 수 있다는 것이다. 그러므로 수출기반모형을 이용하여 지역경제를 예측할 때 가장 핵심이 되는 부분은 지역 수출량의 예측이다. 지역 수출기반모형을 이용한 지역경제 및 인구예측은 계산 과정상 그림 6.2와 같이 4단계로 나눌 수 있다.

그림 6.2
지역경제 예측 과정 흐름도

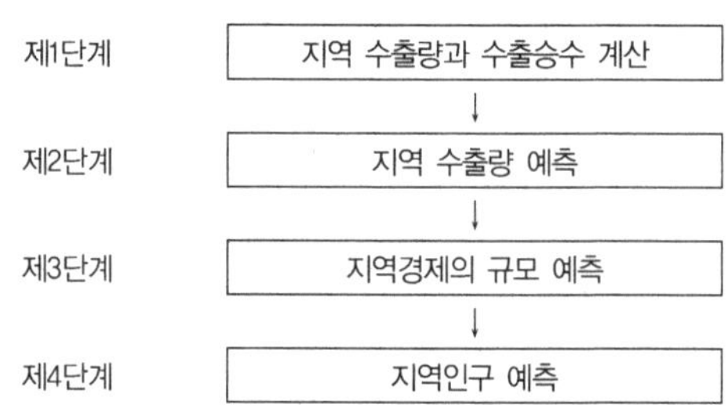

제1단계는 지역내 각 산업의 수출량과 지역의 수출승수를 계산하는 단계이다. 제2단계는 지역 수출량의 예측 단계이다. 여기서 지역의 수출은 외부수요에 따라 변화하므로 지역의 수출량은 전국의 수요변화에 의해 결정된다. 그리고 전국에서 산업에 대한 수요변화는 전국의 산업별 고용의 변화로 나타난다. 이때 지역산업의 수요변화율은 전국의 변화율과 동일하다는 일정할당(constant share)을 가정한다. 즉 전국에서 산업 i의 고용이 5% 증가하였다면 이는 지역내 산업 i의 외부수요가 5% 증가한 것임을 가정한다. 따라서 지역 수출기반모형을 가지고 지역경제를 예측할 때 연구자들이 기억해야 할 것은 전국 경제의 예측 자료가 산업별로 있어야만 가능하다는 점이다.

제3단계는 지역경제의 예측 단계이다. 이는 언급하였듯이 수출승수는 시간에 따라 일정하다는 가정을 바탕으로 한다. 따라서 앞 단계에서 계산한 지역의 수출량과 수출승수를 이용하여 지역의 경제규모를 예측한다. 제4단계에서는 지역인구를 예측한다. 구체적으로 지역의 경제활동 인구와 지역 전체 인구의 관계를 나타내는 의존승수(dependency multiplier)를 이용하여 지역인구가 예측된다. 여기서도 물론 지역의 의존승수는 시간에 대해 안정적임을 가정한다.

표 6.6 전국 산업별 고용예측 (단위 : 명)

산업구분	지역 고용인구 (2020년)	전국 고용인구 (2020년)	전국 고용인구 (2030년 예측)
산업 1	2,700	934,321	893,127
산업 2	3,200	1,734,245	1,726,541
산업 3	3,700	1,903,234	1,823,097
산업 4	4,300	3,233,455	3,176,589
산업 5	5,200	4,323,193	4,012,986
합계	19,100	12,128,448	11,632,340

위에서 제시한 4단계를 이용하여 지역인구예측의 계산 과정을 살펴보자. 앞에서 사용되었던 가상의 지역 "A"와 전국의 경제구조는 본 장에서도 그대로 이용된다. 여기서 정부는 국제 경제 여건의 변화를 고려하여 전국의 산업별 고용 인구를 2020년에서부터 2030년까지 표 6.6에 제시된 바와 같이 예측하였다고 한다. 이를 이용하여 2030년의 지역인구를 예측하여 보자.

첫째 단계는 지역 수출량을 계산하는 것이다. 우선 입지상 계수에 의해 지역내 산업의 특성이 구분되어야 한다. 앞에서 다루어졌으므로 여기서는 표 6.7과 같이 산업별 수출량의 결과만 제공하기로 한다.

2020년 지역 "A"의 수출량은 앞에서와 동일하게 2,400명이며, 표 6.8에서와 같이 지역의 수출승수는 7.96이다.

둘째 단계는 지역 수출량을 예측하는 단계이다. 전국 수요의 변화는 산업 고용의 변화로 나타난다고 하였으므로 지역산업 i의 수출량변화는 산업 i의 전국 고용변화이다. 이러한 지역의 수출량 예측 과정을 식으로 표시하면 다음과 같다. 우선 전국에서 산업 i에 종사하는 고용인구의 변화는 식 (6.17)와 같이 표현된다.

$$E^n_{i,t+1} = E^n_{i,t} + \Delta E^n_{i,t+1}. \tag{6.17}$$

$E^n_{i,t+1}$: $t+1$ 시점에서 전국의 산업 i에 종사하는 고용인구,

$\Delta E^n_{i,t+1}$: t와 $t+1$ 시점 사이에서 전국의 산업 i에 종사하는 고용인구의 변화.

산업 i에 대한 수요의 변화율($g^n_{i,t+1}$)은 식 (6.18)과 같이 계산된다.

$$g^n_{i,t+1} = \frac{\Delta E^n_{i,t+1}}{E^n_{i,t}}. \tag{6.18}$$

그리고 산업 i의 수요변화는 전국과 지역에서 동일함(constant share method)을 가정하였으므로 지역산업의 수요변화율($g^r_{i,t+1}$)은 전국의 수요변화율과 같다.

$$g^n_{i,t+1} = g^r_{i,t+1}. \tag{6.19}$$

따라서 지역산업 i의 수출량변화는 다음과 같이 표현된다.

$$Ex^r_{i,t+1} = (1 + g^r_{i,t+1})Ex^r_{i,t}, \text{ 단, } LQ_i > 1, \tag{6.20}$$

$Ex^r_{i,t+1}$: $t+1$ 시점에서 지역 r내 산업 i의 지역 수출량.

식 (6.18)과 식 (6.20)을 이용하면 지역내 산업별 수출부문의 변화를 예측할 수 있다.

표 6.7 산업별 지역 수출량 예측 (단위 : 명)

산업구분	지역 수출량 ($Ex^A_{i,2020}$)	전국 산업별 수요변화율	지역 수출량 ($Ex^A_{i,2030}$)
산업 1	1,229	−0.044	1,174
산업 2	469	−0.004	467
산업 3	703	−0.042	673
산업 4	0	−0.018	0
산업 5	0	−0.072	0
합계	2,400	−	2,314

• 수출량은 소숫점 첫 번째 자리에서 반올림함.

셋째 단계로 위에서 계산된 지역의 수출량과 수출승수를 이용하여 지역의 경제규모를 예측하는 단계이다. 이는 식 (6.21)에 의하며, 예측결과는 표 6.8에 요약되어 있다.

$$E^r_t = Ex^r_t \times \lambda^r. \tag{6.21}$$

표 6.8 지역경제규모의 예측

구 분	2020년	2030년
지역 수출량 (Ex^A_t)	2,400	2,314
지역 수출승수 (λ^A)	7.96	7.96
지역경제규모 (E^A_t)	19,104	18,417

넷째 단계는 위에서 계산한 지역의 경제규모를 이용하여 지역인구(P^r_t)를 예측하는 단계이다.

$$P^r_t = E^r_t \times DM^r_t. \tag{6.22}$$

지역의 인구는 고용인구와 지역의 의존승수를 이용하여 예측된다. 여기서 지역의 의존승수는 지역고용인구 당 지역인구수를 의미한다.

$$DM^r = \frac{P^r}{E^r}, \tag{6.23}$$

DM^r : 지역 r의 의존승수.

예측된 인구로부터 분석자의 목적에 따라 다양한 계획 관련 자료의 도출도 가능하다. 예를 들어 지역내 주택공급규모 예측을 위해서는 기본적으로 필요한 것이 가구수의 예측이다. 가구수의 예측은 예측된 인구를 가구당 인구수로 나누면 전체의 가구수를 계산할 수 있다(물론 가구당 인구수의 변화 추세를 반영하여 목표년도의 가구수를 예측한다면 예측의 정확성은 더욱 높아질 것이다).

$$HH_t^r = \frac{P_t^r}{hh_t^r}, \tag{6.24}$$

HH_t^r : 지역 r의 t년도 총 가구수,

hh_t^r : 지역 r의 t년도 가구당 인구수.

지역 "A"의 의존승수가 2.5라 하고, 가구당 인구수(hh^A)를 3.2명이라고 하면, 지역의 인구 및 총 가구수에 대한 예측은 표 6.9와 같다.

표 6.9 지역인구 및 가구수 예측

구 분	2020년	2030년
지역경제규모 (E_t^A)	19,104	18,417
지역의 의존승수 (DM^A)	2.5	2.5
지역인구수 (P_t^A)	47,760	46,043
가구당 인구수 (hh^A)	3.2	3.2
지역 가구수 (HH_t^A)	14,925	14,388

표 6.9에 요약된 지역의 예측인구와 가구수는 다음의 예와 같이 지역의 주택공급계획에 구체적인 계획 지침을 제공할 수 있다.

(예 6-3) 2020년 지역 "A"의 주택보급률은 60%이다. 지역 행정당국은 2030년까지 지역의 주택보급률을 75% 수준으로 향상시킬 것을 계획하고 있다. 목표년도까지 공급되어야 할 주택의 규모는 얼마인가? (단, 여기서 주택의 철거는 없는 것으로 한다.)

우선 주택보급률의 공식은 다음과 같다.

$$\text{주택보급률}(\%) = \frac{\text{지역내 주택수}}{\text{지역내 총 가구수}} \times 100.$$

그러므로 위의 식을 이용하면 현재의 지역내 주택의 양을 알 수 있다.

$$\text{현재 주택의 양} = 14{,}925\text{가구} \times 60\% = 8{,}955\text{호}.$$

따라서 2030년 주택보급률을 75%로 달성하기 위해 필요한 지역의 주택량은 10,791호(=14,388×75%)이다. 따라서 지역 "A"가 매년 184호의 주택을 공급할 때 2030년에 계획된 주택보급률을 달성할 수 있다.

$$\text{매년 공급되어야 할 주택량} = \frac{10{,}791\text{호} - 8{,}955\text{호}}{10\text{년}} = 184\text{호/년}.$$

6.6 요 약

본 장에서는 지역 수출기반모형과 이를 이용한 지역경제의 분석 및 예측에 대해 설명되었다. 지역 수출기반모형의 기본 관점은 지역의 외부수요의 변화, 즉 지역의 수출량변화가 지역의 성장 또는 침체를 결정한다는 것이다. 지역의 경제 활동은 수출량과 그 수출량 한 단위가 지역경제에 미치는 영향을 의미하는 수출승수에 의해 결정된다. 분석결과의 신뢰성을 확보하기 위해서는 정확한 지역의 수출승수를 도출하는 것이 중요하며, 이를 위해서는 먼저 정확한 지역의 수출량이 계산되어야 한다.

지역의 수출량 산정은 여러 가지 방법에 의해 계산될 수 있으며, 본 장에서는 입지상법에 대해서만 설명하였다. 그리고 입지상법이 기초로 하는 가정들에 대해 살펴보았다. 가정은 동일한 노동생산성, 동일한 소비수준, 폐쇄경제, 그리고 상품의 동질성 등으로 요약된다. 이러한 비현실적인 가정에 대해 보정의 방향이 제시되었다. 언급하였듯이 지역 수출량의 정확한 계산은 정확한 지역의 수출승수 도출을 의미한다. 지역의 수출승수는 어떠한 개발 정책이 지역경제에 미치는 영향을 측정하는 데 매우 중요한 역할을 한다. 따라서 수출승수는 지역계획이나 지역개발 정책 수립시 매우 중요하다. 그러므로 입지상법이 도시 및 지역경제 분석에 이용될 때 각 방법이 가지고 있는 가정은 보정하여야 함을 계획실무자들은 필히 인식하여야 한다.

또한 본 장에서는 지역의 수술승수가 안정적이라는 가정을 전제하여 지역경제의 예측에 대해 설명하였다. 예측과정은 절차상 4단계(지역 수출량과 수출승수 계산, 지역 수출량 예측, 지역경제규모 예측, 그리고 지역인구 예측)로 구분하였다. 지역 수출기반모형을 이용하여 지역경제를 예측하는 데 나타난 주요 한계는 지역내 산업의 특성이 시간에 대해 일정하다는 것이다. 즉 수출산업은 계속 수출산업으로, 그리고 수입산업은 계속 수입산업으로 남는다는 것이다. 그러나 현실적으로 지역내적 또는 외적인 조건 변화에 의해 지역산업구조는 변할 수 있고, 이에 따라 수출산업이 수입산업으로 또는 수입산업이 수출산업으로 전환될 수 있다. 그러나 지역 수출기반모형에서는 이러한 현상을 반영할 수 없는 것이 기본적인 한계라 할 수 있다.

제 06 장 적용 연습 문제

문제 1 지역 1의 총 고용인구는 20,000명이며, 이중 수입부문에 종사하는 고용인구는 12,000명이다. 이 지역에 1,000명을 고용하는 공장이 준공되었고, 그 공장에서 생산된 제품 전부는 외부지역으로 수출한다고 한다면, 이 공장의 준공이 지역경제에 미치는 효과를 측정하여라.

문제 2 지역 2의 총 고용인구는 15,750명이며, 이 중에 수입부문에 종사하는 고용인구는 9,300명이다. 이 지역 내에 회사 A가 입지해 있고 이 회사에서 생산된 제품을 외부지역으로 수출한다고 한다. 이 회사에 종사하는 총 고용자수는 1,280명이며, 이 중 수출부문에 종사하는 고용인구는 750명이다. 만일 경영악화로 인해서 회사 A가 문을 닫을 경우 지역경제에 미치는 파급효과를 구하여라.

문제 3 전국 총 고용인구 가운데 산업 i에 종사하는 고용자의 구성비율은 0.05이다. 그리고 지역 3의 총 고용인구는 25,000명이며, 이 가운데 5,500명이 산업 i에 종사하는 인구이다. 지역 3의 산업 i에서 수출부문에 종사하는 고용인구를 계산해 보라.

문제 4 지역 4의 경제는 3개의 산업으로 구성되며, 각 산업에 종사하는 고용인구는 아래 <표 6-A-1>과 같다. 이 지역에 150명을 고용하는 회사가 설립되었고, 그 회사에서 생산된 모든 제품은 외부로 수출한다고 한다. 입지상법을 이용하여 그 회사의 설립이 지역경제에 미치는 효과를 분석하라.

〈표 6-A-1〉 산업별 고용인구 (단위: 명)

산업 구분	산업별 고용인구	
	지역(E_i^4)	전국(E_i^N)
산업 1	100	3,000
산업 2	200	5,000
산업 3	300	4,000
합계	600	12,000

문제 5 지역 5와 전국의 산업별 고용된 인구는 아래<표 6-A-2>와 같다.

〈표 6-A-2〉 산업별 고용인구 (단위: 명)

산업 구분	산업별 고용인구	
	지역(E_i^5)	전국(E_i^N)
산업 1	350	4,000
산업 2	450	8,000
산업 3	550	24,000
산업 4	720	25,000
합계	2,070	61,000

5-1 지역 5 내 산업들의 LQ계수를 계산하여라.

5-2 지역 5의 산업별 부가가치액과 전국의 산업별 부가가치액이 아래 <표 6-A-3>과 같다면, 지역 5의 수출량과 수출승수를 계산하고, 동일한 노동생산성을 가정하였을 경우 수출량과 수출승수를 비교하여라.

〈표 6-A-3〉 산업별 부가가치액 (단위: 억원)

산업 구분	산업별 부가가치액	
	지역(Y_i^5)	전국(Y_i^N)
산업 1	750	3,200
산업 2	970	15,000
산업 3	1,080	30,925
산업 4	1,200	45,000

5-3 지역의 소득수준이 전국의 1.3배일 때, 산업별 수출량과 수출승수를 계산하여라.

5-4 전국의 산업별 해외 수출과 수입이 다음 <표 6-A-4>와 같다면 지역 산업의 수출량과 수출승수를 계산하여라.

〈표 6-A-4〉 산업별 수출 및 수입규모 (단위: 억원)

산업 구분	해외 수출액(EXP_i^N)	해외 수입액(IMP_i^N)
산업 1	25,600	21,800
산업 2	213,500	195,000
산업 3	275,000	238,000
산업 4	389,000	334,000

문제 6 2020년 현재 지역 6과 전국의 산업부문별 고용인구는 아래 <표 6-A-5>와 같다. 정부는 국제 경제 여건의 변화를 고려하여 산업별 규모를 <표 6-A-5>와 같이 2020년에서부터 2030년과 2035년까지 예측하였다. 예측된 전국의 산업별 고용인구를 이용하여 2030년과 2035년의 지역 6의 경제규모를 예측하라.

〈표 6-A-5〉 전국 산업별 고용인구 예측 (단위: 명)

산업 구분	지역 6	전국	전국(예측)	전국(예측)
	2020년	2020년	2030년	2035년
산업 1	9,500	31,000	34,000	36,500
산업 2	23,050	85,000	83,000	80,500
산업 3	26,300	60,200	72,000	78,000
산업 4	10,500	42,500	53,450	58,500
합계	69,350	218,700	242,450	253,500

문제 7 2020년 현재 지역 7과 전국의 산업부문별 고용인구는 아래 <표 6-A-6>과 같다. 정부는 국제 경제 여건의 변화를 고려하여 산업별 규모를 <표 6-A-6>과 같이 2020년에서부터 2030년과 2035년까지 예측하였다. 예측 결과에 따르면 우리나라는 급속한 고령화에 따라 노동공급규모가 크게 감소할 것으로 전망되었다. 예측된 전국의 산업별 고용인구를 이용하여 2030년과 2035년의 지역 7의 경제규모를 예측하라.

〈표 6-A-6〉 전국 산업별 고용인구 예측 (단위: 명)

산업 구분	지역 7	전국	전국(예측)	전국(예측)
	2020년	2020년	2030년	2035년
산업 1	19,500	51,500	47,000	43,500
산업 2	21,050	92,500	83,000	80,500
산업 3	17,300	66,200	72,000	78,000
산업 4	9,500	40,500	53,450	58,500
합계	67,350	250,700	255,450	260,500

제 06 장

적용 문제 풀이

문제 1

문제에서 지역의 수출승수는 다음과 같이 계산된다.

$$\lambda^1 = \frac{1}{1-\dfrac{12,000}{20,000}} = 2.5$$

따라서 공장의 준공으로 인한 효과는 지역에 2,500명의 고용증가를 일으킬 것으로 예상된다.

$$\Delta E^1 = \lambda^1 \cdot \Delta Ex^1 = 2.5 \times 1,000 = 2,500.$$

문제 2

문제 1과 같은 방법으로 지역의 수출승수와 이를 이용한 파급효과는 다음과 같다.

$$\lambda^2 = \frac{1}{1-\dfrac{9,300}{15,750}} = 2.44,$$

$$\Delta E^2 = \lambda^2 \cdot \Delta Ex^2 = 2.44 \times (-750) = -1,830.$$

따라서 회사 A의 도산으로 인해 지역 내 총 고용인구 중 1,830명은 직장을 잃을 것으로 예상된다.

문제 3

$$Ex_i^3 = \left(\frac{E_i^3}{E^3} - \frac{E_i^N}{E^N}\right)E^3 = \left(\frac{5,500}{25,000} - 0.05\right) \times 25,000 = 4,250.$$

따라서 지역 3 산업 i의 수출부문 종사자는 4,250명이다.

문제 4

$$LQ_1^4 = \frac{100/600}{3{,}000/12{,}000} = 0.67,\ \ LQ_2^4 = \frac{200/600}{5{,}000/12{,}000} = 0.80,$$
$$LQ_3^4 = \frac{300/600}{4{,}000/12{,}000} = 1.5,$$
$$Ex_3^4 = (\frac{300}{600} - \frac{4{,}000}{12{,}000}) \times 600 = 100,$$
$$Ex^4 = Ex_3^4, \qquad \lambda^4 = \frac{600}{100} = 6,$$
$$\triangle E^4 = \lambda^4 \cdot \triangle Ex^4 = 6 \times 150 = 900,$$

따라서 회사의 설립으로 인해 지역에는 900명의 고용이 증가하게 될 것이다.

문제 5 — 5-1

$$LQ_1^5 = \frac{350/2{,}070}{4{,}000/61{,}000} = 2.58, \qquad LQ_2^5 = \frac{450/2{,}070}{8{,}000/61{,}000} = 1.66,$$
$$LQ_3^5 = \frac{550/2{,}070}{24{,}000/61{,}000} = 0.68, \ \ LQ_4^5 = \frac{720/2{,}070}{25{,}000/61{,}000} = 0.85.$$

문제 5 — 5-2

노동생산성이 동일할 경우 지역의 수출량은,

$$Ex_1^5 = (\frac{350}{2{,}070} - \frac{4{,}000}{61{,}000}) \times 2{,}070 = 214.3,$$
$$Ex_2^5 = (\frac{450}{2{,}070} - \frac{8{,}000}{61{,}000}) \times 2{,}070 = 178.5,$$
$$Ex_3^5 = 0,\ Ex_4^6 = 0,$$

(Ex_3^5, Ex_4^5 = 0, 왜냐하면 산업 3과 4의 LQ가 1보다 작기 때문임.)

$$E^5 = \sum_i^2 Ex_i^5 = 214.3 + 178.5 = 392.8.$$

따라서 지역의 수출승수는 $\lambda^5 = \frac{2,070}{392.8} = 5.27$ 이다.

노동생산성의 차이가 고려될 경우 지역의 수출량,

$$\alpha_1^5 = \frac{Y_1^5 / E_1^5}{Y_1^N / E_1^N} = \frac{750/350}{3,200/4,000} = 2.68,$$

$$\alpha_2^5 = \frac{Y_2^5 / E_2^5}{Y_2^N / E_2^N} = \frac{970/450}{15,000/8,000} = 1.15,$$

$$\alpha_3^5 = \frac{Y_3^5 / E_3^5}{Y_3^N / E_3^N} = \frac{1,080/550}{30,925/24,000} = 1.52,$$

$$\alpha_4^5 = \frac{Y_4^5 / E_4^5}{Y_4^N / E_4^N} = \frac{1,200/720}{45,000/25,000} = 0.93.$$

지역의 수출량은,

$$Ex_i^{5,adj} = (\alpha_i^5 \times \frac{E_i^5}{E_i^N} - \frac{E^5}{E^N})\frac{E_i^N}{\alpha_i^5},$$

$$Ex_1^{5,adj} = (2.68 \times \frac{350}{4,000} - \frac{2,070}{61,000}) \times \frac{4,000}{2.68} = 154.9,$$
$$Ex_2^{5,adj} = (1.15 \times \frac{450}{8,000} - \frac{2,070}{61,000}) \times \frac{8,000}{1.15} = 55.3,$$
$$Ex_3^{5,adj} = 0,$$
$$Ex_4^{5,adj} = 0,$$

$$E^{5,adj} = \sum_i^4 Ex_i^{5,adj} = 154.9 + 55.3 = 210.2.$$

지역의 수출승수는

$$\lambda^{5,adj} = \frac{2,070}{210.2} = 9.85.$$

그러므로 지역의 노동생산성이 전국에 비해 높을(낮을) 경우, 실제 지역의 수출량은 동일한 노동생산성으로 계산된 지역의 수출량보다 크다(작다). 그 결과 수출승수는 작게(크게) 계산된다. 노동생산성을 고려하지 못한 경우 파급효과는 실제보다 과대(과소)로 초래될 수 있다.

문제 5 — **5-3**

$$\beta_i^5 = \frac{\omega_i^5}{\omega_i^N} = 1.3,$$

$$Ex_i^{5,adj} = (\alpha_i^5 \frac{E_i^5}{E_i^N} - \beta_i^5 \frac{E^5}{E^N}) \frac{E_i^N}{\alpha_i^5},$$

$$Ex_1^{5,adj} = (2.68 \times \frac{350}{4,000} - 1.3 \times \frac{2,070}{61,000}) \times \frac{4,000}{2.68} = 147.0,$$

$$Ex_2^{5,adj} = (1.15 \times \frac{450}{8,000} - 1.3 \times \frac{2,070}{61,000}) \times \frac{8,000}{1.15} = 37.0,$$

$$Ex_3^{5,adj} = 0,$$

$$Ex_4^{5,adj} = 0,$$

$$E^{5,adj} = \sum_i^4 Ex_i^{5,adj} = 147.0 + 37.0 = 184.0,$$

지역의 수출승수는

$$\lambda^{5,adj} = \frac{E^r}{Ex^{5,adj}} = \frac{2,070}{184.0} = 11.25.$$

그러므로 지역의 고용인구 소득이 전국의 소득수준보다 높을(낮을) 경우, 동일한 소비수준으로 계산된 지역 수출량은 실제보다 과대(과소)하게 계산된다. 그 결과 수출승수는 작게(크게) 계산된다. 소득수준을 고려하지 못한 경우 파급효과는 실제보다 과대(과소)로 초래될 수 있다.

문제 5 — **5-4**

지역의 폐쇄경제에 대한 보정은 다음과 같이 구해진다.

$$\gamma_i^5 = \frac{EXP_i^N - IMP_i^N}{Y_i^N},$$

$$\gamma_1^5 = \frac{EXP_1^N - IMP_1^N}{Y_1^N} = \frac{25,600 - 21,800}{3,200} = 1.19,$$

$$\gamma_2^5 = \frac{EXP_2^N - IMP_2^N}{Y_2^N} = \frac{213,500 - 195,000}{15,000} = 1.23,$$

$$\gamma_3^5 = \frac{EXP_3^N - IMP_3^N}{Y_3^N} = \frac{275,000 - 238,000}{30,925} = 1.20,$$

$$\gamma_4^5 = \frac{EXP_4^N - IMP_4^N}{Y_4^N} = \frac{389,000 - 334,000}{45,000} = 1.22,$$

$$Ex_i^{5,adj} = \left\{ \alpha_i^5 \frac{E_i^5}{E_i^N} - \beta_i^5 \frac{E^5}{E^N}(1-\gamma_i^5) \right\} \frac{E_i^N}{\alpha_i^5},$$

$$Ex_1^{5,adj} = \left\{ (2.68 \times \frac{350}{4,000} - 1.3 \times \frac{2,070}{61,000}) \times (1-1.19) \right\} \times \frac{4,000}{2.68} = 187.5,$$

$$Ex_2^{5,adj} = \left\{ (1.15 \times \frac{450}{8,000} - 1.3 \times \frac{2,070}{61,000}) \times (1-1.23) \right\} \times \frac{4,000}{1.15} = 135.0,$$

$$Ex_3^{5,adj} = 0,$$

$$Ex_1^{5,adj} = 0,$$

$$E^{5,adj} = \sum_i^4 Ex_i^{5,adj} = 187.5 + 135.0 = 322.5,$$

지역의 수출승수는

$$\lambda^{5,adj} = \frac{2,070}{322.5} = 6.42.$$

그러므로 산업i가 대외적으로 국가의 주요 수출품일 경우, 폐쇄경제의 가정을 토대로 산정한 수출규모는 실제의 수출량을 과소하게 계산한 것이다. 반대로 많은 양이 해외로부터 수입되는 산업제품이라면 수출규모는 과대하게 계산된 것이다.

문제 6

지역 6에서 수출산업은 산업 3($LQ_3^6 = 1.38$)이므로, 지역경제의 예측은 수출산업을 중심으로 이루어진다. 우선 지역의 수출량과 수출승수를 구하면,

$$Ex_{1,\,2020}^6 = 0$$

$$Ex_{2,\,2020}^6 = 0$$

$$Ex_{3,\,2020}^6 = (\frac{26,300}{69,350} - \frac{60,200}{218,700}) \times 69,350 = 7,210.5,$$

$$Ex_{4,\,2020}^6 = 0$$

(Ex_1^6, Ex_2^6, Ex_4^6 = 0, 왜냐하면 산업 1, 2, 4의 LQ가 1보다 작기 때문임.)

$$Ex_{2020}^6 = Ex_{3,\,2020}^6 = 7,211,$$

$$\lambda^6 = \frac{69,350}{7,211} = 9.62,$$

일정할당법(constant share method)을 이용하여 2030년의 지역 수출량을 예측하면,

$$Ex_{3,\,2030}^6 = \frac{E_{3,2030}^N}{E_{3,\,2020}^N} \times Ex_{3,\,2020}^6 = \frac{72,000}{60,200} \times 7,211 = 8,624,$$

$$Ex_{2030}^6 = Ex_{3,\,2030}^6 = 8,624,$$

지역 6의 2030년 경제규모는,

$$E^6_{2030} = \lambda^6 \times Ex^6_{2030} = 9.62 \times 8,624 = 82,944,$$

2035년의 지역 수출량을 예측하면,

$$Ex^6_{3,\,2035} = \frac{E^N_{3,2035}}{E^N_{3,\,2030}} \times Ex^6_{3,\,2030} = \frac{78,000}{72,000} \times 8,624 = 9,343,$$

$$Ex^6_{2035} = Ex^6_{3,\,2035} = 9,343,$$

지역 6의 2035년 경제규모는,

$$E^6_{2035} = \lambda^6 \times Ex^6_{2035} = 9.62 \times 9,343 = 89,855.$$

〈표 6-A-7〉 지역인구 및 가구수 예측 (단위: 명, 가구)

구분	2020년	2030년	2035년
지역경제규모(E^7_t)	69,350	82,944	89,855
지역의 의존비(DR^7)	2.5	2.5	2.5
지역 인구수(P^7_t)	173,375	207,360	224,638
가구당 인구수(hh^7)	3.2	3.2	3.2
지역 가구수(HH^7_t)	54,180	86,400	93,599

문제 7

지역 7에서 수출산업은 산업 1($LQ^7_1 = 1.41$)이므로, 지역경제의 예측은 수출산업을 중심으로 이루어진다. 우선 지역의 수출량과 수출승수를 구하면,

$$Ex^7_{1,\,2020} = \left(\frac{19,500}{67,350} - \frac{51,500}{250,700}\right) \times 67,350 = 5,664.6,$$

$$Ex^7 = Ex^7_{1,\,2020} = 5,665,$$

$$\lambda^7 = \frac{67,350}{5,665} = 11.89,$$

일정할당법(constant share method)을 이용하여 2030년의 지역 수출량을 예측하면,

$$Ex^7_{1,\,2030} = \frac{E^N_{1,2030}}{E^N_{1,\,2020}} \times Ex^7_{1,\,2020} = \frac{47,000}{51,500} \times 5,665 = 5,170,$$

$$Ex^7_{2030} = Ex^7_{1,\,2030} = 5,170,$$

지역 7의 2030년의 경제규모는,

$$E^7_{2030} \ = \lambda^7 \times Ex^7_{2030} = 11.89 \times 5,170 = 61,465,$$

2035년의 지역 수출량을 예측하면,

$$Ex^7_{1,\,2035} = \frac{E^N_{1,2035}}{E^N_{1,\,2030}} \times Ex^7_{1,\,2030} = \frac{43,500}{47,000} \times 5,170 = 4,785,$$

$$Ex^7_{2035} = Ex^7_{3,\,2035} = 4,785,$$

지역 7의 2035년의 경제규모는,

$$E^7_{2035} \ = \lambda^7 \times Ex^7_{2035} = 11.89 \times 4,785 = 56,888.$$

따라서 전국의 산업별 고용의 감소는 지역경제규모의 감소로 나타나게 된다. 즉, 생산물에 대한 수요가 증가하는 산업에서는 그 산업의 생산량이 증가하고 산업의 고용도 증가하게 된다. 반대로 수요가 감소하는 산업은 생산량 감소와 함께 고용의 규모도 감소하게 된다. 그러므로 산업별 수요의 변화는 전국의 산업별 고용의 변화로 나타날 수 있다.

제 07 장 변이할당법

7.1 서 론

지역의 성장은 지역을 구성하는 산업의 성장에 의해 결정되기 때문에 지역성장의 분석은 산업별 성장에 바탕을 두어야 한다고 할 수 있다. 그리고 산업의 성장은 그 산업이 입지하고 있는 지역의 특성과 지역이 보유하고 있는 기술 및 인적자본의 수준, 그리고 SOC 수준 등 다양한 요인에 의해 결정된다. 그 결과 산업은 어떤 지역에서는 높게 성장하는 반면 다른 지역에서는 더딘 성장 또는 쇠퇴하게 되는 것이다. 이러한 면을 고려한다면 지역성장의 분석은 산업별 성장요인으로 구분하여 이루어져야 한다.

지역산업의 성장요인은 크게 지역의 외적요인과 내적요인으로 구분될 수 있다. 여기서 지역의 외적요인이란 지역 밖에서 지역산업의 성장에 영향을 주는 요인을 말하는데, 이에 해당하는 대표적인 예는 전국의 경제성장이다. 즉, 전국의 경제성장이 지역에서 생산되는 제품에 대한 외부수요를 증가시켜 해당 산업의 성장을 유도하는 것을 의미한다. 지역의 내적요인은 지역경제의 특징과 산업의 생산성을 결정하는 지역의 생산환경을 의미한다. 지역의 생산환경은 지역의 입지, 기후, 토질, 자원 등과 같은 자연환경(natural endowment)과 인간의 기술과 자원을 투입하여 제공되는 도로, 지역의 하부구조 시설 등과 같은 인위적 환경(man-made endowment)으로 구성된다. 이러한 생산환경이 지역의 특성을 결정하고 궁극적으로 지역을 타 지역으로부터 구별시키는 것이다.

지역의 생산환경은 그 특성에 맞는 이익을 제공함으로써 특정산업의 입지를 유도한다. 예를 들면 지역내 교육기관과 직업훈련소가 입지해 있는 지역에서 노동 집약적인 산업은 우수한 노동력을 제공받을 수 있는 편익을 얻을 수 있다. 또는 음료산업은 양질의 용수 획득이 용이한 지역에 입지하여 원료 수송에 따른 교통비를 절감하고 생산된 음료의 품질을 높일 수 있는 편익을 얻는다. 이와 같이 특정산업이 지역으로부터 얻는 편익은 평균 생산비의 절감으로 나타나며, 궁극적으로 해당 산업의 지역 경쟁력을 갖게 되는 것이다.

평균 생산비의 절감은 모든 산업에 해당하는 것이 아니라 생산 특성이 지역의 생산환경 특성에 맞는 산업에만 해당된다. 그러므로 지역의 생산환경은 지역의 산업구조를 형성하는 데 기본적인 바탕을 제공하게 된다. 그리고 지역경제가 전국적으로 빠른 성장을 보이는 산업으로 구성되었을 때 지역은 전국보다 높은 성장을 경험하게 된다. 반대로 전국적으로 낮은 성장 또는 쇠퇴하는 산업으로 구성되었을 때 지역경제는 낮은 성장 또는 침체를 보이게 된다. 이는 지역성장의 분석이 산업별로 이루어져야 함을 가리키는 것이다.

지역의 산업을 성장요인별로 구분하여 분석하는 것은 지역경제의 특징을 이해하는 데 도움을 주며, 지역정책 수립시 구체적인 개발방향을 제시할 수 있게 해 준다. 이와 같은 방법으로 지역의 경제를 분석하고 예측하는 기법이 바로 Dunn(1960)이 소개한 변이할당법(shift-share method)이다. 이 기법은 분석방법이 단순하며 체계적이고 또한 분석에 필요한 자료를 얻기가 용이하여 계획 분야에 널리 사용되는 방법이다(Krueckeberg and Silvers, 1974, Klosterman, 1991). 본 장에서는 변이할당법을 이용한 지역경제 분석과 예측에 대해 설명한다.

본 장은 총 4개의 절로 구성된다. 제2절에서는 지역 내 산업들의 성장을 요인별로 구분하여 분석하는 방법에 대해 설명한다. 여기서는 성장요인을 경제성장요인, 산업구조요인, 그리고 경쟁요인으로 한정하여 설명한다. 제3절에서는 변이할당법을 이용한 지역경제의 예측에 대해 설명하며, 마지막으로 제4절에서는 본 장에서 다루어진 내용이 요약된다.

7.2 변이할당법이란?

변이할당법은 지역의 성장을 산업별 성장에 의한 결과로 보고, 산업들의 성장을 세 가지 요인으로 구분하여 지역경제를 분석하는 방법이다(여기서 독자가 알아두어야 할 것은 연구자의 분석목적에 따라 산업의 성장요인이 확대될 수 있다는 것이다. 단, 본 장에서는 앞서 언급하였듯이 세 가지 요인으로 전제하고 설명을 진행하도록 한다). 변이할당법에서 산업성장의 세 가지 요인은 일반적으로 전국의 경제 성장요인(national growth component)과 산업구조요인(industry-mixed component) 그리고 경쟁요인(competition component)이다. 경제성장요인은 전국의 경제성장이 지역 내 산업들의 성장에 미치는 영향을 말하며, 산업구조요인은 산업의 전국적인 성장 특징이 지역산업들의 성장에 미치는 영향을 가리킨다. 그리고 지역의 경쟁요인은 지역의 생산환경이 지역 산업 성장에 미치는 영향을 의미한다.

변이할당법은 성장결과에 기초한 분석방법이기 때문에 분석을 위해서는 지역과 전국의 두 기간 동안의 산업별 고용자수 자료가 우선적으로 주어져야 한다. 그리고 주어진 자료로부터 두 기간 동안 지역과 전국의 산업별 성장률, 그리고 전국의 경제성장률이 계산되어야 한다.

$$g_{i,t}^{r}=\frac{E_{i,t}^{r}-E_{i,t-1}^{r}}{E_{i,t-1}^{r}},\ g_{i,t}^{n}=\frac{E_{i,t}^{n}-E_{i,t-1}^{n}}{E_{i,t-1}^{n}},\ g_{t}^{n}=\frac{E_{t}^{n}-E_{t-1}^{n}}{E_{t-1}^{n}}, \tag{7.1}$$

$g_{i,t}^{r}$: 지역 r내 산업 i의 성장률, $g_{i,t}^{n}$: 전국에서 산업 i의 성장률,

g_{t}^{n} : 전국의 경제성장률.

변이할당법에서 지역산업의 성장률을 요인별로 구분하는 방법은 매우 간단하다. 구분과정은 지역산업의 성장률을 다음과 같이 양변에 놓음으로써 시작한다.

$$g_{i,t}^{r}=g_{i,t}^{r}. \tag{7.2}$$

식 (7.2)에 전국의 경제성장률(g_{t}^{n})과 전국 산업 i의 성장률($g_{i,t}^{n}$)을 단순히 가감한 두 항을 첨가하면 다음과 같다.

$$g_{i,t}^{r}=g_{i,t}^{r}+\ (g_{t}^{n}-g_{t}^{n})+(g_{i,t}^{n}-g_{i,t}^{n}). \tag{7.3}$$

그리고 식 (7.3)을 아래와 같이 정리하면,

$$g_{i,t}^{r} = g_{t}^{n} + (g_{i,t}^{n} - g_{t}^{n}) + (g_{i,t}^{r} - g_{i,t}^{n}). \tag{7.4}$$

결국 식 (7.2)의 지역산업의 성장률은 다음과 같이 세 가지 요인별 성장률로 분류된다.

$$g_{i,t}^{r} = g_{t}^{n} + g_{i,t}^{n,\,ind} + g_{i,t}^{r,com}, \tag{7.5}$$

$$g_{i,t}^{n,\,ind} = g_{i,t}^{n} - g_{t}^{n},\ g_{i,t}^{r,\,com} = g_{i,t}^{r} - g_{i,t}^{n}.$$

식 (7.5)의 첫째 항(g_{t}^{n})은 전국의 경제성장이 지역산업의 외부수요를 변화시고, 이에 따른 지역산업의 성장률을 가리킨다. 둘째 항($g_{i,t}^{n,\,ind}$)은 산업구조요인에 의한 성장률을 말한다. 이는 전국의 각 산업 성장률과 전국의 경제성장률의 차이로 나타난다. 이러한 차이는 전국 경제성장으로 인한 수요의 증가 이외에 존재하는 산업의 수요를 가리킨다. 그리고 세 번째 항($g_{i,t}^{r,com}$)은 지역의 경쟁요인에 의한 성장률로 지역의 생산환경이 지역산업을 전국 산업에 비해 빠른 성장으로 유도하는지 아니면 더딘 성장으로 이끄는지를 측정하는 부분이다.

식 (7.5)의 양변에 지역의 산업별 고용자 수($E_{i,\,t-1}^{r}$)를 곱하면 두 기간 동안 지역 산업의 성장률을 요인별 고용의 변화로 나타낼 수 있다.

$$g_{i.t}^{r} E_{i,t-1}^{r} = g_{t}^{n} E_{i,t-1}^{r} + g_{i.t}^{n,ind} E_{i,t-1}^{r} + g_{i,t}^{r,\,com} E_{i,t-1}^{r}, \tag{7.6}$$

$$\Delta E_{i,t}^{r} = E_{i,t}^{r} - E_{i,t-1}^{r} = \Delta E_{t}^{n} + \Delta E_{i,t}^{n,\,ind} + \Delta E_{i,t}^{r,\,com}.$$

요인별 산업들의 성장률을 합하면 아래 식 (7.7)에 제시한 바와 같이 지역성장(regional aggregate growth)은 세 가지 요인으로 구분할 수 있다. 여기서 지역 경제는 m개의 산업으로 구성되어 있다고 가정한다.

$$g_{t}^{r} = g_{t}^{n} + g_{t}^{n,ind} + g_{t}^{r,\,com}, \tag{7.7}$$

$$g_{t}^{n} = \frac{\sum_{i}^{m} g_{t}^{n} E_{i,t-1}^{r}}{E_{t-1}^{r}},\ g_{t}^{n,\,ind} = \frac{\sum_{i}^{m} (g_{i,t}^{n} - g_{t}^{n}) E_{i,t-1}^{r}}{E_{t-1}^{r}},$$

$$g_t^{r,\,com} = \frac{\sum_i^m (g_{i,t}^r - g_{i,t}^n)\, E_{i,t-1}^r}{E_{t-1}^r}.$$

그리고 식 (7.7)에 지역의 전체 고용(E_{t-1}^r)을 양변에 곱함으로써 지역의 요인별 고용 변화도 알 수 있다.

$$\Delta E_t^r = \Delta E_t^n + \Delta E_t^{n,ind} + \Delta E_t^{r,com}, \tag{7.8}$$

$$\Delta E_t^n = g_t^n E_{t-1}^r, \quad \Delta E_t^{r,ind} = g_t^{n,ind} E_{t-1}^r, \quad \Delta E_t^{r,com} = g_t^{r,com} E_{t-1}^r.$$

위에서 설명한 변이할당법을 이용하여 지역경제 성장을 요인별로 구분하여 분석해 보자. 분석 대상은 가상의 지역 "B"와 전국이다. 표 7.1은 두 기간 동안 지역과 전국의 산업별 고용 변화를 나타내고 있다.

표 7.1 지역 "B" 와 전국의 산업별 고용변화 (단위 : 명)

구 분	지역 B ($E_{i,2010}^B$)	지역 B ($E_{i,2020}^B$)	전국 ($E_{i,2010}^N$)	전국 ($E_{i,2020}^N$)
산업 1	2,650	2,700	1,087,632	934,321
산업 2	3,325	3,200	1,876,325	1,734,245
산업 3	3,876	3,700	1,897,354	1,903,234
산업 4	4,120	4,300	3,023,098	3,233,455
산업 5	5,017	5,200	4,109,365	4,223,193
합계	18,988	19,100	11,993,774	12,028,448

표 7.1에서 제시된 산업별 고용과 식 (7.1)~식 (7.5)를 이용하면 지역경제의 변화를 성장요인별로 분석할 수 있다. 결과는 표 7.2에 요약되어 있다. 산업 5를 중심으로 분석 과정을 살펴보자. 지역에서 지난 10년 동안 전국의 총 고용과 산업 5의 성장률은 각각 0.3%와 2.8%였다.

$$g_{'10\sim'20}^n = 0.0029, \qquad g_{5,'10\sim'20}^n = 0.0277.$$

그리고 같은 기간 지역 내 산업 5의 성장률은 3.7%이며, 증가된 고용은 183명이다.

$$g_{5,'10\sim'20}^B = 0.0365, \qquad \Delta E_{5,'10\sim'20}^B = 183.$$

위에서 계산한 산업 5의 성장률과 고용의 변화를 각 요인별로 분류하면 다음과 같다. 첫째요인은 경제성장요인으로 전국의 경제수준이 상승됨으로써 산업 5의 생산품에 대한 수요가 증가되고, 증가된 수요를 충당하기 위해 산업에서는 고용이 증가하게 된다. 그러므로 지역 "B"내 산업 5의 성장률 중 전국의 경제성장요인에 의한 성장률은 0.3%이며, 이에 따른 고용 증가는 14.5명이다.

$$g^{n}_{'10\sim'20} = \frac{E^{n}_{i,'20} - E^{n}_{i,'10}}{E^{n}_{i,'10}} = \frac{12,028,448 - 11,993,774}{11,993,774} = 0.0029,$$

$$\Delta E^{n}_{'10\sim'20} = g^{n}_{'10\sim'20} \times E^{B}_{5,'10} = 0.003 \times 5,017 = 14.5$$

둘째요인은 산업구조요인이다. 산업 5의 경우, 전국의 경제성장보다 높은 성장을 보임으로써 그 차이만큼의 산업의 외부수요가 더 존재함을 가리키고 있다. 그러므로 지역산업은 그 차이만큼의 수요를 충당하기 위해 추가적인 고용이 있게 된다. 구체적으로 말해, 산업구조요인에 의한 지역산업의 성장률은 2.5%이며, 이에 따른 고용의 증가는 124.4명이다.

$$g^{n,\,ind}_{5,'10\sim'20} = g^{n}_{5,'10\sim'20} - g^{n}_{'10\sim'20} = 0.028 - 0.003 = 0.025$$

$$\Delta E^{n,\,ind}_{5,'10\sim'20} = (g^{n}_{5,'10\sim'20} - g^{n}_{'10\sim'20}) \times E^{B}_{5,'10}$$
$$= 0.025 \times 5,017 = 124.4$$

셋째요인은 경쟁요인이다. 지역 "B"의 경우, 경쟁요인에 의한 산업 5의 성장률은 0.8%이며, 이에 따른 고용 증가는 44.1명이다.

$$g^{B,\,com}_{5,'10\sim'20} = g^{B}_{5,'10\sim'20} - g^{n}_{5,'10\sim'20} = 0.036 - 0.028 = 0.008,$$

$$\Delta E^{B,\,com}_{5,'10\sim'20} = (g^{B}_{5,'10\sim'20} - g^{n}_{5,'10\sim'20}) \times E^{B}_{5,'10}$$
$$= 0.008 \times 5,017 = 44.1$$

위의 세 가지 성장요인으로부터 지역 "B"내 산업 5의 성장률과 증가된 고용은 다음과 같다.

$$g^{B}_{5,'10\sim'20} = 0.003 + 0.025 + 0.008 = 0.036,$$

$$\Delta E^{B}_{5,'10\sim'20} = 14.5 + 124.4 + 44.1 = 183.$$

표 7.2 지역 "B"의 성장요인별 고용 변화

구 분	$g^{B}_{i,'10\sim'20}$	$g^{n}_{i,'10\sim'20}$	$g^{n,ind}_{i,'10\sim'20}$	$\Delta E^{n,ind}_{i,'10\sim'20}$	$g^{B,com}_{i,'10\sim'20}$	$\Delta E^{B,com}_{i,'10\sim'20}$
산업 1	0.019	−0.141	−0.144	−382	0.160	424
산업 2	−0.038	−0.076	−0.079	−263	0.038	126
산업 3	−0.045	0.003	0.000	1	−0.048	−186
산업 4	0.044	0.070	0.067	276	−0.026	−107
산업 5	0.036	0.028	0.025	125	0.008	40
합계	0.006	0.003	−0.013	−243	0.016	297

위에서 설명하였듯이 지역전체의 성장률과 고용의 변화도 요인별로 분류할 수 있다.

$$g^{B}_{'10\sim'20} = 0.003 - \frac{243}{18,988} + \frac{297}{18,988}$$

$$= 0.003 - 0.013 + 0.016 = 0.006,$$

$$\Delta E^{B}_{'10\sim'20} = 55 - 243 + 300 = 112.$$

분석결과를 종합하면, 지역 "B"는 전체적으로 산업구조가 지역 성장에 부정적으로 작용하므로 지역 "B"의 정책방향은 산업구조 개편에 있다고 할 수 있다. 바람직한 산업구조 개편의 방향을 설정하기 위해서는 우선 중점적으로 확대해야 할 산업과 제한해야 할 산업을 구분해야 한다. 구체적으로 말해 산업구조요인과 경쟁요인 모두가 양(+)인 산업은 지역이 특화시켜야 할 산업이고, 모두가 음(-)인 산업은 구조조정의 대상 산업이라고 할 수 있다.

표 7.2는 지역 "B"의 산업정책의 방향을 구체적으로 제시한다. 즉, 지역 "B"의 지속적인 성장을 위해서는 산업 5를 중점적으로 육성해야 한다. 왜냐하면 산업구조요인과 경쟁요인 모두가 양이기 때문이다. 그리고 표에서 보이듯이 지역 "B"에서 산업구조요인과 경쟁요인 모두가 음(-)인 산업은 없다. 그러나 산업 3은 산업구조요인이 미미하고 경쟁요인은 음의 값을 갖는다. 따라서 산업 3이 지역의 성장에 기여하는 바는 없다고 할 수 있다. 따라서 지역 "B"에서 산업 3은 구조조정의 대상산업이다. 이와 같이 변이할당법에 의한 산업별 그리고 요인별 성장의 구분은 지역의 성장에 대한 이해를 높혀주며, 지역의 산업정책에 대한 방향도 구체적으로 제시한다.

7.3 지역경제 및 인구예측

변이할당법에 의한 지역경제의 예측은 전 산업들의 변화를 각 성장요인별로 구분하여 이루어지므로 전 산업에 대한 구체적인 예측이 가능하다. 또한 예측도 두 시점 동안의 성장률을 바탕으로 이루어지기 때문에 산업들의 성장추세가 예측과정에 구체적으로 반영된다. 변이할당법을 이용한 지역경제의 예측은 아래와 같이 4단계로 구분된다.

. 제 1 단계: 전국의 경제성장 및 산업성장 계산
. 제 2 단계: 지역 성장요인 구분
. 제 3 단계: 지역 내 산업성장 예측
. 제 4 단계: 지역경제 및 인구 예측

예측과정을 단계별로 설명하면 다음과 같다. 제1단계에서는 우선 목표연도의 전국 산업별 고용인구에 대한 자료 유무를 확인하여야 한다. 왜냐하면 변이할당법도 수요 기준의 방법이고 산업별 고용인구는 바로 전국의 산업별 수요를 가리키기 때문이다. 그리고 예측 자료로부터 전국 산업 i의 성장률 $(g^n_{i,t+1})$과 전국의 경제성장률(g^n_{t+1})을 계산해야 한다.

제2단계는 식 (7.3)의 요인별 성장률을 계산하는 단계이다. 여기서 주의해야 할 것은 지역의 생산환경을 나타내는 경쟁요인에 의한 성장률은 다음 기간으로 동일하게 이전(shift)된다는 것이다. 그러므로 지역산업 성장률의 예측은 다음과 같이 표현된다.

$$g^r_{i,t+1} = g^n_{t+1} + (g^n_{i,t+1} - g^n_{t+1}) + (g^r_{i,t} - g^n_{i,t}). \qquad (7.9)$$

제3단계는 위에서 예측한 지역의 산업별 성장률을 이용하여 각 산업별 고용인구를 예측하는 단계이다.

$$E^r_{i,t+1} = (1 + g^r_{i,t+1})E^r_{i,t}. \qquad (7.10)$$

마지막 단계는 지역경제와 인구예측이다. 지역경제의 예측은 지역내 예측된 각 산업의 고용인구를 합함으로써 이루어진다. 그리고 지역인구의 예측은 지역 수출기반모형에서 설명한 바와 같이 지역을 구성하는 인구를 경제활동 인구와 비경제활동 인구로 구분하고, 그들의 관계를 바탕으로 의존승수를 도출하여 이루어진다.

위에서 설명한 4단계 과정을 통해 지역경제를 예측해 보자. 여기서는 전국의 산업별 고용의 변화에 대한 예측은 표 7.3과 같다.

표 7.3 전국 산업별 고용인구 예측 (단위 : 명)

구 분	전국($E_{i,2020}^{N}$)	전국(예측) ($E_{i,2030}^{N}$)
산업 1	934,321	821,324
산업 2	1,734,245	1,732,636
산업 3	1,903,234	2,034,561
산업 4	3,233,455	3,756,312
산업 5	4,223,193	4,425,790
합계	12,028,448	12,770,623

표 7.3의 자료를 바탕으로 지역 "B"의 경제를 예측한 결과는 표 7.4에 요약되어 있다. 단계별 상세한 설명은 독자 모두를 지루하게 만들 것이므로 여기서는 계산결과만 제시하기로 한다.

표 7.4 지역 "B" 의 산업별 고용의 변화 예측

구 분	$g_{i,'20\sim'30}^{n}$	$g_{i,'20\sim'30}^{n,ind}$	$g_{i,'10\sim'20}^{B,com}$	$E_{i,'30}^{B}$
산업 1	−0.121	−0.183	0.160	2,805
산업 2	−0.001	−0.063	0.038	3,318
산업 3	0.069	0.007	−0.048	3,778
산업 4	0.162	0.100	−0.026	4,885
산업 5	0.048	−0.014	0.008	5,491
합계	0.062	−0.016	0.016	20,277

표 7.4에 제시된 지역 "B"의 경제 규모 전망 결과를 바탕으로 2030년 지역인구를 예측할 수 있다. 지역인구의 예측은 의존승수를 이용한다. 지역인구와 가구수 예측에 대한 설명은 앞 장에서 자세히 설명하였으므로 여기서는 생략하고 그 결과만 표 7.5에 나타내도록 한다.

표 7.5 지역 "B"의 인구 및 가구수 예측

구 분	2020년	2030년
지역경제규모 (E_t^B)	19,100	20,277
의존승수 (DM^B)	2.5	2.5
지역인구수 (P_t^B)	47,450	50,692
가구당 인구수 (hh^B)	3.2	3.2
지역 가구수 (HH_t^B)	14,922	15,841

7.4 요 약

본 장에서는 지역경제의 분석 및 예측 기법으로 변이할당법에 대해 설명하였다. 변이할당법은 지역내 산업들의 성장을 요인별로 구분하여 분석하기 때문에 지역경제에 대한 종합적인 이해와 지역정책의 방향을 구체적으로 제시한다는 장점이 있다. 본 장에서는 요인을 경제성장요인, 산업구조요인, 그리고 경쟁요인으로만 구분하여 설명하였다.

변이할당법의 한계는 다음과 같이 요약될 수 있다. 첫째, 지역의 경쟁요인에 대한 근거가 전혀 없다는 것이다. 즉 지역의 어떠한 생산환경이 지역 경쟁요인을 구성하는가에 대해 이론적인 바탕이 없는 실정이다. 둘째, 지역의 경쟁요인은 시간에 대해 일정하다는 가정이다. 그러나 오늘날 급속하게 진행되는 기술혁신과 지역간 기술 보급은 지역의 생산환경을 크게 변화시키고 있다. 이는 지역의 경쟁요인은 시간에 따라 변함을 의미한다. 따라서 지역의 경쟁요인이 시간에 대해 일정함을 가정한다는 것은 현실적으로 무리가 있다고 할 수 있다. 특히 오늘날과 같이 기술환경이 급격하게 변하는 시대에는 더욱 그렇다고 할 수 있다. 따라서 예측의 정확성을 향상시키기 위해서는 일정한 경쟁요인의 가정은 필히 수정되어야 한다.

변이할당법의 중요한 한계는 지역내 산업간 연관관계가 반영되지 못한다는 것이다. 이는 식 (7.5)에서 나타나듯이 어느 산업의 성장률은 전국의 경제 및 해당산업의 성장률 그리고 지역의 해당산업 성장률에 의해 결정된다. 즉, 타 산업의 성장에 영향을 받지 않는다. 이것은 변이할당법의 치명적인 한계라고 할 수 있다. 다시 말해, 한 산업의 제품 생산에 투입되는 타 산업들의 제품을 고려하지 못한다는 것은 분명 분석방법으로 변이할당법이 현실성에 있어 거리가 있음을 가리키는 것이라고 할 수 있다.

위와 같은 변이할당법의 한계를 고려한다면 지역을 분석하고 예측하는데 있어 변이할당법의 이용에는 조심스러움이 따른다. 그러나 문헌을 살펴보면 많은 연구자들에 의해 그러한 한계들은 보완되고 있는 실정이다(이에 대해 관심이 있는 독자는 김홍배 · 김현주(2001)와 Hyun Kyung Lee and Hong Bae Kim (2020)을 참조하기 바람). 따라서 연구자의 창의적이고 합리적인 방법에 의해 변이할당법의 한계는 언제든 극복될 수 있으며, 이를 위해서는 변이할당법에 대한 기초적인 이해는 중요하다고 할 수 있다.

제 07 장 적용 연습 문제

문제 1 지리적으로 인접한 지역들을 고려하여 지역 r의 산업 성장을 네 가지 요인으로 구분하라.

문제 2 국제시장에서의 산업변화를 고려하여 지역 r의 산업 성장을 세 가지 요인으로 구분하라.

문제 3 지역 "A"와 "B"의 산업별 고용 변화가 아래 표와 같을 때, 변이할당법을 이용하여 각 물음에 답하라 (단, 소수점은 셋째자리까지 계산할 것).

〈표 7-A-1〉 지역 "A" 와 "B" 그리고 전국의 산업별 고용변화 (단위: 명)

구분	$E^A_{i,'10}$	$E^A_{i,'20}$	$E^B_{i,'10}$	$E^B_{i,'20}$	$E^N_{i,'10}$	$E^N_{i,'20}$
산업 1	383	992	373	478	1,314,322	1,460,032
산업 2	3,984	5,838	763	824	9,241,221	10,265,325
산업 3	4,587	5,608	422	598	1,117,786	1,319,069
산업 4	5,643	6,789	1,742	1,982	10,625,989	11,085,911
산업 5	3,010	4,511	632	1,717	9,153,227	9,268,445
합 계	17,607	23,738	3,932	5,599	31,452,545	33,398,782

3-1 지역 "A"와 지역 "B"의 2020년 산업별 성장요인과 요인별고용변화를 계산하라.

3-2 2030년 전국의 산업별 고용인구가 <표 7-A-2>와 같이 예측되었을 때, 변이할당법을 이용하여 지역 "A"와 "B"의 고용인구와 인구 및 가구수를 예측하라(단, 의존승수는 2.5, 가구당 인구수는 3.2로 가정하며 소수점은 셋째자리까지 계산할 것).

〈표 7-A-2〉 전국 산업별 고용 인구예측 (단위: 명)

구분	전국 예측($E^N_{i,'30}$)
산업 1	1,358,221
산업 2	10,262,155
산업 3	1,402,235
산업 4	15,135,224
산업 5	9,271,322
합 계	37,429,157

문제 4 <표 7-A-3>은 지난 10년간 (2010-2020) 전국과 지역 "R"과 지리적으로 인접한 지역 "S"와 "T"의 산업별 고용인구를 정리한 것이다. 아래 물음에 답하라.

〈표 7-A-3〉 지역별 · 산업별 고용인구 (단위: 천명)

구분	지역 R			지역 S			지역 T			전국		
	1	2	3	1	2	3	1	2	3	1	2	3
2010	270	520	400	100	240	800	420	300	120	11,600	14,800	18,600
2020	230	610	460	90	260	850	440	260	100	11,750	16,500	20,700

4-1 지역 "R"의 산업별 성장요인을 전국경제성장요인, 전국산업구조요인, 인접지역-전국경쟁요인, 그리고 지역경쟁요인으로 구분하라.

4-2 2030년 전국과 지역 "S"와 "T"의 산업별 고용인구가 다음과 같이 예측되었다. 이를 바탕으로 지역 R의 2030년 산업별 고용인구를 예측하여라.

〈표 7-A-4〉 전국 및 지역 예측 (단위: 천명)

구분	전국			지역 S			지역 T		
	1	2	3	1	2	3	1	2	3
2030	11,100	16,600	21,500	85	270	920	450	250	110

문제 5 전통적인 변이할당법을 이용하여 지역경제를 예측할 때, 지역산업들의 경쟁요인은 시간에 관계없이 일정함을 식으로 보여라.

▶ ▶ ▶ ▶ ▶

제 07 장

적용 문제 풀이

문제 1

지역 r내 산업 i의 성장률을 전국의 경제성장과 전국 산업 i의 성장률 그리고 인접한 지역들의 산업 i의 평균 성장률을 단순히 가감하면,

$$g_{i,t}^{r} = (g_t^n - g_t^n) + (g_{i,t}^n - g_{i,t}^n) + (\overleftrightarrow{g_{i,t}^r} - \overleftrightarrow{g_{i,t}^r}) + g_{i,t}^r,$$

$\overleftrightarrow{g_{i,t}^r}$: 지역과 인접한 지역들의 산업 i의 평균 성장률.

위의 식을 아래와 같이 묶어서 정리하면,

$$g_{i,t}^r = g_t^n + (g_{i,t}^n - g_t^n) + (\overleftrightarrow{g_{i,t}^r} - g_{i,t}^n) + (g_{i,t}^r - \overleftrightarrow{g_{i,t}^r}).$$

위의 식에서 지역의 산업별 성장요인은 전국경제성장요인과 산업구조요인, 인접지역-전국경쟁요인 그리고 지역경쟁요인으로 구분할 수 있다. 따라서 지역산업의 성장요인은 아래의 식과 같이 네 가지 요인으로 구분된다.

$$g_{i,t}^r = g_t^n + g_{i,t}^{n,ind} + g_{i,t}^{nbhd-n,com} + g_{i,t}^{r-nbhd,com},$$

g_t^n : 전국경제요인, $g_{i,t}^{n,ind}$: 전국산업요인$(g_{i,t}^{n,ind} = g_{i,t}^n - g_t^n)$,

$g_{i,t}^{nbhd-n,com}$: 인접지역-전국경쟁요인$(g_{i,t}^{nbhd-n,com} = \overleftrightarrow{g_{i,t}^r} - g_{i,t}^n)$,

$g_{i,t}^{r-nbhd,com}$: 지역경쟁요인$(g_{i,t}^{r-nbhd,com} = g_{i,t}^r - \overleftrightarrow{g_{i,t}^r})$.

문제 2

우선 지역산업 i의 성장률을 다음과 같이 해당산업의 국제시장과 전국에서의 성장률을 단순히 가감하여 표현하면,

$$g_{i,t}^{r} = (g_{i,t}^{world} - g_{i,t}^{world}) + (g_{i,t}^{n} - g_{i,t}^{n}) + g_{i,t}^{r},$$

$g_{i,t}^{world}$: 국제시장에서 산업 i의 성장률.

위의 식을 정리하면,

$$g_{i,t}^{r} = g_{i,t}^{world} + (g_{i,t}^{n} - g_{i,t}^{world}) + (g_{i,t}^{r} - g_{i,t}^{n}).$$

다시 위의식을 요인별로 구분하면,

$$g_{i,t}^{r} = g_{i,t}^{world} + g_{i,t}^{n-world} + g_{i,t}^{r,com}.$$

위의 식은 지역산업 i의 성장이 해당산업의 세계시장 성장요인과 전국-국제시장 경쟁요인 그리고 지역산업 경쟁요인으로 구분됨을 가리킨다.

문제 3 3-1

주어진 자료로부터 지역 "A"의 산업별 성장을 세 가지 요인, 즉 전국 경제성장요인, 산업구조요인 그리고 경쟁요인으로 구분하여 정리하면 아래의 표와 같다.

〈표 7-A-5〉 지역 "A" 의 성장요인별 변화

구분	$g_{i,'10\sim'20}^{A}$	$g_{i,'10\sim'20}^{n}$	$g_{'10\sim'20}^{n}$	$g_{i,'10}^{n} E_{i,'10}^{A}$	$g_{i,'10\sim'20}^{A,ind}$	$\Delta E_{i,'10\sim'20}^{A,ind}$	$g_{i,'10\sim'20}^{A,com}$	$\Delta E_{i,'10\sim'20}^{A,com}$
산업 1	1.590	0.110	0.061	23.7	0.049	18.8	1.479	566.5
산업 2	0.465	0.110	0.061	246.6	0.048	195.0	0.355	1,412.5
산업 3	0.222	0.180	0.061	283.9	0.118	542.2	0.043	195.0
산업 4	0.203	0.043	0.061	349.3	−0.018	−104.9	0.160	901.8
산업 5	0.498	0.012	0.061	186.3	−0.049	−148.4	0.486	1,463.1
합계	0.348	0.061	−	1,089.9	0.028	502.6	0.258	4,538.9

표에서 지역 "A"의 산업별 성장률을 세 가지 요인으로 구분하면 다음과 같다.

$$g^A_{1,'10 \sim '20} = 0.061 + 0.049 + 1.479 = 1.590,$$

$$g^A_{2,'10 \sim '20} = 0.061 + 0.048 + 0.354 = 0.465,$$

$$g^A_{3,'10 \sim '20} = 0.061 + 0.118 + 0.042 = 0.222,$$

$$g^A_{4,'10 \sim '20} = 0.061 - 0.018 + 0.159 = 0.203,$$

$$g^A_{5,'10 \sim '20} = 0.061 - 0.049 + 0.486 = 0.498.$$

그리고 산업별 고용변화를 요인별로 구분하면,

$$E^A_{1,'10 \sim '20} = 23.7 + 18.8 + 566.5 = 609.0,$$

$$E^A_{2,'10 \sim '20} = 246.6 + 195.0 + 1{,}412.5 = 1{,}854.1,$$

$$E^A_{3,'10 \sim '20} = 283.9 + 542.2 + 195.0 = 1{,}021.1,$$

$$E^A_{4,'10 \sim '20} = 349.3 - 105.0 + 901.8 = 1{,}146.1,$$

$$E^A_{5,'10 \sim '20} = 186.3 - 148.4 + 1{,}463.1 = 1{,}501.1.$$

지역전체의 성장률을 요인별로 구분하면 다음과 같다.

$$ag^A_{'10 \sim '20} = 0.062 + 0.028 + 0.258 = 0.348,$$
$$\Delta E^A_{'10 \sim '20} = 1{,}089.9 + 502.6 + 4{,}538.9 = 6{,}131.$$

지역 “B”의 산업별 성장률도 지역 “A”와 동일하게 구분하여 정리하면 <표 A-7-6>과 같다.

〈표 7-A-6〉 지역 “B” 의 성장요인별 변화

구분	$g^B_{i,'10 \sim '20}$	$g^n_{i,'10 \sim '20}$	$g^n_{'10 \sim '20}$	$g^n_{i,'10} E^B_{i,'10}$	$g^{B,ind}_{i,'10 \sim '20}$	$\Delta E^{B,ind}_{i,'10 \sim '20}$	$g^{B,com}_{i,'10 \sim '20}$	$\Delta E^{B,com}_{i,'10 \sim '20}$
산업 1	0.281	0.110	0.061	23.1	0.049	18.3	0.170	63.6
산업 2	0.079	0.110	0.061	47.2	0.048	37.3	−0.030	−23.6
산업 3	0.417	0.180	0.061	26.1	0.118	49.9	0.237	100.0
산업 4	0.137	0.043	0.061	107.8	−0.018	−32.4	0.094	164.6
산업 5	1.716	0.012	0.061	39.1	−0.049	−31.2	1.704	1,077.0
합계	0.424	0.061	−	243.4	0.010	41.9	0.351	1,381.7

표에서 지역 “B”의 산업별 성장률을 세 가지 요인으로 구분하면 다음과 같다.

$$g^{B}_{1,'10\sim'20} = 0.061 + 0.049 + 0.170 = 0.281,$$

$$g^{B}_{2,'10\sim'20} = 0.061 + 0.049 - 0.030 = 0.080,$$

$$g^{B}_{3,'10\sim'20} = 0.061 + 0.118 + 0.237 = 0.417,$$

$$g^{B}_{4,'10\sim'20} = 0.061 - 0.018 + 0.094 = 0.138,$$

$$g^{B}_{5,'10\sim'20} = 0.061 - 0.049 + 1.704 = 1.717.$$

그리고 산업별 고용변화를 요인별로 구분하면,

$$E^{B}_{1,'10\sim'20} = 23.1 + 18.3 + 63.6 = 105.0,$$

$$E^{B}_{2,'10\sim'20} = 47.2 + 37.3 - 23.6 = 61.0,$$

$$E^{B}_{3,'10\sim'20} = 26.1 + 49.9 + 100.0 = 176.0,$$

$$E^{B}_{4,'10\sim'20} = 107.8 - 32.4 + 164.6 = 240.0,$$

$$E^{B}_{5,'10\sim'20} = 39.1 - 31.2 + 1{,}077.0 = 1{,}085.0.$$

지역전체의 성장률을 요인별로 구분하면 다음과 같다.

$$ag^{B}_{'10\sim'20} = 0.062 + 0.011 + 0.351 = 0.424.$$

$$\Delta E^{B}_{'10\sim'20} = 243.4 + 41.9 + 1{,}381.7 = 1{,}667.$$

문제 3 — **3-2**

지역 "A"의 고용과 인구 및 가구수 예측

2030년 지역 "A"의 산업별 고용과 전체 인구 및 가구수에 대한 예측은 각각 <표 7-A-7>과 <표 7-A-8>에 제시된 바와 같다.

〈표 7-A-7〉 지역 "A" 의 산업별 고용 예측

구분	$g^{n}_{i,'20\sim'30}$	$g^{A,ind}_{i,'20\sim'30}$	$g^{A,com}_{i,'10\sim'20}$	$E^{A}_{i,'20}$	$g^{A}_{i,'20\sim'30}$	$E^{A}_{i,'30}$
산업 1	−0.070	−0.190	1.479	992	1.409	2,390
산업 2	0.000	−0.121	0.355	5,838	0.354	7,906
산업 3	0.063	−0.058	0.043	5,608	0.106	6,200
산업 4	0.365	0.245	0.160	6,789	0.525	10,354
산업 5	0.000	−0.120	0.486	4,511	0.486	6,705
합 계	0.121	−0.004	0.258	23,738	0.374	33,555

〈표 7-A-8〉 지역 "A" 의 인구 및 가구수 예측

구분	2020년	2030년
지역경제규모 (E^{A}_{t})	23,738	33,555
의존승수 (DM^{A})	2.5	2.5
지역인구수 (P^{A}_{t})	59,345	83,888
가구당 인구수 (hh^{A})	3.2	3.2
지역 가구수 (HH^{A}_{t})	18,545	26,215

지역 "B"의 고용과 인구 및 가구수 예측

2030년 지역 "B"의 산업별 고용과 전체 인구 및 가구수에 대한 예측은 각각 <표 A-7-9>와 <표 7-A-10>에 제시된 바와 같다.

〈표 7-A-9〉 지역 "B" 의 산업별 고용 예측

구분	$g^{n}_{i,'20\sim'30}$	$g^{B,ind}_{i,'20\sim'30}$	$g^{B,com}_{i,'10\sim'20}$	$E^{B}_{i,'20}$	$g^{B}_{i,'20\sim'30}$	$E^{B}_{i,'30}$
산업 1	−0.070	−0.190	0.171	478	0.101	526
산업 2	0.000	−0.121	−0.031	824	−0.031	798
산업 3	0.063	−0.058	0.237	598	0.300	777
산업 4	0.365	0.245	0.094	1,982	0.460	2,893
산업 5	0.000	−0.120	1.704	1,717	1.704	4,644
합 계	0.121	0.009	0.351	5,599	0.482	9,639

〈표 7-A-10〉 지역 "B" 의 인구 및 가구수 예측

구분	2020년	2030년
지역경제규모 (E_t^B)	5,599	9,639
의존승수 (DM^B)	2.5	2.5
지역인구수 (P_t^B)	13,998	24,098
가구당 인구수 (hh^B)	3.2	3.2
지역 가구수 (HH_t^B)	4,374	7,530

문제 4 4-1

지역 "R"의 산업별 성장요인을 전국경제성장요인, 산업구조요인, 인접지역-전국 경쟁요인, 그리고 지역-인접지역 경쟁요인으로 나누면 다음과 같다.

$$g_{i,t}^{R} = g_t^n + g_{i,t}^{n,ind} + g_{i,t}^{nbhd-n,com} + g_{i,t}^{R-nbhd,com},$$

$g_{i,t}^{nbhd-b,com}$: 인접지역-전국경쟁요인$(g_{i,t}^{nbhd-n,com} = \overleftrightarrow{g_{i,t}^{R}} - g_{i,t}^{n})$,

$g_{i,t}^{R-nbhd,com}$: 지역-인접지역 경쟁요인$(g_{i,t}^{R-nbhd,com} = g_{i,t}^{R} - \overleftrightarrow{g_{i,t}^{R}})$.

우선 전국경제 성장률과 산업별 전국 성장률, 지역 "R" 성장률, 그리고 인접지역의 평균 성장률을 계산하면 다음과 같다.

$$g_{'20}^{n} = 0.088,\ g_{1,'20}^{n} = 0.013,\ g_{2,'20}^{n} = 0.115,\ g_{3,'20}^{n} = 0.113,$$

$$g_{1,'20}^{R} = 0.148,\quad g_{2,'20}^{R} = 0.173,\quad g_{3,'20}^{R} = 0.150,$$

$$\overleftrightarrow{g_{1,'20}^{R}} = 0.019\quad \overleftrightarrow{g_{2,'20}^{R}} = -0.037\quad \overleftrightarrow{g_{3,'20}^{R}} = 0.033.$$

위에서 계산한 성장률들을 이용하여 지역 "R"의 산업별 성장요인을 네 가지 요인으로 나누면 다음과 같다.

· 산업 1

$$g_{'20}^{n} = 0.088,\ g_{1,'20}^{n,ind} = -0.075,\ g_{1,'20}^{nbhd-n,com} = 0.006,\ g_{1,'20}^{R-nbhd,com} = -0.167.$$

· 산업 2

$$g_{'20}^{n} = 0.088,\ g_{2,'20}^{n,ind} = 0.027,\ g_{2,'20}^{nbhd-n,com} = -0.152,\ g_{2,'20}^{R-nbhd,com} = 0.210.$$

· 산업 3

$$g_{'20}^{n} = 0.088,\ g_{3,'20}^{n,ind} = 0.025,\ g_{3,'20}^{nbhd-n,com} = -0.080,\ g_{3,'20}^{R-nbhd,com} = 0.117.$$

문제 4 　　4-2

일정변이가정에 따라 지역 "R" 내 산업 i의 성장률 ($g^R_{i,'30}$)은 다음과 같이 예측된다.

$$g^R_{i,'30} = g^n_{'30} + g^{n,ind}_{i,'30} + g^{nbhd-n,com}_{i,'30} + g^{R-nbhd,com}_{i,'20}.$$

지역 "R"의 인접지역 산업별의 성장률 ($\overleftrightarrow{g^R_{i,'30}}$)은 다음과 같이 계산된다.

$$\overleftrightarrow{g^R_{1,'30}} = 0.009,\ \overleftrightarrow{g^R_{2,'30}} = 0.000,\ \overleftrightarrow{g^R_{3,'30}} = 0.084.$$

2030년 지역 "R"의 산업별 고용과 전체 고용은 다음과 같다.

$$E^R_{1,'30} = 193.7,\ E^R_{2,'30} = 738.1,\ E^R_{3,2020} = 552.5.$$

$$E^A_{2020} = 193.7 + 738.1 + 552.5 = 1{,}484.3.$$

문제 5

변이할당법에 의한 지역산업에 대한 예측은 식 (7.9)에 의해 이루어진다. 식에서 전국의 경제성장률을 정리하면 산업의 예측식은 아래와 같이 표현된다.

$$g^r_{i,t+1} = g^n_{i,t+1} + (g^r_{i,t} - g^n_{i,t}).$$

위의 식에서 우변의 첫째 항 ($g^n_{i,t+1}$)을 좌변으로 옮기면, $t+1$의 경쟁요인은 t의 경쟁요인과 동일함을 알 수 있게 된다. 따라서 변이할당법을 이용한 지역경제에서 경쟁요인의 영향은 시간에 관계없이 항상 동일한 값을 갖는다.

$$g^r_{i,t+1} - g^n_{i,t+1} = (g^r_{i,t} - g^n_{i,t}) = constant.$$

제 Ⅳ 편

투입산출모형

제 08 장 투입산출모형

8.1 투입산출모형이란?

원시시대에는 필요한 물건을 자기가 직접 만들어 사용했기 때문에 상품거래와 같은 다른 사람과의 경제적 유대관계가 거의 없었다. 그러나 오랜 세월이 흐르는 동안 인간의 지혜와 과학기술의 발달로 인하여 분업이 촉진되고 대량생산이 이루어짐에 따라 인간의 경제활동은 서로 밀접한 연관관계를 갖게 되었다. 예를 들어 자동차를 생산하기 위해서는 엔진, 타이어 등 수많은 부품이 필요하고 그 엔진이나 타이어 등의 생산에는 다시 철강, 고무 등의 원재료가 투입되어야 한다. 그리고 아파트를 짓기 위해서는 시멘트나 철근, 목재 등 여러 종류의 건축자재가 필요하게 된다. 자동차와 아파트의 경우에서 보듯이 산업상호간의 관계는 그물과 같이 서로 복잡하게 얽혀 있다(한국은행, 2014).

국민경제를 구성하고 있는 각 산업부문은 서로 다른 산업부문으로부터 원재료, 연료 등의 중간재를 구입하고 여기에 노동, 자본 등 본원적 생산요소를 결합함으로써 새로운 재화와 서비스를 생산하여 다른 산업의 중간재로 판매하거나 최종소비자에게 소비재 또는 자본재 등으로 판매한다. 이와 같이 일정기간 동안 경제내에서 생산된 재화와 서비스에 대해 생산단계에서부터 최종 소비단계까지 모든 과정에서 발생한 거래를 기록한 종합적인 통계표가 바로 산업연관표 또는 투입산출표(input-output table)이다. 산업연관분석(inter-industry analysis) 또는 투입산출분석(input-output analysis)은 투입산출표를 이용하여 생산 및 거래활동을 통해서 이루어지는 산업간의 상호연관관계를 수량적으로 파악하는 분석방법이다.

투입산출모형(input-output model)은 특정 기간에 관찰된 경제 자료로부터 만들어진 투입산출표를 이용하여 경제를 분석한다. 따라서 투입산출표가 투입산출모형에서 가장 핵심이 되는 부분이라 할 수 있다. 그리고 투입산출표는 분석의 대상에 따라 도시, 지역, 그리고 국가단위 등에서 작성될 수 있다. 본 장에서는 투입산출모형의 기본적인 구조 및 개념을 국가를 하나의 경제단위로 전제하여 설명을 진행한다. 그리고 지역 투입산출모형은 다음 장에서 상세하게 다루기로 한다.

본 장은 총 7절로 구성된다. 제2절에서는 투입산출표의 개념과 기본구조를 설명하고, 제3절에서는 투입산출모형의 핵심개념인 투입산출계수와 생산유발계수, 그리고 수요변화에 따른 산업별 생산변화에 대해 설명한다. 제4절에서는 가계부문을 산업부문으로 내생화시켜 분석하는 폐쇄 투입산출모형에 대해 설명한다. 제5절에서는 산업제품에 대한 최종 수요 한 단위의 변화가 경제에 미치는 영향을 나타내는 승수(multiplier)에 대해 설명한다. 제6절에서는 산업간 연관성의 정도를 나타내는 감응도계수와 영향력계수에 대해 설명한다. 마지막으로 제7절에서는 본 장에서 설명한 내용들이 요약된다.

8.2 투입산출표

8.2.1 투입산출표의 개념과 기본구조

투입산출표란 일정 기간 동안 경제 내에서 생산된 제품에 대해 생산 단계에서부터 최종 소비 단계까지 모든 과정에서 발생한 거래(transaction)를 기록한 종합적인 통계표이다. 따라서 투입산출표에서 산업간 제품의 흐름, 즉 산업간 상호 연관관계가 구체적으로 파악된다. 투입산출표의 구조는 투입산출모형을 이해하는 데 필수적이다. 투입산출표의 구조를 다음과 같은 예를 통하여 알아보자. 어느 가상의 국가 "N"의 경제는 세 가지 산업으로 구성되어 있다.

투입산출표의 세로방향(column)은 산업별 투입구조를 나타내고 가로방향(row)은 산업별 배분구조를 나타낸다. 투입산출표의 세로방향은 산업별로 제품생산을 위해 다른 산업으로부터 구입되는 중간 투입부문과 본원적 생산요소에 지불되는 부가가치 부문으로 구분된다. 여기서 생산 원료를 결합하여 제품을 생산하는 기술을 생산기술(production technique)이라 하며, 경제적인 용어로 생산함수(production function)라고 한다. 이는 투입되는 요소와 생산되는 산출 사이의 일정한 기술 관계를 가리킨다. 부가가치란 노동과 자본 같은 요소들이 생산 과정에 고용되어 창출한 가치를 의미한다. 바꿔 말하면 생산 과정에 참여한 대가로 생산요소 제공자가 지급받게 되는 임금이나 이자 같은 소득을 말한다.

투입산출표의 가로방향은 산업제품이 다른 산업의 생산 과정에 중간재로 판매되는 중간 수요(intermediate demand) 부문과 최종 생산품으로 소비, 투자, 그리고 수출 등으로 판매되는 최종 수요(final demand) 부문으로 나누어진다. 그리고 수입은 전체의 산업에서 공제 부문으로 분류한다. 이러한 방법으로 각 산업의 생산-배분구조를 종합하여 표 8.1과 같이 "N"국의 투입산출표가 작성된다.

표 8.1을 기준으로 산업 1의 생산 구조를 살펴보면 다음과 같다. 산업 1 제품 생산을 위하여 투입된 총 3,100억원의 내역을 살펴보면, 산업 1로부터 500억원, 산업 2로부터 300억원, 산업 3으로부터 100억원 등 각 산업으로부터 생산 원료 구입비용 900억원이 지출되었다. 이 생산 원료를 산업 1 제품으로 생산하기 위해 노동과 자본 투입에 각각 1,200억원과 1,000억원이 지급되었다. 산업 1의 배분구조를 살펴보면, 산업 1 제품은 중간재로 산업 1에 500억원, 산업 2에 200억원, 그리고 산업 3에 300억원이 배분되었다. 그리고 최종 수요에 의해 소비재로 900억원, 투자재로 800억원, 그리고 해외 수출에 900억원이 각각 배분되었다.

중간 수요와 최종 수요의 합이 총수요이다. 만일 어떠한 제품에 대한 총수요가 총산출을 초과하는 경우는 초과된 수요를 충당하기 위해 그 제품은 해외로부터 수입되어야 한다. "N"국의 경우 산업 1 제품에 대한 총수요는 3,600억원인데 반해, 총생산은 3,100억원이다. 그러므로 아래 표는 초과된 수요를 충당하기 위해 해외로부터 500억원의 산업 1 제품이 수입되었음을 보이고 있다. 이와 같이 투입산출표에서는 에너지 보존의 법칙과 같이 총투입과 총산출이 항상 같은 특징을 가지고 있다.

표 8.1 "N"국의 투입산출표 (단위: 억원)

배분 / 투입		중간 수요				최종 수요				총수요	수입 (공제)	총산출
		1	2	3	소계	소비	투자	수출	소계			
중간투입	1	500	200	300	1,000	900	800	900	2,600	3,600	500	3,100
	2	300	600	400	1,300	800	600	700	2,100	3,400	200	3,200
	3	100	400	1,000	1,500	1,000	900	1,300	3,200	4,700	300	4,400
	소계	900	1,200	1,700	3,800	2,700	2,300	2,900	7,900	11,700	1,000	10,700
부가가치	노동	1,200	1,100	1,300	3,600							
	자본	1,000	900	1,400	3,300							
	소계	2,200	2,000	2,700	6,900							
총투입		3,100	3,200	4,400	10,700							

표 8.1과 같이 "N"국의 투입산출표는 경제 내 자금의 흐름과 산업간 연관관계를 구체적으로 보여 주고 있다. 투입산출표에서 나타난 생산 측면과 배분 측면의 관계를 보다 일반적으로 표현하면 표 8.2와 같다.

표 8.2 투입산출표의 구조

배분 / 투입		중간 수요						최종 수요				수입 (공제)	총산출
		1	2	…	j	…	n	소비	투자	정부	수출		
중간투입	1	X_{11}	X_{12}		X_{1j}		X_{1n}	C_1	I_1	G_1	E_1	M_1	X_1
	2												
	·				(Ⅱ상한)				(Ⅰ상한)				
	i				X_{ij}			C_i	I_i	G_i	E_i	M_i	X_i
	n	X_{n1}	X_{n2}	…	X_{nj}	…	X_{nn}	C_n	I_n	G_n	E_n	M_n	X_n
부가가치	노동	W_1	W_2	…	W_j	…	W_n	W_C	W_I	W_G	W_E		W
					(Ⅲ상한)				(Ⅳ상한)				
	자본	R_1	R_2	…	R_j	…	R_n	R_C	R_I	R_G	R_E		R
총투입		X_1	X_2	…	X_j	…	X_n	C	I	G	E	M	X

표 8.2와 같이 투입산출표는 Ⅰ상한부터 Ⅳ상한까지 네 가지 영역으로 구분될 수 있다. 제Ⅰ상한은 생산된 산업제품들이 다양한 최종 수요로 배분됨을 나타낸다. 최종 수요는 연구의 목적에 따라 소비(C), 투자(I), 정부(G), 수출(E), 그리고 재고 등으로 세분될 수 있다. 제Ⅱ상한은 각 산업간 거래, 즉 산업간의 연관관계를 나타내기 때문에 투입산출표에서 가장 핵심이 되는 부분이다. 여기서 X_{ij}는 산업 j 생산에 투입되는 산업 i 제품의 양을 의미한다. 제Ⅲ상한은 각 산업에 투입된 본원적 생산요소의 양을 가리키며 분석에 따라 노동(W),

자본(R), 토지, 그리고 정부의 서비스 등으로 세분할 수 있다.

표 8.2의 제Ⅳ상한은 투입산출모형에서 종종 나타나지 않는 부분이다. 이는 최종 수요 부문의 각 항목에서 직접 본원적 생산요소에 대한 수요를 나타내는 부분이다. 예를 들면 정부의 노동 고용(W_G)이나 가계의 노동 서비스(G_C) 등이 여기에 해당한다. 투입산출표의 네 가지 상한 중 제Ⅱ상한을 내생 부문이라 하며, 나머지 상한을 외생부문이라 한다.

8.2.2 투입산출표의 특징

투입산출표의 특징은 바로 총투입과 총산출이 서로 동일하다는 것이다. 이 특징으로부터 두 가지의 균형방정식이 구해진다. 첫째 균형방정식은 총공급과 총수요가 동일함에서 구해지며, 구체적으로는 투입산출표의 행(row)에서 얻어진다. 여기서 산업 i의 총공급은 생산(X_i)과 수입(M_i)의 합으로, 그리고 총수요는 중간 수요($\sum_j X_{ij}$)와 최종 수요(F_i)의 합으로 나타난다. 이를 식으로 나타내면 다음과 같다.

$$X_i + M_i = \sum_j X_{ij} + F_i \quad (i,j = 1, \ \cdots, \ n) \tag{8.1}$$

F_i : 산업 i에 대한 최종 수요의 합($F_i = C_i + I_i + G_i + E_i$).

둘째 균형방정식은 산업의 총생산이 총투입과 동일함에서 얻어진다. 그리고 이 균형방정식은 투입산출표의 열(column)로부터 구해지며 다음과 같이 표현된다.

$$X_j = \sum_i X_{ij} + W_j + R_j. \tag{8.2}$$

식 (8.2)는 각 산업의 생산(X_j)은 다른 산업으로부터 구입된 중간 투입($\sum_i X_{ij}$)과 부가가치($W_j + R_j$)의 합이 동일함을 가리키고 있다. 식 (8.1)과 식 (8.2)에서 모든 산업의 생산량을 합하면, 아래와 같이 계산된다.

$$\sum_i X_i = \sum_i \sum_j X_{ij} + \sum_i (F_i - M_i). \tag{8.3}$$

$$\sum_j X_j = \sum_j \sum_i X_{ij} + \sum_j (W_j + R_j). \tag{8.4}$$

여기서 $\sum_i X_i = \sum_j X_j$이므로 식 (8.3)과 식 (8.4)는 동일한 식이다. 그러므로 두 식을 결합하면 다음과 같은 결과를 구할 수 있다.

$$\sum_j (W_j + R_j) = \sum_i (F_i - M_i). \tag{8.5}$$

식 (8.5)에서 알 수 있는 것은 특정 경제에서 창출된 총 부가가치, 즉 국내총생산(gross domestic product)은 최종 수요의 합에서 총 수입을 감한 값과 같다는 것이다.

8.2.3 우리나라의 투입산출표 작성현황

우리나라의 투입산출표는 1958년 당시의 부흥부 산업개발위원회가 1957년 및 1958년을 대상으로 작성하면서부터 시작되었다. 그러나 이 표는 기초통계자료의 부족과 전자계산기의 이용제약 등으로 인해 그 내용이 미흡한 시산표에 불과하였다(한국은행, 2019). 체계 있는 형식과 내용을 갖춘 실질적인 최초의 투입산출표는 한국은행에서 1964년에 작성·공표한 「1960년 산업연관표」라고 할 수 있다. 이 표는 제1차 경제개발 5개년계획 수립을 위한 기초자료로 이용하기 위하여 정부의 요청에 따라 1962년에 착수하여 약 1년 반의 작업을 거쳐 완성하였다. 그 후 경제발전에 따른 산업구조 변화를 정확히 파악하고 다양한 경제정책의 기초자료로 이용하기 위하여 1963년, 1966년, 1970년, 그 이후 5년 주기로 실측표를 작성하고 3년마다 간접적인 추계방식의 연장표를 작성하였다. 2005년 이후부터는 연장표를 매년 작성하고 있다. 투입산출표의 작성현황 및 세부내용은 한국은행 경제통계시스템(http://ecos.bok.or.kr)에서 확인할 수 있다.

산업연관표는 작성형식과 거래액 평가방법, 그리고 수입거래액 취급방법에 따라 여러 가지 유형으로 구분된다. 먼저 작성형식에 따라 산업연관표는 투입산출표와 공급사용표로 구분할 수 있으며 이들의 특징을 비교하면 아래 표 8.3과 같다. 투입산출표는 상품기준의 생산내역을 나타낸 표인데 반해 공급사용표는 산업기준의 생산내역을 나타낸 표이다. 투입산출표는 하나의 산업에서 하나의 상품만을 생산한다는 기본 가정을 바탕으로 상품기준으로 작성되기 때문에 생산기술 및 파급효과 분석에 유용하다. 하지만, 하나의 산업에서 다양한 상품을 생산하고 있는 경제현실을 제대로 반영하지 못한다는 문제점을 가지고 있다. 또한, 투입산출표의 상품분류는 국민계정 통계에 적용되는 산업분류와 일치하지 않아 다른 통계들과의 상호 정합성을 유지하는데 한계를 가지고 있다. 이와 같은 투입산출표의 문제점을 보완하기 위해 우리나라에서는 2010년 기준년부터 공급사용표를 작성하고 있다.

표 8.3 투입산출표와 공급사용표 비교

구 분	투입산출표	공급사용표
작성기준	이론적 가정	경제현실 반영
기능	파급효과 분석에 유용	경제구조 분석에 유용
생산방식	단일상품 생산 전제	결합생산(product mix) 반영
행렬 형태	상품×상품(정방향)	상품×산업(정방향 또는 장방향)

산업간 거래액 평가방법에 따라 산업연관표는 구매자 가격평가표, 생산자 가격평가표, 기초가격 평가표로 구분된다. 구매자 가격평가표는 유통마진을 포함하고 있는 구매자의 구입시점 가격인 구매자 가격으로 평가한 산업연관표이다. 생산자 가격평가표는 유통마진을 포함하지 않은 가격으로 생산자의 출하가격으로 모든 거래를 평가한 산업연관표이다. 기초가격 평가표는 생산자가격에서 순생산물세를 차감하여 생산자가 실제 수취하는 금액인 기초가격을 기준으로 평가한 산업연관표이다. 이어지는 부분에서 설명할 투입산출계수와 생산유발계수는 기초가격 평가표를 바탕으로 계산된다.

수입거래액을 취급하는 방법에 따라 산업연관표는 경쟁수입형표와 비경쟁수입형표로 구분된다. 경쟁수입형표는 재화나 서비스의 종류가 같다면 국내생산품과 수입품을 구분하지 않고 작성한 산업연관표이다. 이로 인해 경쟁수입형표는 안정적인 투입구조를 나타낼 수 있는 장점을 가지고 있는 반면, 최종 수요 변화에 따른 생산파급효과 중에서 수입에 의해 해외에 누출되는 부분인 수입유발효과를 가려내기 어려운 단점을 가지고 있다. 비경쟁수입형표는 동종의 재화일지라도 국산품과 수입품을 구분하여 작성한 산업연관표이다. 즉, 비경쟁수입형표는 국산품의 거래관계와 수입품의 거래관계를 각각 작성한 산업연관표이다. 비경쟁수입형표는 최종 수요 변화에 따른 수입유발효과의 정확한 계측이 가능한 장점이 있지만, 경제여건에 따라 동종 품목의 국산품과 수입품의 투입구성이 가변적이기 때문에 투입구조가 안정적이지 못한 단점을 가진다.

8.3 투입산출모형의 구조

8.3.1 투입산출계수

투입산출표는 경제를 구성하는 모든 산업들이 생산 단계부터 소비 단계까지 전 과정에 걸쳐 발생하는 모든 거래를 체계적으로 정리해 놓은 표이다. 이 표로부터 경제 구조와 함께 산업간 구체적인 연관관계는 파악될 수 있다. 앞 절에서 설명한 "N"국의 산업연관표에 의하면, 산업 1은 생산과정에서 산업 2로부터 300억원의 생산원료를 구입하였고, 산업 3의 생산과정에서는 산업 2로부터 400억원의 생산원료를 구입하였다. 다시 말해 산업 1과 산업 2의 거래량은 300억원이고, 산업 3과 산업 2의 거래량은 400억원이다. 여기서 한 가지 주의해야 할 점은 산업간 거래량이 크다고 해서 두 산업간 연관관계가 크다고 말할 수 없다는 점이다. 왜냐하면 산업 1과 산업 2 사이에 거래된 300억원은 산업 1의 3,100억원을 생산하는 과정에 투입된 것인데 반해, 산업 3과 산업 2 사이의 거래량인 400억원은 산업 3의 4,400억원을 생산하는 과정에 투입되었기 때문이다.

산업간 연관관계와 경제구조를 나타내기 위해서는 각 산업 제품을 한 단위 생산하는 과정에 투입된 다른 산업 제품의 양으로 나타내는 것이 필요하다. 산업 j의 제품 한 단위 생산을 위해 투입되는 산업 i제품의 양은 아래 수식과 같이 표현할 수 있으며, 이를 투입산출계수(input-output coefficient)라고 한다.

$$a_{ij} = \frac{X_{ij}}{X_j}, \tag{8.6}$$

a_{ij} : 투입산출계수, X_{ij} : 산업 j 제품 생산을 위해 투입된 산업 i의 중간 수요량.

산업간 투입산출계수를 전 산업에 대해 계산하고 행렬의 형태로 나타내면 투입산출계수 행렬(A)이 작성된다. 투입산출계수 행렬은 각 산업의 투입구조와 산업간 연관관계를 동시에 나타낸다. "N"국의 투입산출계수 행렬을 작성하면 아래에 제시된 바와 같다. "N"국의 투입산출계수 행렬에 의하면, 산업 1의 제품 한 단위 생산을 위해 산업 1의 제품은 0.161단위, 산업 2의 제품은 0.097단위, 그리고 산업 3의 제품은 0.032단위가 각각 투입되었다. 산업 3의 제품 한 단위 생산을 위해 산업 1의 제품은 0.068단위, 산업 2의 제품은 0.091단위, 그리고 산업 3의 제품은 0.227단위가 각각 투입되었다. 그러므로 산업 1에 대한 산업 2의 연관관계는 0.097로 산업 3에 대한 산업 2의 연관관계 0.091보다 더 크다고 할 수 있겠다. 이와 같이 산업간 연관관계의 크기는 산업간 거래량이 아닌 투입산출계수를 통해 확인할 수 있다.

$$A = \begin{bmatrix} a_{11} & a_{12} & \cdots & a_{1n} \\ a_{21} & a_{22} & \cdots & a_{2n} \\ \cdot & \cdot & \cdots & \cdot \\ a_{n1} & a_{n2} & \cdots & a_{nn} \end{bmatrix} = \begin{bmatrix} 0.161 & 0.063 & 0.068 \\ 0.097 & 0.188 & 0.091 \\ 0.032 & 0.125 & 0.227 \end{bmatrix}$$

한편, 투입산출계수가 시간에 대해 안정하다고 가정한다면 산업 j의 생산변화가 산업 i에 미치는 영향은 투입산출계수에 의해 계산할 수 있다. 예를 들면 산업 1의 총생산이 3,100억원에서 4,000억원으로 증가되었을 때 산업 1에서 필요로 하는 산업 3의 제품의 양은 식 (8.6)을 이용하여 194억원(=4,000억원×0.032)임을 알 수 있다. 따라서 투입산출계수는 각 산업의 투입구조와 산업간 연관관계를 나타낼 뿐만 아니라 특정산업의 생산변화가 타 산업생산에 미치는 영향을 함께 나타낸다.

8.3.2 생산유발계수

투입산출계수 행렬은 각 산업의 생산구조를 보임으로써 산업 간의 연관관계를 기술적이고, 구체적으로 나타내고 있다. 그러나 엄밀히 말해, 투입산출계수 행렬은 특정산업의 수요변화가 타 산업에 미치는 영향을 전적으로 나타내지는 못한다. 왜냐하면 투입산출계수 행렬이 보여 주듯이 산업과 산업 사이에는 직·간접적으로 복잡한 상호 의존 관계가 존재하기 때문이다. 즉 어떠한 산업제품에 대한 수요의 변화는 그 산업과 타 산업 간의 투입산출계수에 의해 직접적으로 나타나지만, 그 변화의 충격은 산업 간에 무한히 파급된다.

그림 8.1
최종 수요변화의 산업별 파급 과정

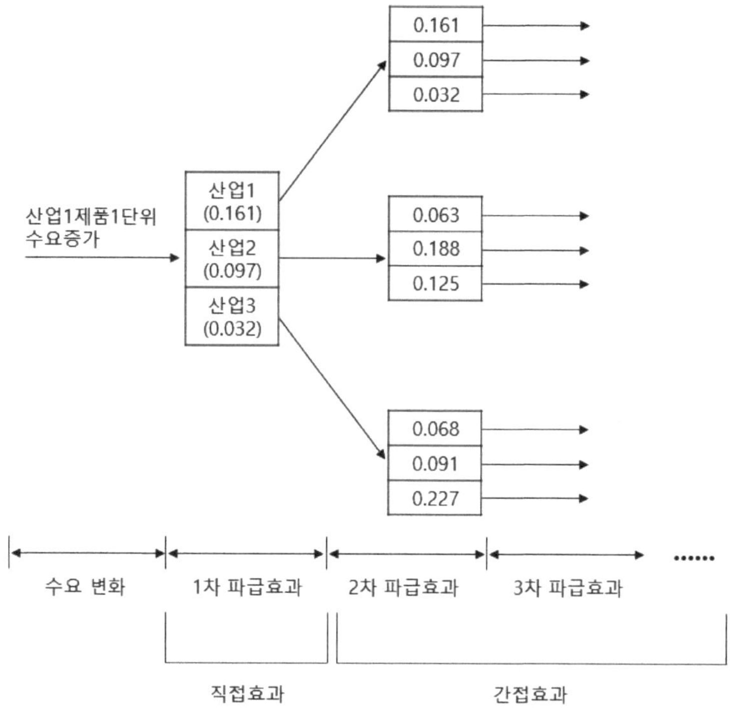

그림 8.1은 산업 1의 제품 한 단위의 최종 수요변화가 "N"국 전체 산업에 미치는 과정을 그림으로 표시한 것이다. 산업 1의 제품에 대한 한 단위 수요 증가가 타 산업에 미치는 1차 파급효과(또는 직접 효과라 부른다)는 산업 1과 타 산업간 투입산출계수에 의한 직접적인 수요의 증가이다. 즉 산업 1 자체적으로 0.161단위의 수요 증가가 생기고, 산업 2에는 0.097단위, 그리고 산업 3에는 0.032단위 수요가 내부적으로 증가하여 각 산업의 생산량을 각 투입산출계수만큼 증가시킨다.

실제로 1차 생산 파급효과는 그것으로 끝나는 것이 아니라 계속해서 제2차 파급효과를 발생시킨다. 산업 2의 경우를 보면 산업 1의 제품에 대한 한 단위의 수요 증가가 제1차적으로 산업 2의 수요를 0.097단위 증가시켰으며, 이로 인한 생산의 증가는 다시 산업 1에 0.006(=0.097×0.063)단위 수요를 증가시키고, 산업 2에 0.018(=0.097×0.188)단위, 그리고 산업 3에 0.012 (=0.097×0.125)단위의 수요 증가를 유발시킨다. 그리고 이러한 생산의 파급효과는 그림 8.1과 같이 3차 파급효과, 4차 파급효과 등 무한히 계속된다. 무한히 계속되는 파급효과의 최종결과는 바로 생산량의 변화로 나타나게 된다. 이를 식으로 표현하면 다음과 같다.

$$(I + A + A^2 + \cdots + A^n + \cdots)\Delta F = \Delta X. \tag{8.7}$$

이 식을 효과별로 구분하면, ΔF를 최종 수요의 변화, $A\Delta F$를 직접 효과, 그리고 $(A^2 + A^3 + \cdots + A^n + \cdots)\Delta F$를 간접 효과라 한다. 위의 식에서 n은 파급효과의 차수를 의미하며, 파급의 차수가 높으면 높을수록 그 효과는 감소한다. 왜냐하면 투입산출계수 행렬의 각 요소는 1보다 작은 수이기 때문이다. 그러므로 차수가 무한히 증가할 때 그의 효과는 무시할 정도로 작아진다 ($A^n \to 0$ when $n \to \infty$). 따라서 위의 식 (8.7)의 괄호 안은 무한 등비급수가 되어 결국 다음과 같이 표현된다.

$$\Delta X = \frac{1}{I - A}\Delta F = (I - A)^{-1}\Delta F. \tag{8.8}$$

식 (8.8)에서 $(I - A)^{-1}$행렬은 산업의 최종 수요 한 단위 변화에 의해 발생하는 직접 효과와 간접 효과의 합을 나타내며, 이를 다산업승수행렬(multi-industry multiplier matrix) 또는 승수행렬(multiplier matrix)이라 한다. 여기서는 승수행렬로 부르기로 한다. 식 (8.9)와 같이 수요 변화의 총파급효과는 식 (8.6)을 식 (8.1)에 대입함으로써 도출할 수 있다.

$$X_i - \sum_j a_{ij} X_j = F_i - M_i. \tag{8.9}$$

계산의 편의상 수입이 없다고 가정하면($M = 0$), 식 (8.9)는 다음과 같이 표현된다.

$$X_1 - (a_{11}X_1 + a_{12}X_2 + \cdots + a_{1i}X_i + \cdots + a_{1n}X_n) = F_1,$$

$$X_2 - (a_{21}X_1 + a_{22}X_2 + \cdots + a_{2i}X_i + \cdots + a_{2n}X_n) = F_2,$$

$$\cdots\cdots\cdots\cdots\cdots\cdots\cdots\cdots\cdots\cdots\cdots\cdots$$

$$X_n - (a_{n1}X_1 + a_{n2}X_2 + \cdots + a_{ni}X_i + \cdots + a_{nn}X_n) = F_n.$$

이를 행렬의 형태로 나타내면 다음과 같다.

$$X - AX = F. \tag{8.10}$$

각 행렬의 구조는 다음과 같다.

$$X = \begin{bmatrix} X_1 \\ X_2 \\ \vdots \\ X_n \end{bmatrix}, \quad F = \begin{bmatrix} F_1 \\ F_2 \\ \vdots \\ F_n \end{bmatrix}.$$

식 (8.10)으로부터 최종 수요와 생산량의 관계식이 아래와 같이 도출된다.

$$X = (I - A)^{-1} F. \tag{8.11}$$

여기서 I는 단위행렬(identity matrix)을 말한다. 그리고 식에서의 역행렬을 레온티에프의 역행렬(Leontief inverse matrix) 또는 승수행렬(multiplier matrix)이라고 한다.

$$(I - A)^{-1} = [\lambda_{ij}] = \begin{bmatrix} \lambda_{11} & \lambda_{12} & \cdots & \lambda_{1n} \\ \lambda_{21} & \lambda_{22} & \cdots & \lambda_{2n} \\ \cdot & \cdot & \cdots & \cdot \\ \lambda_{n1} & \lambda_{n2} & \cdots & \lambda_{nn} \end{bmatrix}.$$

위의 승수행렬을 구성하는 각 승수 λ_{ij}는 산업 j제품 한 단위의 최종 수요 변화가 산업 i 제품 생산에 미치는 효과를 의미하므로 생산유발계수라고 한다. 그러므로 산업별 최종 수요의 변화가 경제 전체의 생산에 미치는 효과는 다음과 같이 레온티에프의 역행렬, 즉 승수행렬에 의해 측정된다. 여기서 산업제품의 최종 수요변화란 정부 지출의 변화, 수출의 변화, 투자의 변화, 소비의 변화 등을 말한다. “N”국의 투입산출표로부터 계산된 승수행렬은 아래와 같다. 아래에 제시된 승수행렬은 산업 1에 대한 최종 수요 한 단위 변화가 산업 1의 생산을 1.210단위 유발하고, 산업 2의 생산을 0.153 단위 유발하며, 산업 3의 생산을 0.075단위 유발함을 나타낸다.

$$(I - A)^{-1} = \begin{bmatrix} 1.210 & 0.112 & 0.120 \\ 0.153 & 1.268 & 0.163 \\ 0.075 & 0.210 & 1.325 \end{bmatrix}.$$

식 (8.11)로부터 최종 수요 변화에 따른 산업들의 생산량 변화는 식 (8.8)과 동일하게 다음과 같이 표현된다.

$$\Delta X = (I - A)^{-1} \Delta F. \tag{8.12}$$

만일 “N”국에서 생산된 산업 1 제품의 품질이 해외 시장에서 인정받아 수출이 추가적으로 300억원 증가될 경우, 이로 인한 “N”국의 산업별 생산변화는 다음과 같이 계산된다. 즉, 산업 1에 대한 수출이 300억원 증가할 경우, 산업 1의 생산은 363억원 증가하고, 산업 2의 생산은 46억원 증가하며, 산업 3의 생산은 23억원 증가한다.

$$\Delta X = \begin{bmatrix} 1.210 & 0.112 & 0.120 \\ 0.153 & 1.268 & 0.163 \\ 0.075 & 0.210 & 1.325 \end{bmatrix} \begin{bmatrix} 300 \\ 0 \\ 0 \end{bmatrix} = \begin{bmatrix} 363 \\ 46 \\ 23 \end{bmatrix}.$$

8.4 폐쇄 투입산출모형

앞 절에 제시된 표 8.2의 투입산출표를 살펴보면 최종 수요에서 가계부문(household sector)의 소비와 부가가치 부문의 노동 소득(또는 가계 소득)은 산업간 연관관계에서 외적인 요소, 즉 외생부문으로 취급되고 있다. 이러한 취급은 가계부문의 소득수준과 소비수준이 경제의 산업별 고용구조와 무관함을 보일 때 전혀 문제가 발생하지 않는다. 그러나 문제는 산업의 고용구조와 소득, 그리고 소비는 서로 독립적인 관계가 아니라는 데 있다. 우리나라의 산업화와 소득 및 소비수준의 변화를 생각하면 산업구조와 국가의 소득 및 소비수준 간의 관계는 쉽게 이해될 수 있다. 우리나라는 산업화가 진전되면서 노동력이 1차 산업에서 고부가가치의 2차, 3차산업으로 이동하게 되었고, 이로 인해 전체적인 소득과 소비수준은 향상되었다.

위의 관계를 다시 설명하면, 가계부문은 그들의 노동력을 산업의 생산과정에 제공함으로써 소득(노동임금)을 지급받고, 지급된 소득으로 소비를 하게 된다. 산업 생산에 투입되는 노동 규모가 변하면 당연히 가계부문의 소득 규모가 변하고 산업제품에 대한 소비의 규모도 함께 변하게 되어 결국 산업의 생산규모도 변하게 된다. 따라서 가계부문을 외생부문으로 취급할 때 가계부문과 산업의 생산규모와의 관계가 모형에 반영되지 못하므로 분석의 정확성이 떨어질 수 있다.

산업의 고용구조와 가계부문의 소득, 그리고 소비 규모는 서로 밀접한 관계가 있기 때문에 이를 반영하기 위해서는 가계부문의 소득과 소비는 모형 내에서 결정되어야 한다. 이는 투입산출표에서 가계부문이 내생화되어야 함을 의미한다. 가계부문이 산업부문으로 내생화될 때 이를 가계부문에 대해 닫힌 폐쇄 투입산출모형(closed input-output model)이라고 한다. 앞 절에서 설명한 투입산출모형은 가계부문의 소득과 소비를 외생부문으로 취급하였으므로 이를 가계부문에 대해 열린 개방 투입산출모형(open input-output model)이라 한다. 여기서는 편의상 가계부문에 대해 개방된 모형을 모형Ⅰ, 그리고 폐쇄된 모형을 모형Ⅱ라 부르기로 한다.

모형Ⅱ에서 투입산출계수 행렬은 앞 절의 투입산출계수 행렬(A)에 하나의 행과 열이 추가되는 행렬이다. 추가되는 행은 산업별 노동소득 구조를 나타내는 노동소득 투입계수($a_{n+1,j}$)로 구성되어 있으며, 추가되는 열은 가계부문의 산업별 제품에 대한 소비 구조를 나타내는 소비계수($a_{i,n+1}$)로 구성되어 있다. 각 계수는 식 (8.13)에 의해 구해진다.

$$a_{n+1,j} = \frac{W_{n+1,j}}{X_j}, \ a_{i,n+1} = \frac{C_{i,n+1}}{X_{n+1}}, \qquad (8.13)$$

$W_{n+1,j}$: 산업 j에서 가계부문에 지불된 노동 소득,

$C_{i,n+1}$: 가계부문에서 산업 i제품 소비에 지출된 금액,

X_{n+1} : 가계부문의 총생산.

모형Ⅱ에서 투입산출계수 행렬($\overline{A}$)의 구조와 "N"국의 투입산출계수 행렬은 다음과 같다.

$$\overline{A} = \left[\begin{array}{cccc|c} a_{11} & a_{12} & \cdots & a_{1n} & a_{1,n+1} \\ a_{21} & a_{22} & \cdots & a_{2n} & a_{2,n+1} \\ \cdot & \cdot & \cdots & \cdot & \cdot \\ a_{n1} & a_{n2} & \cdots & a_{nn} & a_{n,n+1} \\ \hline a_{n+1,1} & a_{n+1,2} & \cdots & a_{n+1,n} & a_{n+1,n+1} \end{array}\right] = \left[\begin{array}{ccc|c} 0.161 & 0.063 & 0.068 & 0.250 \\ 0.097 & 0.188 & 0.091 & 0.222 \\ 0.032 & 0.125 & 0.227 & 0.278 \\ \hline 0.387 & 0.344 & 0.295 & 0.000 \end{array}\right].$$

식 (8.10)과 마찬가지로 모형Ⅱ에서도 공급과 수요와의 관계는 다음과 같이 표현된다.

$$(I - \overline{A}) \cdot \overline{X} = \overline{F}. \qquad (8.14)$$

각 행렬의 구조는 다음과 같다.

$$\overline{X}=\begin{bmatrix} X_1 \\ X_2 \\ \vdots \\ X_n \\ X_{n+1} \end{bmatrix}, \quad \overline{F}=\begin{bmatrix} F_1 \\ F_2 \\ \vdots \\ F_n \\ F_{n+1} \end{bmatrix}.$$

여기서 최종 수요는 F_i^*는 모형 I 의 F_i에서 가계의 소비(C_i)를 제외한 최종 수요의 합이다.

$$F_i^* = F_i - C_i = I_i + G_i + E_i.$$

그러므로 모형 II 에서 각 산업 생산규모는 식 (8.11)과 마찬가지로 승수행렬 $(I-\overline{A})^{-1}$과 최종 수요 행렬에 의해 표현된다.

$$\overline{X} = (I-\overline{A})^{-1} \cdot \overline{F} = \left[\overline{\lambda_{ij}}\right] \cdot \overline{F}. \qquad (8.15)$$

모형 II 에서 "N"국의 승수행렬은 다음과 같다.

$$(I-\overline{A})^{-1} = \left[\overline{\lambda_{ij}}\right] = \begin{bmatrix} 1.532 & 0.433 & 0.413 & 0.594 \\ 0.479 & 1.593 & 0.460 & 0.601 \\ 0.463 & 0.596 & 1.678 & 0.714 \\ 0.895 & 0.891 & 0.814 & 1.648 \end{bmatrix}.$$

여기서 앞 절의 계산 예와 마찬가지로 "N"국의 산업제품에 대한 해외 수출이 동일하게 증가되었다고 하자. "N"국의 산업 생산의 변화는 식 (8.15)에 의해 아래와 같이 계산된다.

$$\Delta \overline{X} = \begin{bmatrix} 460 \\ 144 \\ 139 \end{bmatrix}.$$

모형 I 과 모형 II 에서 계산된 산업별 생산량의 결과는 차이를 보이고 있다. 즉 동일한 수요변화에 대한 각 모형은 서로 상이한 산업 생산량을 제시하고 있다. 그리고 모든 산업의 생산량은 모형 I 보다 모형 II 에서 크게 나타난다. 이는 다음과 같은 이유에 의해 설명된다. 산업제품에 대한 해외 수요의 증가로 인해 각 산업의 생산은 증가하게 되고, 이에 따라 가계부문의 소득도 증가하게 된다. 그리고 가계부문의 증가된 소득은 산업제품에 대한 소비를 증가시킴으로써 산업의 생산은 다시 증가하게 된다. 이와 같이 가계부문의 소득 증가로 인해 산업 생산이 증가되는 효과를 유발효과(induced effect)라 한다. 산업별

유발효과를 살펴보면, 산업 1은 97억원이고, 산업 2는 98억원이며, 산업 3은 116억원이다.

$$\Delta X^{induced} = \begin{bmatrix} 97 \\ 98 \\ 116 \end{bmatrix}.$$

모형 I 에서는 가계부문이 외생부문으로 처리됨으로써 이러한 유발효과에 의한 산업의 생산 증가는 반영되지 않는다. 그러나 모형 II 에서는 가계부문이 산업으로 내생화됨으로써 유발효과가 승수행렬에 포함된다. 그러므로 모형 I 에서 구한 승수행렬은 직접 효과와 간접 효과를 나타내는 데 반해, 모형 II 의 승수행렬은 직접 효과와 간접 효과, 그리고 유발효과를 나타낸다. 따라서 수요의 증가로 인한 산업 생산량이 모형 II 에서 더 크게 계산되는 것은 당연한 결과이다.

8.5 승수(Multipliers)

투입산출모형에서는 산업제품에 대한 한 단위 외부수요의 변화가 경제 전체에 미치는 영향을 다양한 관점에서 측정할 수 있다. 여기서 말하는 다양성이란 생산, 가계소득, 부가가치, 고용, 환경, 세금 등으로 연구 목적에 따라 승수는 결정될 수 있다. 여기서는 편의상 세 가지 관점, 즉 생산과 가계소득, 그리고 고용으로 한정하여 설명하기로 한다. 이러한 관점은 다음과 같이 각 승수로 측정된다. 구체적으로 최종 수요의 변화에 대해 경제 전체의 생산량변화를 측정하는 생산승수(output multiplier)와 가계부문의 소득변화를 측정하는 소득승수(income multiplier), 그리고 고용의 변화를 측정하는 고용승수(employment multiplier)이다. 이 세 가지 승수는 모형의 승수행렬로부터 계산된다. 각각에 대한 설명은 다음과 같다.

8.5.1 생산승수

모형 I 에서 생산승수(O_j)는 산업 j제품에 대한 한 단위 최종 수요의 변화가 경제 전체에 미치는 생산 효과를 나타낸다. 산업 j의 생산승수는 다음과 같이 계산된다.

$$O_j = \sum_i \lambda_{ij}. \tag{8.16}$$

생산승수는 승수행렬 중 산업 j에 해당하는 열(column)의 합으로 표현된다. "N"국의 경우 각 산업제품에 대한 최종 수요 한 단위 변화가 전체 경제에 미치는 영향은 다음과 같이 생산승수에 의해 계산된다.

$$O_1 = 1.210 + 0.153 + 0.075 = 1.438,$$

$$O_2 = 0.112 + 1.268 + 0.210 = 1.590,$$

$$O_3 = 0.120 + 0.163 + 1.325 = 1.608.$$

위에서 계산된 각 산업의 생산승수 중 산업 1의 경우, 제품 한 단위의 수요 증가는 "N"국 전체 1.438단위의 생산을 증가시킨다. 이를 세부적으로 보면, 산업 1에서 1.210단위, 산업 2에서 0.153단위, 그리고 산업 3에서 0.075단위의 증가로 구성된다.

또한 산업의 생산승수는 산업 간의 연관 정도를 나타낸다. 산업 j의 생산승수가 높을 때는 산업 j와 타 산업 간의 연관 정도가 높다고 할 수 있으며, 반대로 낮을 때에는 산업 j와 타 산업 간의 연관관계는 낮다 하겠다. 그러므로 "N"국의 경우 산업 3이 다른 산업과의 연관성이 가장 높은 반면 산업 1이 가장 낮은 편이다. 이러한 산업의 생산승수는 정부의 자원 배분 정책에 방향을 제시한다. "N"국의 경우 정부가 산업 3의 제품에 대해 지출을 증대할 경우, 경제 전체에 최대의 생산증대 효과가 발생한다.

모형Ⅱ에서 산업 j제품의 최종 수요 한 단위 변화가 경제 전체의 생산에 미치는 효과는 생산승수($\overline{O_j}$)에 의해 측정된다.

$$\overline{O}_j = \sum_i \overline{\lambda}_{ij}. \tag{8.17}$$

위와 마찬가지로 앞에서 계산한 $(I-\overline{A})^{-1}$ 행렬을 이용하면 모형Ⅱ의 생산승수는 다음과 같다.

$$\overline{O}_1 = 1.532 + 0.479 + 0.463 = 2.474,$$

$$\overline{O}_2 = 0.433 + 1.593 + 0.596 = 2.622,$$

$$\overline{O}_3 = 0.413 + 0.460 + 1.678 = 2.551.$$

8.5.2 소득승수

소득승수(H_j)는 산업 j제품에 대한 최종 수요 한 단위 변화가 가계부문의 임금 소득에 미치는 효과를 의미한다. 모형Ⅰ에서 산업 j제품에 대한 소득승수는 다음과 같이 노동소득 투입계수($a_{n+1,i}$)와 생산유발계수의 곱으로 계산된다.

$$H_j = \sum_i a_{n+1,i} \lambda_{ij}. \tag{8.18}$$

식 (8.18)을 이용하여 "N"국의 각 산업의 소득승수를 계산하면, 다음과 같다.

$$H_1 = 0.387 \times 1.210 + 0.344 \times 0.153 + 0.295 \times 0.075 = 0.543,$$

$$H_2 = 0.387 \times 0.112 + 0.344 \times 1.268 + 0.295 \times 0.210 = 0.541,$$

$$H_3 = 0.387 \times 0.120 + 0.344 \times 0.163 + 0.295 \times 1.325 = 0.494.$$

계산된 소득승수는 "N"국에서 각 산업의 제품 한 단위 최종 수요 변화에 대한 소득 효과를 나타내고 있다. 예를 들면 산업 1의 제품에 대한 최종 수요 한 단위 증가는 국가 전체적으로 0.543단위만큼 가계부문의 임금소득을 증가시킨다. 이를 산업별로 구분하면, 가계부문의 소득 증가는 산업 1에서 0.468(=0.387×1.210)단위, 산업 2에서 0.052(=0.344×0.153)단위, 그리고 산업 3에서 0.022(=0.295×0.075)단위로 구성된다.

모형Ⅱ에서 소득승수는 다음과 같이 표현된다.

$$\overline{H}_j = \sum_i a_{n+1,i} \overline{\lambda}_{ij}. \tag{8.19}$$

모형Ⅱ의 산업별 소득승수를 계산하면 다음과 같다.

$$\overline{H}_1 = 0.387 \times 1.532 + 0.344 \times 0.479 + 0.295 \times 0.463 = 0.895,$$

$$\overline{H}_2 = 0.387 \times 0.433 + 0.344 \times 1.593 + 0.295 \times 0.596 = 0.891,$$

$$\overline{H}_3 = 0.387 \times 0.413 + 0.344 \times 0.460 + 0.295 \times 1.678 = 0.814.$$

각 산업의 소득승수 중 산업 1을 예로 보면, 제품 한 단위 최종 수요 증가는 국가 전체적으로 0.895단위의 가계 소득을 증가시킨다. 이를 산업별로 보면, 산업 1에서 0.593단위, 산업 2에서 0.165단위, 그리고 산업 3에서 0.137단위가 각각 증가한다. 모형Ⅱ에서 산업 j의 소득승수는 아래와 같이 승수행렬의 산업 j의 노동 투입승수와 동일한 특징을 가진다.

$$\overline{H}_j = \overline{\lambda}_{n+1,j}. \tag{8.20}$$

8.5.3 고용승수

고용승수(E_j)는 산업 j제품에 대한 한 단위 최종 수요의 변화가 경제 전체에 미치는 고용 효과를 나타낸다. 모형Ⅰ에서 산업 j제품에 대한 한 단위 최종 수요의 변화가 전 산업 고용에 미치는 영향은 다음과 같이 고용 투입계수($z_{n+1,i}$)와 생산유발계수의 곱으로 계산된다. 여기서 고용 투입계수는 산업 i제품 한 단위 생산에 고용되는 종사자의 수(e_i)를 가리킨다.

$$E_j = \sum_i z_{n+1,i} \lambda_{ij}, \text{ 단, } z_{n+1,i} = \frac{e_i}{X_i}. \tag{8.21}$$

여기서 "N"국의 각 산업별 종사자가 표 8.3과 같을 경우 식 (8.21)을 이용하여 고용 투입계수를 계산할 수 있다.

표 8.3 "N"국의 산업별 고용 투입계수

구 분	산업 1	산업 2	산업 3
산업별 종사자수 (e_i)	2,100	1,800	2,400
산업별 생산 (X_i)	3,100	3,200	4,400
고용 투입계수 ($z_{n+1,i}$)	0.677	0.563	0.545

"N"국의 경우 각 산업제품에 대한 최종 수요 한 단위 변화에 따른 고용의 증가는 다음과 같다.

$$E_1 = 0.677 \times 1.210 + 0.563 \times 0.153 + 0.545 \times 0.075 = 0.946,$$

$$E_2 = 0.677 \times 0.112 + 0.563 \times 1.268 + 0.545 \times 0.210 = 0.903,$$

$$E_3 = 0.677 \times 0.120 + 0.563 \times 0.163 + 0.545 \times 1.325 = 0.896.$$

여기서도 산업 1을 중심으로 살펴보면, 산업 1 제품의 최종 수요 한 단위 증가로 인해 전체적으로 0.946의 고용 증가가 발생한다. 산업별로는 산업 1에서 0.820의 고용 증가가, 산업 2에서 0.086, 그리고 산업 3에서 0.041의 고용 증가가 발생한다.

모형Ⅱ에서 고용승수는 다음과 같이 표현된다.

$$\overline{E}_j = \sum_i z_{n+1,i} \cdot \overline{\lambda}_{ij}. \tag{8.22}$$

모형Ⅱ의 산업별 고용승수는 다음과 같다.

$$\overline{E}_1 = 0.677 \times 1.532 + 0.563 \times 0.479 + 0.545 \times 0.463 = 1.560,$$

$$\overline{E}_2 = 0.677 \times 0.433 + 0.563 \times 1.593 + 0.545 \times 0.596 = 1.514,$$

$$\overline{E}_3 = 0.677 \times 0.413 + 0.563 \times 0.460 + 0.545 \times 1.678 = 1.454.$$

8.6 감응도계수와 영향력계수

산업간 연관성 정도는 감응도계수와 영향력계수로 나타낼 수 있다. 감응도계수는 산업의 전방연관효과(forward linkage effect)의 상대적 크기를 측정하는 수단이며, 영향력계수는 산업의 후방연관효과(backward linkage effect)의 상대적 크기를 측정하는 수단이다. 전방연관효과란 한 산업의 발전이 그 산업의 제품을 원료로 사용하는 산업들을 발전시키는 효과를 의미하며 산업의 배분구조로부터 발생된다. 그리고 산업의 후방연관효과는 한 산업의 발전이 그 산업에 원료로 투입되는 산업들의 발전을 유도하는 효과를 의미하며 산업의 생산구조로부터 발생되는 효과이다.

산업의 감응도계수와 영향력계수의 계산은 다음과 같은 과정을 통해 이루어진다. 먼저 감응도계수는 모든 산업제품에 대한 최종 수요가 한 단위씩 변할 때 어떤 산업이 받는 영향을 전산업 평균과 비교하여 측정하는 계수이다. 이와 같은 감응도계수는 승수행렬에서 해당 산업의 행의 합을 전산업의 행의 합에 대한 평균값으로 나누어 계산되며, 이를 식으로 표현하면 식 (8.23)과 같다. 식 (8.23)에 의해 계산된 감응도계수가 1보다 큰 산업은 경제 여건에 상대적으로 민감하게 반응하는 산업인 반면, 1보다 작은 산업은 경제 여건에 상대적으로 둔감하게 반응하는 산업이다.

$$V_i = \frac{\sum_j \lambda_{ij}}{\frac{1}{n}\sum_i \sum_j \lambda_{ij}}, \tag{8.23}$$

V_i : 산업 i의 감응도계수.

산업의 영향력계수는 어떤 산업 재화에 대한 최종 수요 한 단위의 변화가 경제 전체에 미치는 영향을 전산업 평균과 비교하여 나타내는 계수이다. 이러한 영향력계수는 승수행렬에서 해당 산업의 열의 합을 전산업의 행의 합에 대한 평균값으로 나누어 계산한다. 이를 식으로 표현하면 식 (8.24)와 같다. 식 (8.24)에 의해 계산된 영향력계수가 1보다 큰 산업은 그 산업 재화에 대한 최종 수요가 경제 전체에 미치는 영향이 다른 산업에 비해 상대적으로 큼을 가리킨다. 반대로 영향력계수가 1보다 작은 산업은 그 재화에 대한 최종 수요가 경제 전체에 미치는 영향이 다른 산업에 비해 상대적으로 작음을 의미한다.

$$U_j = \frac{\sum_i \lambda_{ij}}{\frac{1}{n}\sum_i \sum_j \lambda_{ij}}, \tag{8.24}$$

U_j : 산업 j의 영향력계수.

앞의 표 8.1에 제시된 "N"국의 투입산출표로부터 계산된 승수행렬을 바탕으로 위에서 설명한 영향력계수와 감응도계수를 계산해 보자.

$$(I-A)^{-1} = \begin{bmatrix} 1.210 & 0.112 & 0.120 \\ 0.153 & 1.268 & 0.163 \\ 0.075 & 0.210 & 1.325 \end{bmatrix}.$$

식 (8.23)과 식 (8.24)를 이용하여 "N"국의 산업별 감응도계수와 영향력계수를 각각 계산하면 다음과 같다.

$$V_1 = 0.933,\ V_2 = 1.025,\ V_3 = 1.042,$$

$$U_1 = 0.931,\ U_2 = 1.029,\ U_3 = 1.041.$$

산업별 감응도계수와 영향력계수는 경제성장을 위해 정부가 투자해야 할 산업을 선택할 때 유용한 기준을 제공한다. 국가의 경제성장을 선도하는 핵심산업(key industry)은 Hirschman(1958)이 강조하였듯이 기본적으로 전방연관효과와 후방연관효과가 큰 산업이어야 한다. 왜냐하면 그러한 산업은 산업간 연관관계가 다른 산업에 비해 강한 산업이기 때문이다. 여기서 전방연관효과와 후방연관효과가 큰 산업은 바로 감응도계수와 영향력계수가 1보다 큰 산업으로 표현된다. 영향력 계수와 감응도계수가 모두 1보다 큰 산업의 경우 그 산업의 성장은 다른 산업들의 성장을 선도하는 동시에 다른 산업들이 성장할 때 함께 성장하는 산업이다. 따라서 이러한 산업에 투자가 집중될 때 그 투자 효과는 경제 전체에서 크게 나타난다고 할 수 있다.

8.7 요 약

본 장에서는 투입산출표의 기본 구조와 투입산출모형의 기본 개념에 대해 설명하였으며 두 가지의 모형 즉, 개방 투입산출모형(모형Ⅰ)과 폐쇄 투입산출모형(모형Ⅱ)을 소개하였다. 이 두 모형의 차이는 산업의 고용구조와 가계부문의 소득과 소비의 내생화 여부에 있다. 구체적으로 말해 전자는 가계부문의 소득과 소비를 산업연관관계에서 외생부문으로 취급하는 모형이며, 후자는 가계부문의 소득과 소비를 내생적인 부문으로 취급하는 모형이다. 이로 인하여 모형Ⅰ에서의 승수행렬은 최종 수요에 의한 직접 효과와 간접 효과만으로 나타나는데 비해 모형Ⅱ에서는 직접 효과와 간접 효과, 그리고 유발효과까지 포함한다. 따라서 승수행렬의 모든 승수는 모형Ⅱ가 모형 I 보다 크다.

본 장에서는 산업제품에 대한 최종 수요 한 단위 변화가 경제 전체에 미치는 영향을 생산승수와 소득승수, 그리고 고용승수를 통해 설명하였다. 이러한 승수는 정부의 자원 배분 정책 수립의 방향을 제시할 수 있다. 마지막으로 본 장에서는 산업간 연관성의 정도를 측정하는 감응도계수와 영향력계수에 대해 설명하였다. 감응도계수는 산업의 전방연관효과의 상대적 크기를, 그리고 영향력계수는 산업의 후방연관효과의 상대적 크기를 측정하는 수단이다. 이 두 계수로부터 국가의 경제성장을 선도할 핵심산업의 조건에 대해 설명하였다.

제 08 장 적용 연습 문제

문제 1 투입산출표의 개념과 특징을 설명하라.

문제 2 투입산출계수와 생산유발계수의 개념을 각각 설명하라.

문제 3 국가 1의 투입산출표가 아래와 같이 주어졌을 때 다음 물음에 답하라.

〈표 8-A-1〉 국가 1의 투입산출표 (단위: 억 원)

<table>
<tr><th colspan="2" rowspan="2">To
From</th><th colspan="3">중간 수요</th><th colspan="3">최종 수요</th><th>수입</th><th>총생산</th></tr>
<tr><th>1</th><th>2</th><th>3</th><th>C</th><th>I</th><th>E</th><th>M</th><th>X</th></tr>
<tr><td rowspan="3">중간투입</td><td>1</td><td>40</td><td>30</td><td>20</td><td>①</td><td>60</td><td>50</td><td>40</td><td>220</td></tr>
<tr><td>2</td><td>30</td><td>60</td><td>20</td><td>80</td><td>70</td><td>60</td><td>②</td><td>260</td></tr>
<tr><td>3</td><td>20</td><td>10</td><td>50</td><td>70</td><td>80</td><td>90</td><td>50</td><td>③</td></tr>
<tr><td colspan="2">노동</td><td>50</td><td>70</td><td>80</td><td></td><td></td><td></td><td></td><td></td></tr>
<tr><td colspan="2">자본</td><td>80</td><td>90</td><td>100</td><td></td><td></td><td></td><td></td><td></td></tr>
<tr><td colspan="2">총투입</td><td>220</td><td>260</td><td>270</td><td></td><td></td><td></td><td></td><td></td></tr>
</table>

3-1 국가 1 투입산출표의 빈칸(①~③)을 채워라.

3-2 국가 1의 투입산출계수와 생산유발계수 행렬(Leontief의 역행렬)을 계산하여라.

3-3 국가 1의 산업 2에 대한 투자가 100억원 증가할 경우, 산업별 생산유발효과를 계산하여라.

문제 4 국가 2의 투입산출표가 아래와 같이 주어졌을 때 다음 물음에 답하라.

〈표 8-A-2〉 국가 2의 투입산출표 (단위: 억 원)

To / From		중간 수요				최종 수요				수입	총생산
		1	2	3	소계	C	I	E	소계	M	X
중간투입	1	30	20	20	70	50	40	30	120	20	170
	2	20	60	10	90	70	50	50	170	10	250
	3	10	20	50	80	60	60	70	190	0	270
	소계	60	100	80	240	180	150	150	480	30	690
노동		60	70	90	220						
자본		50	80	100	230						
총투입		170	250	270	690						

4-1 폐쇄모형을 가정하고, 국가 2의 생산유발계수 행렬을 계산하여라.

4-2 폐쇄모형을 가정하고, 국가 2의 산업 3에 대한 수출이 100단위 증가할 경우, 산업별 생산유발효과를 계산하여라.

4-3 문제 4-2에서 가계의 소득증가로 인해 생산이 증가한 유발효과(induced effect)를 계산하여라.

문제 5 국가 2의 산업별 고용자수는 아래 표와 같다고 전제한다.

〈표 8-A-3〉 국가 2의 산업별 고용자수 (단위: 명)

구분	산업 1	산업 2	산업 3
고용자수	1,500	2,000	2,300

5-1 국가 2의 투입산출표를 바탕으로, 개방모형의 산업별 생산승수와 소득승수, 고용승수를 계산하여라.

5-2 국가 2의 산업 1에 대한 수출이 100억원 증가할 때, 생산과 소득, 그리고 고용유발효과를 계산하여라.

문제 6 국가 3의 생산유발계수 행렬이 아래와 같이 주어졌을 때, 국가 3의 산업별 감응도계수와 영향력계수를 계산하여라.

$$(I-A)^{-1}=\begin{bmatrix}1.25 & 0.32 & 0.11\\0.28 & 1.35 & 0.25\\0.17 & 0.43 & 1.15\end{bmatrix}$$

제 08 장

적용 문제 풀이

문제 1

투입산출표란 일정 기간 동안 경제 내에서 생산된 제품에 대해 생산 단계에서부터 최종 소비 단계까지 모든 과정에서 발생한 거래를 기록한 종합적인 통계표이다. 그러므로 투입산출표에서 산업간 제품의 흐름, 즉 산업간 상호 연관관계가 구체적으로 파악된다. 투입산출표의 특징은 총투입과 총산출이 동일하다는 점이다.

문제 2

투입산출계수는 아래 수식과 같이 산업 j의 제품 한 단위 생산을 위해 투입되는 산업 i제품의 양을 나타낸다. 투입산출계수는 각 산업의 투입구조와 산업간 연관관계를 나타낼 뿐만 아니라 특정산업의 생산변화가 타 산업생산에 미치는 영향을 함께 나타낸다.

$$a_{ij} = \frac{X_{ij}}{X_j},$$

a_{ij} : 투입산출계수,

X_{ij} : 산업 j 제품 생산을 위해 투입되는 산업 i제품의 양,

X_j : 산업 j 제품 생산을 위해 생산량.

생산유발계수는 산업 j제품 한 단위의 최종 수요변화가 산업 i에 생산에 직·간접적으로 미치는 효과를 나타낸다. 생산유발계수는 투입산출계수 행렬로부터 도출되며 아래와 같이 단위행렬에서 투입산출계수 행렬을 차감한 행렬에 대한 역행렬로 계산된다.

$$(I-A)^{-1} = [\lambda_{ij}] = \begin{bmatrix} \lambda_{11} & \lambda_{12} & \cdots & \lambda_{1n} \\ \lambda_{21} & \lambda_{22} & \cdots & \lambda_{2n} \\ \cdot & \cdot & \cdots & \cdot \\ \lambda_{n1} & \lambda_{n2} & \cdots & \lambda_{nn} \end{bmatrix},$$

λ_{ij} : 생산유발계수,

A : 투입산출계수 행렬,

I : 단위행렬.

문제 3 **3-1**

①~③의 값은 총공급은 총수요와 동일하다는 아래 수식에 의해서 계산된다. ①의 값은 60, ②의 값은 60, ③의 값은 270이다.

$$X_i + M_i = \sum_j X_{ij} + F_i.$$

문제 3 **3-2**

투입산출계수는 $a_{ij} = \dfrac{X_{ij}}{X_j}$ 로 계산된다.

$$a_{11} = \frac{40}{220},\ a_{12} = \frac{30}{260},\ a_{13} = \frac{20}{270},$$

$$a_{21} = \frac{30}{220},\ a_{22} = \frac{60}{260},\ a_{23} = \frac{20}{270},$$

$$a_{31} = \frac{20}{220},\ a_{32} = \frac{10}{260},\ a_{33} = \frac{50}{270}.$$

따라서 투입산출계수 행렬은 아래와 같이 계산된다.

$$A = \begin{bmatrix} 0.18 & 0.12 & 0.07 \\ 0.14 & 0.23 & 0.07 \\ 0.09 & 0.04 & 0.19 \end{bmatrix},$$

$$(I - A) = \begin{bmatrix} 0.82 & -0.12 & -0.07 \\ -0.14 & 0.77 & -0.07 \\ -0.09 & -0.04 & 0.81 \end{bmatrix}$$ 이고,

생산유발계수 행렬은 $(I - A)^{-1} = \begin{bmatrix} 1.27 & 0.20 & 0.13 \\ 0.24 & 1.34 & 0.14 \\ 0.15 & 0.09 & 1.25 \end{bmatrix}$ 이다.

문제 3 3-3

생산유발효과는 아래의 식과 같이 생산유발계수 행렬과 최종수요 변화 행렬의 곱을 통해 산출된다. 그 결과 산업 1의 생산은 19.72억원 증가하고, 산업 2의 생산은 134.32억원 증가하며, 산업 3의 생산은 8.54억원 증가한다.

$$\Delta X = (I-A)^{-1} \cdot \Delta F = \begin{bmatrix} 1.27 & 0.20 & 0.13 \\ 0.24 & 1.34 & 0.14 \\ 0.15 & 0.09 & 1.25 \end{bmatrix} \begin{bmatrix} 0 \\ 100 \\ 0 \end{bmatrix} = \begin{bmatrix} 19.72 \\ 134.32 \\ 8.54 \end{bmatrix}.$$

문제 4 4-1

생산유발계수 행렬은 투입산출계수 행렬로부터 도출되므로, 먼저 투입산출계수 행렬을 계산하면 아래와 같다.

$$a_{11} = \frac{30}{170},\ a_{12} = \frac{20}{250},\ a_{13} = \frac{20}{270},\ a_{1C} = \frac{50}{220},$$

$$a_{21} = \frac{20}{170},\ a_{22} = \frac{60}{250},\ a_{23} = \frac{10}{270},\ a_{2C} = \frac{70}{220},$$

$$a_{31} = \frac{10}{170},\ a_{32} = \frac{20}{250},\ a_{33} = \frac{50}{270},\ a_{3C} = \frac{60}{220},$$

$$a_{L1} = \frac{60}{170},\ a_{L2} = \frac{80}{250},\ a_{L3} = \frac{90}{270},\ a_{LC} = \frac{0}{220}.$$

따라서 투입산출계수 행렬은 아래와 같이 계산된다.

$$A = \begin{bmatrix} 0.18 & 0.08 & 0.07 & 0.23 \\ 0.12 & 0.24 & 0.04 & 0.32 \\ 0.06 & 0.08 & 0.19 & 0.27 \\ 0.35 & 0.28 & 0.33 & 0.00 \end{bmatrix}.$$

국가 2의 생산유발계수 행렬은 $(I-A)^{-1} = \begin{bmatrix} 1.56 & 0.43 & 0.41 & 0.60 \\ 0.64 & 1.74 & 0.48 & 0.83 \\ 0.47 & 0.47 & 1.57 & 0.68 \\ 0.89 & 0.79 & 0.80 & 1.67 \end{bmatrix}$ 이다.

문제 4 — 4-2

생산유발효과는 아래의 식과 같이 생산유발계수 행렬과 최종수요 변화 행렬의 곱을 통해 산출된다. 그 결과 산업 1의 생산은 40.86억원 증가하고, 산업 2의 생산은 47.53억원 증가하며, 산업 3의 생산은 157.16억원 증가한다.

$$\Delta \overline{X} = (I - \overline{A})^{-1} \cdot \Delta F = \begin{bmatrix} 1.56 & 0.43 & 0.41 & 0.60 \\ 0.64 & 1.74 & 0.48 & 0.83 \\ 0.47 & 0.47 & 1.57 & 0.68 \\ 0.89 & 0.79 & 0.80 & 1.67 \end{bmatrix} \begin{bmatrix} 0 \\ 0 \\ 100 \\ 0 \end{bmatrix} = \begin{bmatrix} 40.86 \\ 47.53 \\ 157.16 \\ 80.12 \end{bmatrix}.$$

문제 4 — 4-3

가계의 소득증가로 인해 생산이 증가한 유발효과는 가계부문이 내생화된 폐쇄모형의 생산유발효과와 가계부문이 외생화된 개방모형의 생산유발효과의 차이로 계산된다. 폐쇄모형의 생산유발효과는 문제 4-2에서 계산되었으므로 개방모형의 생산유발효과를 계산해야 하며 그 결과는 아래와 같다.

$$\Delta X = (I - A)^{-1} \cdot \Delta F = \begin{bmatrix} 1.24 & 0.14 & 0.12 \\ 0.20 & 1.34 & 0.08 \\ 0.11 & 0.14 & 1.24 \end{bmatrix} \begin{bmatrix} 0 \\ 0 \\ 100 \end{bmatrix} = \begin{bmatrix} 11.95 \\ 7.91 \\ 124.37 \end{bmatrix}.$$

따라서 가계의 소득증가로 인해 생산이 증가한 유발효과는 산업 1은 28.91억원, 산업 2는 39.61억원, 산업 3은 32.79억원이다.

$$\Delta X^{induced} = \Delta \overline{X} - \Delta X = \begin{bmatrix} 28.91 \\ 39.61 \\ 32.79 \end{bmatrix}.$$

문제 5 — 5-1

산업별 생산승수는 아래의 수식으로 계산되며, 산업 1의 생산승수는 1.55이고, 산업 2의 생산승수는 1.62이며, 산업 3의 생산승수는 1.44이다.

$$O_j = \sum_i \lambda_{ij}.$$

$$O_1 = 1.24 + 0.20 + 0.11 = 1.55,$$

$$O_2 = 0.14 + 1.34 + 0.14 = 1.62,$$

$$O_3 = 0.12 + 0.08 + 1.24 = 1.44.$$

산업별 소득승수는 아래의 수식으로 계산되며, 산업 1의 소득승수는 0.53이고, 산업 2의 소득승수는 0.47이며, 산업 3의 소득승수는 0.48이다.

$H_j = \sum_i a_{n+1,i} \lambda_{ij}$, 단, $a_{n+1,i}$ 는 노동소득 투입계수를 의미함.

$$a_{n+1,1} = \frac{60}{170} = 0.35,\ a_{n+1,2} = \frac{70}{250} = 0.28,\ a_{n+1,3} = \frac{90}{270} = 0.33.$$

$$H_1 = 0.35 \times 1.24 + 0.28 \times 0.20 + 0.33 \times 0.11 = 0.53,$$

$$H_2 = 0.35 \times 0.14 + 0.28 \times 1.34 + 0.33 \times 0.14 = 0.47,$$

$$H_3 = 0.35 \times 0.12 + 0.28 \times 0.08 + 0.33 \times 1.24 = 0.48.$$

산업별 고용승수는 아래의 수식으로 계산되며, 산업 1의 고용승수는 13.47이고, 산업 2의 고용승수는 13.14이며, 산업 3의 고용승수는 12.26이다.

$E_j = \sum_i z_{n+1,i} \cdot \lambda_{ij}$, 단, $z_{n+1,i} = \frac{e_i}{X_i}$($e_i$: 산업별 고용자수)로 고용투입계수를 의미함.

$$z_{n+1,1} = \frac{1,500}{170} = 8.82,\ z_{n+1,2} = \frac{2,000}{250} = 8.00,\ z_{n+1,3} = \frac{2,300}{270} = 8.52.$$

$$E_1 = 8.82 \times 1.24 + 8.00 \times 0.20 + 8.52 \times 0.11 = 13.47,$$

$$H_2 = 8.82 \times 0.14 + 8.00 \times 1.34 + 8.52 \times 0.14 = 13.14,$$

$$H_3 = 8.82 \times 0.12 + 8.00 \times 0.08 + 8.52 \times 1.24 = 12.26.$$

문제 5 — 5-2

최종수요 변화에 따른 생산유발효과는 아래 수식과 같이 생산유발계수 행렬과 최종수요 변화를 곱하면 계산된다.

$$\Delta X = (I - A)^{-1} \cdot \Delta F.$$

위 식을 통해 계산된 산업별 생산유발효과는 아래와 같다. 산업별 생산유발효과를 더한 전산업의 생산유발효과는 155.03억원인데, 이는 산업 1의 생산승수(1.55)와 최종수요 변화규모(100억원)을 곱한 값과 동일함을 알 수 있다.

$$\Delta X = \begin{bmatrix} 1.24 & 0.14 & 0.12 \\ 0.20 & 1.34 & 0.08 \\ 0.11 & 0.14 & 1.24 \end{bmatrix} \begin{bmatrix} 100 \\ 0 \\ 0 \end{bmatrix} = \begin{bmatrix} 124.33 \\ 19.78 \\ 10.92 \end{bmatrix}.$$

최종수요 변화에 따른 소득유발효과는 아래 수식과 같이 노동소득 투입계수 행렬과 생산유발계수 행렬의 곱에 최종수요 변화를 곱하면 계산된다.

$\Delta H = \hat{A}_{n+1} \cdot (I - A)^{-1} \cdot \Delta F$, 단, $\hat{A}_{n+1}$는 노동소득 투입계수의 대각행렬을 의미함.

위 식을 통해 계산된 지역별 산업별 소득유발효과는 아래와 같다. 산업별 소득유발효과를 더한 전산업의 소득유발효과는 53.06억원인데, 이는 산업 1의 소득승수(0.53)와 최종수요 변화규모(100억원)을 곱한 값과 동일함을 알 수 있다.

$$\Delta H = \begin{bmatrix} 0.35 & 0.00 & 0.00 \\ 0.00 & 0.28 & 0.00 \\ 0.00 & 0.00 & 0.33 \end{bmatrix} \begin{bmatrix} 1.24 & 0.14 & 0.12 \\ 0.20 & 1.34 & 0.08 \\ 0.11 & 0.14 & 1.24 \end{bmatrix} \begin{bmatrix} 100 \\ 0 \\ 0 \end{bmatrix} = \begin{bmatrix} 43.88 \\ 5.54 \\ 3.64 \end{bmatrix}.$$

최종수요 변화에 따른 고용유발효과는 아래 수식과 같이 고용투입계수 행렬과 생산유발계수 행렬의 곱에 최종수요 변화를 곱하면 계산된다.

$\Delta E = \hat{Z}_{n+1} \cdot (I - A)^{-1} \cdot \Delta F$, 단, $\hat{Z}_{n+1}$는 고용투입계수의 대각행렬을 의미함.

위 식을 통해 계산된 지역별 산업별 고용유발효과는 아래와 같다. 산업별 고용유발효과를 더한 전산업의 고용유발효과는 1,348.28명인인데, 이는 산업 1의 고용승수(13.48)와 최종수요 변화규모(100억원)을 곱한 값과 동일함을 알 수 있다.

$$\Delta E = \begin{bmatrix} 8.82 & 0.00 & 0.00 \\ 0.00 & 8.80 & 0.00 \\ 0.00 & 0.00 & 8.52 \end{bmatrix} \begin{bmatrix} 1.24 & 0.14 & 0.12 \\ 0.20 & 1.34 & 0.08 \\ 0.11 & 0.14 & 1.24 \end{bmatrix} \begin{bmatrix} 100 \\ 0 \\ 0 \end{bmatrix} = \begin{bmatrix} 1{,}097.05 \\ 158.23 \\ 93.00 \end{bmatrix}.$$

문제 6

산업별 감응도계수와 영향력계수는 아래 수식으로 계산된다.

$$V_i = \frac{\sum_j \lambda_{ij}}{\frac{1}{n}\sum_i \sum_j \lambda_{ij}}, \quad U_i = \frac{\sum_i \lambda_{ij}}{\frac{1}{n}\sum_i \sum_j \lambda_{ij}}$$

V_i : 산업 i의 감응도계수,

U_j : 산업 j의 영향력계수.

산업별 감응도계수를 계산하면, 산업 1은 0.95, 산업 2는 1.06, 산업 3은 0.99이다.

$$V_1 = \frac{1.68}{1.77} = 0.95, \quad V_2 = \frac{1.88}{1.77} = 1.06, \quad V_3 = \frac{1.75}{1.77} = 0.99.$$

산업별 영향력계수를 계산하면, 산업 1은 0.96, 산업 2는 1.19, 산업 3은 0.85이다.

$$U_1 = \frac{1.70}{1.77} = 0.96, \quad U_2 = \frac{2.10}{1.77} = 1.19, \quad U_3 = \frac{1.51}{1.77} = 0.85.$$

제 09 장 지역 투입산출모형

9.1 지역 투입산출모형이란?

앞 장에서 설명한 전국 투입산출모형은 기본적으로 산업의 구분이 지역별로 분류되지 않았기 때문에 산업제품에 대한 수요의 변화가 지역경제에 미치는 영향이 측정될 수 없다. 그러므로 투입산출모형이 지역경제에 대해 의미 있는 분석방법이 되기 위해서는 지역의 개념, 즉 공간의 개념이 고려되어야 한다. 공간의 개념이 투입산출표에 반영될 때 비로소 지역 모형은 전국 모형과 구분된다. 투입산출모형이 지역 모형이 되기 위해서는 다음과 같은 지역의 특성이 투입산출표에 반영되어야 한다.

첫째는 생산구조의 지역적 특성이다. 전국 투입산출표로부터 계산되는 산업간 투입산출계수는 각 지역의 산업간 투입산출계수의 전국 평균으로 볼 수 있다. 따라서 지역의 투입산출계수는 전국의 투입산출계수와 유사할 수도 또는 상당한 차이를 보일 수도 있으므로 이러한 특성이 모형에 반영되어야 한다. 둘째는 지역의 개방성이다. 이는 지역간 상품의 흐름 즉, 지역간 교역을 의미한다. 일반적으로 도시지역에서는 공산품의 반출이 많고 농산물의 반입이 많은 반면 농촌지역에서는 이와 반대의 현상이 나타나는 등 지역에 따라서 상품의 교역상태도 다르기 마련이다. 지역간 교역에 의해 지역간 상호 연관관계는 나타난다. 그러므로 정확한 지역경제 분석을 위해서는 이러한 지역의 개방성이 모형에 반영되어야 한다.

이처럼 지역간 산업별 재화와 서비스의 흐름을 나타내는 지역 투입산출표를 이용하여 지역별 경제구조, 지역간 그리고 산업간 상호연관관계를 파악하는 분석방법이 지역 투입산출모형이다. 지역 투입산출모형은 특정지역의 경제구조만을 대상으로 하는 단일지역 투입산출모형(single-region input-output model)과 지역 생산구조의 특성과 지역간 상품의 교역특징을 반영한 다지역 투입산출모형(many-region input-output model)으로 구분된다.

본 장은 총 5절로 구성된다. 제2절에서는 단일지역 투입산출모형의 기본구조를 설명하고 제3절에서는 다지역 투입산출모형의 기본구조를 살펴본다. 제4절에서는 지역의 승수를 단일지역모형과 다지역모형으로 구분하여 설명한다. 마지막으로 제5절에서는 본 장에서 설명한 내용을 요약한다.

9.2 단일지역 투입산출모형(single-region input-output model)

단일지역 투입산출모형은 지역 자체 내 투입구조의 특징을 바탕으로 지역을 분석하는 모형이다. 전국 모형에서 산업들의 생산구조 특징은 투입산출계수로 나타나듯이 지역 모형에서도 지역내 산업들의 생산구조 특징은 지역투입산출계수로 나타난다. 단, 지역모형의 주요 관점은 지역투입산출계수(a_{ij}^{r})와 함께 지역의 순투입산출계수(a_{ij}^{rr})를 도출하는 데 있다. 먼저 유의해야 할 것은 지역의 순투입산출계수와 지역의 투입산출계수는 서로 다르다는 것이다.

지역의 투입산출계수는 전국의 투입산출계수와 같은 개념으로 지역내 산업 j제품 한 단위 생산을 위해 투입되는 산업 i제품의 양을 말한다. 그러나 이 계수는 투입되는 산업 i제품량이 지역 내에서 공급되는지 아니면 타 지역으로부터 수입되는지에 관해서는 아무런 정보를 제공해 주지 못한다. 이에 반해 지역의 순투입산출계수는 지역내 입지한 산업 j의 제품 한 단위 생산을 위해 동일 지역 내에 입지한 산업 i에서 투입되는 양을 의미한다. 이와 같은 차이를 식으로 표현하면 다음과 같다.

$$a_{ij}^{r} = \frac{X_{ij}^{r}}{X_{j}^{r}},\ a_{ij}^{rr} = \frac{X_{ij}^{rr}}{X_{j}^{r}}, \tag{9.1}$$

X_{ij}^{r} : 지역 r내 산업 j제품 생산을 위해 투입되는 산업 i제품량,

X_{ij}^{rr} : 지역 r내 산업 j제품 생산을 위해 투입되는 지역 r내 산업 i제품량.

지역의 순투입산출계수 도출은 단일지역 투입산출모형의 가장 핵심이라고 할 수 있으며, 이에 대한 방법은 직접조사법과 지역공급비율법, 그리고 제품혼합법 등이 있다. 직접조사법은 지역 내에 입지한 모든 기업들로부터 그들의 생산단계에서 배분단계에 이르기까지 발생한 모든 거래를 토대로 지역 순투입산출계수를 작성하는 것이다. 지역공급비율법은 산업별 지역공급비율, 다시 말해 지역 산업 j에서 생산된 제품 중 지역내로 배분되는 양이 지역 내 총수요에서 차지하는 비율을 계산함으로써 지역의 순투입산출계수를 계산하는 방법이다. 제품혼합법은 산업이 세밀하게 분류되었을 때는 각 산업의 투입구조에 지역적 차이가 없고, 산업분류가 세밀하게 분류되지 않았을 경우 제품의 혼합과정에서 지역간 투입구조의 차이가 발생한다는 전제하에 지역의 순투입산출계수를 계산하는 방법이다. 순투입산출계수의 도출과정에 대한 자세한 설명은 김홍배(2016)를 참고하기 바란다.

9.3 다지역 투입산출모형(Many-Region Input-Output Model)

단일지역 투입산출모형의 가장 큰 한계는 바로 지역간 연관관계가 분석 과정에서 구체적으로 고려되지 못한다는 것이다. 지역간 연관관계는 지역간 산업제품의 흐름으로 특징지어지기 때문에 이 산업제품의 흐름을 투입산출표에 반영하는 것이 무엇보다도 중요하다. 따라서 다지역 투입산출모형에서 가장 중요한 부분은 바로 다지역경제의 투입산출표 작성이다.

지역간 그리고 산업간 연관관계를 반영하는 투입산출표는 크게 두 가지 접근법, 즉 지역간 접근법(interregional approach)과 다지역 접근법(multi-regional approach)에 의해 작성된다. 전자의 경우는 지역내 산업별 기업(firms)단위로 직접 조사하여 투입산출표를 작성하는 방법을 말한다. 우리나라에서는 전국을 6개 권역으로 구분한 2003년 기준 지역간 산업연관표를 작성·공표한 이후 2005년부터 5년 단위로 16개 시도로 구분한 지역간 산업연관표를 작성해오고 있다. 이에 비해 후자는 직접 조사에 의한 투입산출표가 없는 상황에서 산업제품의 지역간 흐름 자료를 활용하여 투입산출표를 간접적으로 추정하는 방법이다. 이 방법은 Chenery(1953)와 Moses(1955)에 의해 소개된 이후, Polenske(1980) 등에 의해 발전되어 왔다. 여기서는 우리나라에서 지역간 산업연관표가 작성·공표되고 있는 점을 고려하여 지역간 산업연관표를 활용한 지역간 투입산출모형의 기본구조를 중심으로 설명하기로 한다.

9.3.1 지역간 투입산출모형의 기본구조

지역간 투입산출모형의 기본구조를 살펴보기 위해 편의상 국민 경제는 두 지역 r과 s로 구성되어 있으며, 각 지역은 n개의 산업으로 구성되어 있다고 가정하자. 우선 두 지역간 산업별 상품의 흐름은 지역내 기업단위로부터 조사하여 표 9.1과 같이 작성되었다고 하자. 표 9.1에 나타난 지역간 산업제품의 흐름은 다음과 같은 네 개의 하부 행렬(sub-matrix)로 구성된 하나의 행렬로 표현할 수 있다.

$$Z = \left[\begin{array}{c:c} RR & RS \\ \hdashline SR & SS \end{array}\right].$$

표 9.1 지역간 산업연관표의 기본구조

<table>
<tr><th colspan="3" rowspan="3">배분
투입</th><th colspan="2">중간 수요</th><th colspan="2">최종 수요</th><th rowspan="3">총산출</th></tr>
<tr><th>지역 r</th><th>지역 s</th><th>지역 r</th><th>지역 s</th></tr>
<tr><th>$1 \cdots j \cdots n$</th><th>$1 \cdots j \cdots n$</th><th>소비 투자 수출</th><th>소비 투자 수출</th></tr>
<tr><td rowspan="2">중간투입</td><td>지역 r</td><td>$1 \vdots i \vdots n$</td><td>X_{ij}^{rr}</td><td>X_{ij}^{rs}</td><td>F_i^{rr}</td><td>F_i^{rs}</td><td>X_i^r</td></tr>
<tr><td>지역 s</td><td>$1 \vdots i \vdots n$</td><td>X_{ij}^{sr}</td><td>X_{ij}^{ss}</td><td>F_i^{sr}</td><td>F_i^{ss}</td><td>X_i^s</td></tr>
<tr><td colspan="2">수입</td><td>$1 \vdots i \vdots n$</td><td>M_{ij}^r</td><td>M_{ij}^s</td><td>Y_m^r</td><td>Y_m^s</td><td></td></tr>
<tr><td colspan="3">부가가치</td><td>V_j^r</td><td>V_j^s</td><td></td><td></td><td></td></tr>
<tr><td colspan="3">총투입</td><td>X_j^r</td><td>X_j^s</td><td></td><td></td><td></td></tr>
</table>

X_{ij}^{rs}: 지역 s 재화 j 생산과정에 투입되는 지역 r 재화 i의 규모
M_{ij}^r: 지역 r 재화 j 생산과정에 투입되는 해외수입재 i의 규모
V_j^r: 지역 r 재화 j 생산과정에 투입되는 부가가치 규모
F_i^{rs}: 지역 r에서 생산된 재화 i 재화중에서 지역 s에서 소비되는 최종수요 규모
X_j^r: 지역 r 재화 j의 생산액

하부 행렬 RR과 SS는 각각 지역 r과 지역 s내 산업간 제품의 흐름을 의미하며, 하부 행렬 RS와 SR은 지역간 산업별 제품의 흐름, 즉 지역간 교역을 말한다. 좀 더 구체적으로 말하면, RS는 지역 r 내에서 생산된 산업제품이 지역 s내 산업의 생산 과정으로 투입되는 제품의 흐름을 말한다. 이를 지역 r측면에서 보면 제품의 수출이며 지역 s측면에서 볼 때는 제품의 수입이라 할 수 있다. 같은 맥락에서 SR도 해석할 수 있다. 따라서 지역간 산업연관표로부터 직접 산업간 순투입산출계수와 교역계수를 구할 수 있다. 우선 두 지역의 순투입산출계수는 식 (9.2)와 같이 구할 수 있다.

$$a_{ij}^{rr} = \frac{X_{ij}^{rr}}{X_j^r}, \quad a_{ij}^{ss} = \frac{X_{ij}^{ss}}{X_j^s}. \tag{9.2}$$

같은 방법에 의해 지역간 교역계수도 구해진다.

$$a_{ij}^{rs} = \frac{X_{ij}^{rs}}{X_j^s}, \quad a_{ij}^{sr} = \frac{X_{ij}^{sr}}{X_j^r}. \tag{9.3}$$

그러므로 두 지역경제의 투입산출계수 행렬은 다음과 같이 표현된다.

$$A = \begin{bmatrix} A^{rr} & A^{rs} \\ A^{sr} & A^{ss} \end{bmatrix}.$$

투입산출계수 행렬의 각 하부 행렬은 다음과 같다.

$$A^{rr} = \begin{bmatrix} a_{11}^{rr} & a_{12}^{rr} & \dots & a_{1n}^{rr} \\ a_{21}^{rr} & a_{22}^{rr} & \dots & a_{2n}^{rr} \\ \vdots & \dots & \dots & \vdots \\ a_{n1}^{rr} & a_{n2}^{rr} & \dots & a_{nn}^{rr} \end{bmatrix}, \quad A^{rs} = \begin{bmatrix} a_{11}^{rs} & a_{12}^{rs} & \dots & a_{1n}^{rs} \\ a_{21}^{rs} & a_{22}^{rs} & \dots & a_{2n}^{rs} \\ \vdots & \dots & \dots & \vdots \\ a_{n1}^{rs} & a_{n2}^{rs} & \dots & a_{nn}^{rs} \end{bmatrix},$$

$$A^{sr} = \begin{bmatrix} a_{11}^{sr} & a_{12}^{sr} & \dots & a_{1n}^{sr} \\ a_{21}^{sr} & a_{22}^{sr} & \dots & a_{2n}^{sr} \\ \vdots & \dots & \dots & \vdots \\ a_{n1}^{sr} & a_{n2}^{sr} & \dots & a_{nn}^{sr} \end{bmatrix}, \quad A^{ss} = \begin{bmatrix} a_{11}^{ss} & a_{12}^{ss} & \dots & a_{1n}^{ss} \\ a_{21}^{ss} & a_{22}^{ss} & \dots & a_{2n}^{ss} \\ \vdots & \dots & \dots & \vdots \\ a_{n1}^{ss} & a_{n2}^{ss} & \dots & a_{nn}^{ss} \end{bmatrix}.$$

두 지역경제의 투입산출 체계는 식 (9.4)와 같이 표현된다.

$$\left\{ \begin{bmatrix} I & 0 \\ 0 & I \end{bmatrix} - \begin{bmatrix} A^{rr} & A^{rs} \\ A^{sr} & A^{ss} \end{bmatrix} \right\} \begin{bmatrix} X^r \\ X^s \end{bmatrix} = \begin{bmatrix} F^r \\ F^s \end{bmatrix}. \tag{9.4}$$

그러므로 두 지역경제의 산업 생산은 승수행렬과 최종 수요 행렬에 의해 결정된다.

$$\begin{bmatrix} X^r \\ \hdashline X^s \end{bmatrix} = \left\{ \begin{bmatrix} I & 0 \\ 0 & I \end{bmatrix} - \begin{bmatrix} A^{rr} & A^{rs} \\ A^{sr} & A^{ss} \end{bmatrix} \right\}^{-1} \begin{bmatrix} F^r \\ \hdashline F^s \end{bmatrix}. \tag{9.5}$$

두 지역경제의 산업별 생산량과 제품의 흐름이 표 9.2와 같이 조사되었을 때, 이 두 지역경제의 투입산출계수 행렬과 승수행렬을 구하여 보자.

$$X^r = \begin{bmatrix} 1,700 \\ 3,000 \\ 2,000 \end{bmatrix}, \quad X^s = \begin{bmatrix} 1,800 \\ 2,500 \\ 2,300 \end{bmatrix}.$$

표 9.2 지역간 산업제품의 흐름

투입 \ 배분		지역 r			지역 s		
		산업 1	산업 2	산업 3	산업 1	산업 2	산업 3
지역 r	산업 1	300	100	250	80	50	20
	산업 2	200	600	100	50	100	60
	산업 3	150	200	350	30	40	120
지역 s	산업 1	100	60	50	350	150	200
	산업 2	40	150	60	250	400	250
	산업 3	30	70	120	100	200	400

우선 주어진 자료와 식 (9.2)와 식 (9.3)을 이용하여 지역내 순투입산출계수 행렬과 지역간 교역계수 행렬을 구하면 다음과 같다.

$$A^{rr} = \begin{bmatrix} 0.176 & 0.033 & 0.125 \\ 0.118 & 0.200 & 0.050 \\ 0.088 & 0.067 & 0.175 \end{bmatrix}, \quad A^{rs} = \begin{bmatrix} 0.044 & 0.020 & 0.009 \\ 0.028 & 0.040 & 0.026 \\ 0.017 & 0.016 & 0.052 \end{bmatrix},$$

$$A^{sr} = \begin{bmatrix} 0.059 & 0.020 & 0.025 \\ 0.024 & 0.050 & 0.030 \\ 0.018 & 0.023 & 0.060 \end{bmatrix}, \quad A^{ss} = \begin{bmatrix} 0.194 & 0.060 & 0.087 \\ 0.139 & 0.160 & 0.109 \\ 0.056 & 0.080 & 0.174 \end{bmatrix}.$$

위의 두 지역경제의 투입산출계수 행렬로부터 두 지역경제의 승수행렬이 계산된다.

$$(I-A)^{-1} = \left[\begin{array}{ccc:ccc} 1.255 & 0.076 & 0.202 & 0.087 & 0.048 & 0.044 \\ 0.204 & 1.277 & 0.119 & 0.076 & 0.080 & 0.069 \\ 0.158 & 0.118 & 1.254 & 0.053 & 0.046 & 0.096 \\ \hdashline 0.114 & 0.055 & 0.075 & 1.281 & 0.113 & 0.157 \\ 0.080 & 0.099 & 0.084 & 0.236 & 1.234 & 0.197 \\ 0.059 & 0.060 & 0.112 & 0.117 & 0.134 & 1.250 \end{array}\right]$$

그러므로 어떠한 지역의 산업제품에 대한 외부수요의 변화가 지역별, 그리고 산업별로 미치는 영향은 두 지역경제의 승수행렬에 의해 계산될 수 있다. 만일 산업 1 제품에 대한 최종 수요가 두 지역에서 각각 100씩 증가하였다면 이 최종 수요의 변화가 두 지역경제에 미치는 영향은 위에서 구한 승수행렬과 식 (9.5)를 이용하여 다음과 같이 계산된다.

$$\Delta X = (I - A)^{-1} \Delta F = \begin{bmatrix} 134 \\ 28 \\ 21 \\ \hdashline 140 \\ 32 \\ 18 \end{bmatrix}.$$

9.3.2 지역간 확산효과와 환류효과

단일지역 투입산출모형과 차별화되는 다지역 투입산출모형의 가장 큰 장점은 지역간 교역의 효과를 분석할 수 있다는 점이다. 지역간 교역은 지역간 산업의 연관관계를 나타낸다. 그러므로 어느 지역 제품에 대한 수요변화의 효과는 그 지역으로 제한되지 않으며 타 지역으로 파급된다. 이와 같이 지역간 산업연관 관계로부터 발생하는 총 효과는 크게 확산효과(spill-over effect)와 환류효과(feedback effect)로 구분된다. 그림 9.1에서 보이듯이 확산효과란 두 지역경제의 경우 지역 r에서 생산되는 제품에 대한 수요변화가 지역 s내 산업 생산에 미치는 효과를 말한다. 그리고 환류효과란 확산효과로 인한 지역 s의 생산변화가 다시 지역 r의 산업 생산에 변화를 일으키는 효과를 말한다. 이러한 두 효과는 두 지역간 산업연관관계에 기인한 효과이며 단일지역모형에서는 나타낼 수 없는 효과이다.

그림 9.1
지역간 확산효과와 환류효과

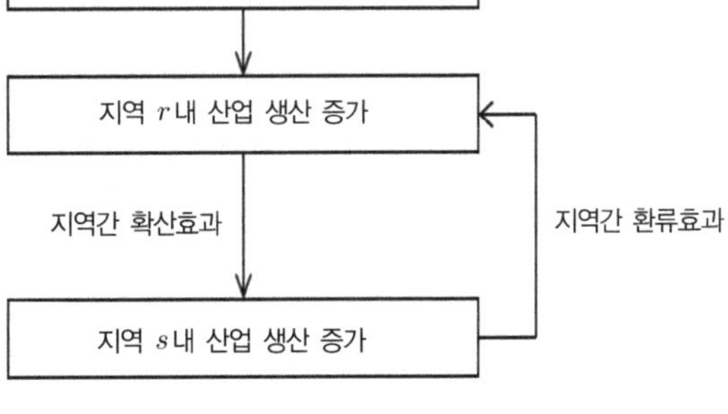

여기서 문제는 이러한 두 효과를 무시하여 얻은 단일지역모형의 분석 결과와 두 효과를 고려한 다지역모형으로부터 얻은 결과의 차이이다. 이 차이에 대한 인식은 중요하다. 왜냐하면 만일 두 결과의 차이가 크다면 단일지역모형이 분석방법으로서 가지는 유용성에 의문이 제기될 수 있기 때문이다. 그러면 확산효과와 환류효과로 인한 지역의 산업 생산량의 변화는 어떠한지 앞의 예에서 살펴보자. 두 지역경제에서 두 지역을 각각 단일 지역으로 보고 각각의 지역승수행렬을 계산하면 다음과 같다.

$$(I-A^{rr})^{-1}=\begin{bmatrix}1.245 & 0.068 & 0.193\\ 0.192 & 1.267 & 0.106\\ 0.149 & 0.110 & 1.241\end{bmatrix},\ (I-A^{ss})^{-1}=\begin{bmatrix}1.270 & 0.105 & 0.147\\ 0.224 & 1.224 & 0.185\\ 0.107 & 0.126 & 1.238\end{bmatrix}.$$

그리고 위의 예와 마찬가지로 산업 1 제품에 대한 최종 수요가 두 지역에서 각각 100씩 증가하였다면, 그 효과는 지역별로 다음과 같다.

$$\Delta X^r=(I-A^{rr})^{-1}\Delta F^r=\begin{bmatrix}124\\ 19\\ 15\end{bmatrix},$$

$$\Delta X^s=(I-A^{ss})^{-1}\Delta F^s=\begin{bmatrix}127\\ 22\\ 11\end{bmatrix}.$$

위와 같이 산업제품에 대한 동일한 수요변화의 파급효과는 단일지역모형에서 더 낮게 나타난다. 이는 매우 당연한 결과이다. 왜냐하면 단일지역모형에서는 확산효과와 환류효과가 분석에 고려되지 못했기 때문이다. 이러한 차이는 단일지역모형의 분석방법상 유용성에 의문을 제기할 수 있다. 하지만 이에 대한 문헌상의 실증적인 연구 결과에 의하면 확산효과와 환류효과의 영향이 지역내 산업생산에 미치는 영향에 비해 상대적으로 작은 것으로 나타나고 있다(Miller, 1966, 1969). 이는 단일지역모형이 지역경제 분석의 모형으로 유용함을 제시하는 것이라 할 수 있다. 그러나 여기서 분명히 인식해야 할 것은 이러한 결과를 일반적인 것으로 말하기는 어렵다는 것이다. 왜냐하면 확산효과와 환류효과는 지역간 연관관계(A^{sr} 또는 A^{rs})의 정도에 달려 있기 때문이다. 따라서 지역경제를 분석할 때 단일지역모형과 다지역모형의 선택은 분석자가 분석대상 지역 산업의 특성과 자료 상태 등을 종합적으로 고려하여 결정해야 한다.

9.4 지역승수

제8장에서는 산업제품에 대한 최종 수요의 변화가 국민 경제에 미치는 영향을 전국의 승수행렬로부터 세 가지 승수, 즉 생산승수, 소득승수, 그리고 고용승수로 구분하여 측정하였다. 이러한 승수의 측정은 지역 모형에서도 가능하다. 단, 지역의 승수행렬은 지역 투입산출표의 작성에 따라 달라짐에 유의해야 한다. 따라서 지역 산업제품에 대한 수요의 변화가 지역경제에 미치는 영향을 승수로 측정할 때에는 단일지역모형의 경우와 다지역모형의 경우로 구분하여 측정하여야 한다. 승수에 관한 기본적인 개념과 측정 방법에 관해서는 앞 장에서 설명되었으므로 본 절에서는 지역 모형에서 전술한 세 가지 승수를 측정하는 방법에 대해서만 설명하도록 한다.

9.4.1 단일지역모형의 승수

지역 산업제품에 대한 최종 수요의 변화가 지역경제에 미치는 영향은 지역의 승수행렬 $(I-A^{rr})^{-1}$로부터 측정된다. 여기서는 편의상 지역의 승수행렬이 다음과 같이 계산되었다고 가정하고 각 승수의 측정에 대해 설명한다. 그리고 승수의 측정은 앞 장에서 설명한 바와 같이 가계부문을 투입산출표에서 외생부문으로 취급하는 경우(모형Ⅰ)와 내생부문으로 취급하는 경우(모형Ⅱ)에 차이가 발생하므로 각각을 구분하여 설명하기로 한다.

❑ 모형Ⅰ의 경우

가계부문을 외생부문으로 취급하였을 경우 지역의 순투입산출계수 행렬과 승수행렬이 다음과 같이 주어졌다고 하자.

$$A^{rr}=\begin{bmatrix}0.176 & 0.033 & 0.125\\ 0.118 & 0.200 & 0.050\\ 0.088 & 0.067 & 0.175\end{bmatrix},(I-A^{rr})^{-1}=\left[\lambda_{ij}^{rr}\right]=\begin{bmatrix}1.245 & 0.068 & 0.193\\ 0.192 & 1.267 & 0.106\\ 0.149 & 0.110 & 1.241\end{bmatrix}.$$

위에서 주어진 순투입산출계수 행렬과 승수행렬을 이용하여 지역산업 j제품에 대한 한 단위 최종 수요변화가 지역경제에 미치는 영향을 측정할 수 있다. 우선 지역의 생산에 미치는 효과는 생산승수(O_j^r)에 의해 측정된다.

$$O_j^r=\sum_i \lambda_{ij}^{rr}. \tag{9.6}$$

식 (9.6)에 의해 지역내 각 산업의 생산승수는 다음과 같다.

$$O_1^r = 1.245 + 0.192 + 0.149 = 1.586,$$

$$O_2^r = 0.068 + 1.267 + 0.110 = 1.444,$$

$$O_3^r = 0.193 + 0.106 + 1.241 = 1.540.$$

각 산업제품에 대한 최종 수요의 변화가 지역산업의 생산에 미치는 영향은 위와 같이 생산승수에 의해 측정된다. 산업 2의 경우를 보면, 산업 2 제품에 대한 최종 수요가 한 단위 증가되었을 때, 이로 인해 산업 1의 생산은 0.068단위가 증가되고, 산업 2와 산업 3은 각각 1.267단위와 0.110단위의 생산이 증가된다. 따라서 산업 2의 생산승수는 산업 2 제품에 대한 최종 수요 한 단위 증가로 인해 지역 전체적으로 1.444단위 생산이 증가됨을 가리킨다.

지역산업 j제품의 한 단위 최종 수요의 변화가 지역의 가계 소득에 미치는 효과는 산업별 소득승수(H_j^r)에 의해 측정된다.

$$H_j^r = \sum_i a_{n+1,i}^r \lambda_{ij}^{rr}. \tag{9.7}$$

여기서 지역 r의 산업별 노동소득 투입계수는 다음과 같다고 하자.

$$a_{4,1}^r = 0.300,\ a_{4,2}^r = 0.250,\ a_{4,3}^r = 0.350.$$

그러면 위의 식 (9.7)에 의하여 각 산업의 소득승수는 다음과 같이 계산된다.

$$H_1^r = 0.300 \times 1.245 + 0.250 \times 0.192 + 0.350 \times 0.149 = 0.474,$$

$$H_2^r = 0.300 \times 0.068 + 0.250 \times 1.267 + 0.350 \times 0.110 = 0.375,$$

$$H_3^r = 0.300 \times 0.193 + 0.250 \times 0.106 + 0.350 \times 1.241 = 0.519.$$

위의 산업별 소득승수 중 산업 2의 경우를 보면, 지역내 산업 2 제품에 대한 최종 수요가 한 단위 증가되었을 때, 이로 인해 가계부문의 소득은 산업 1에 의해 0.020단위가 증가되고 산업 2와 산업 3에 의해 각각 0.317, 0.038단위가 증가된다. 결과적으로 산업 2의 소득승수는 그의 제품에 대한 최종 수요 한 단위가 증가되었을 때 지역 전체적으로는 0.375단위의 소득이 증가됨을 가리키고 있다.

산업별 제품에 대한 수요의 변화가 지역내 고용에 미치는 효과는 산업별 고용승수(E_j^r)에 의해 측정된다.

$$E_j^r = \sum_i z_{n+1,i}^r \lambda_{ij}^{rr}. \tag{9.8}$$

지역의 고용승수를 계산하기 위해서는 지역 r의 산업별 고용투입계수($z_{n+1,i}^r$)를 구해야 한다. 여기서는 지역의 고용투입계수는 다음과 같이 주어졌다고 가정하자.

$$z_{4,1}^r = 0.600,\ z_{4,2}^r = 0.500,\ z_{4,3}^r = 0.550.$$

지역의 산업별 고용승수는 다음과 같다.

$$E_1^r = 0.600 \times 1.245 + 0.500 \times 0.192 + 0.550 \times 0.149 = 0.925,$$

$$E_2^r = 0.600 \times 0.068 + 0.500 \times 1.267 + 0.550 \times 0.110 = 0.734,$$

$$E_2^r = 0.600 \times 0.193 + 0.500 \times 0.106 + 0.550 \times 1.241 = 0.851.$$

고용승수의 해석은 앞에서 설명한 생산승수와 고용승수의 경우와 동일하다. 산업 2의 경우로 보면, 산업 2 제품에 대한 최종 수요 한 단위 변화는 지역 전체적으로 0.734명의 고용을 유발한다.

❑ 모형Ⅱ의 경우

가계부문이 내생화된 투입산출표로부터 지역의 순투입산출계수 행렬과 승수행렬이 다음과 같이 계산되었다고 하자.

$$\overline{A}^{rr} = \left[\begin{array}{ccc|c} 0.176 & 0.033 & 0.125 & 0.250 \\ 0.118 & 0.200 & 0.050 & 0.200 \\ 0.088 & 0.067 & 0.175 & 0.300 \\ \hline 0.300 & 0.250 & 0.350 & 0.000 \end{array}\right].$$

$$(I - \overline{A}^{rr})^{-1} = \left[\ \overline{\lambda}_{ij}^{rr}\right] = \left[\begin{array}{ccc|c} 1.523 & 0.289 & 0.498 & 0.588 \\ 0.435 & 1.459 & 0.371 & 0.512 \\ 0.463 & 0.359 & 1.585 & 0.663 \\ \hline 0.727 & 0.577 & 0.797 & 1.536 \end{array}\right].$$

모형Ⅱ에서 산업별 제품의 최종 수요 한 단위 변화가 지역경제에 미치는 영향을 측정하는 방법은 모형Ⅰ의 경우와 동일하다. 단지 두 모형의 차이는 지역의 순투입산출계수 행렬과 승수행렬에만 있다. 그러므로 여기서는 각 승수의 결과만 제시하기로 한다. 우선 모형Ⅱ에서 산업 j의 생산승수($\overline{O}_j^r$)는 다음과 같이 계산된다.

$$\overline{O}_j^r = \sum_i \overline{\lambda}_{ij}^{rr}. \tag{9.9}$$

식 (9.9)에 의해 지역의 각 산업별 생산승수는 다음과 같다.

$$\overline{O}_1^r = 1.523 + 0.435 + 0.463 = 2.421,$$
$$\overline{O}_2^r = 0.289 + 1.459 + 0.359 = 2.107,$$
$$\overline{O}_3^r = 0.498 + 0.371 + 1.585 = 2.454.$$

지역의 산업별 소득승수($\overline{H}_j^r$)는 다음과 같은 식에 의해 계산된다.

$$\overline{H}_j^r = \sum_i a_{n+1,i}^r \overline{\lambda}_{ij}^{rr}. \tag{9.10}$$

지역의 노동소득 투입계수($a_{n+1,i}^r$)는 위의 순투입산출계수 행렬($\overline{A}^{rr}$) 중 4행에서 주어졌으므로 산업별 소득승수는 다음과 같다.

$$\overline{H}_1^r = 0.300 \times 1.523 + 0.250 \times 0.435 + 0.350 \times 0.463 = 0.727,$$
$$\overline{H}_2^r = 0.300 \times 0.289 + 0.250 \times 1.459 + 0.350 \times 0.359 = 0.577,$$
$$\overline{H}_3^r = 0.300 \times 0.498 + 0.250 \times 0.371 + 0.350 \times 1.585 = 0.797.$$

위 지역의 산업별 소득승수의 결과는 다음과 같이 나타낼 수 있다.

$$\overline{H}_j^r = \overline{\lambda}_{n+1,j}^{rr}. \tag{9.11}$$

이는 이미 앞 장에서 설명했던 식 (8.20)의 결과와 동일하다. 즉 지역 모형Ⅱ에서 산업 j제품에 대한 한 단위 최종 수요변화가 지역 가계부문의 소득에 미치는 영향은 바로 산업 j의 노동투입승수와 동일하다. 산업 j제품에 대한 최종 수요 한 단위 변화가 지역내 고용에 미치는 영향은 고용승수에 의해 측정된다.

$$\overline{E}_j^r = \sum_i z_{n+1,i}^r \overline{\lambda}_{ij}^{rr}. \tag{9.12}$$

여기서 지역 r의 산업별 고용투입계수($z_{n+1,i}^r$)는 모형Ⅰ에서 주어졌으므로 지역의 산업별 고용승수는 다음과 같다.

$$\overline{E}_1^r = 0.600 \times 1.523 + 0.500 \times 0.435 + 0.550 \times 0.463 = 1.386,$$

$$\overline{E}_2^r = 0.600 \times 0.289 + 0.500 \times 1.459 + 0.550 \times 0.359 = 1.100,$$

$$\overline{E}_3^r = 0.600 \times 0.498 + 0.500 \times 0.371 + 0.550 \times 1.585 = 1.356.$$

모형Ⅰ과 모형Ⅱ에서 계산한 세 승수를 비교해보면, 모형Ⅱ에서 구한 승수가 모형Ⅰ에서 구한 승수보다 크게 나타난다. 그 이유는 승수행렬의 차이에 있다. 즉 앞 장에서 설명하였듯이 모형Ⅰ의 승수행렬은 최종 수요의 변화에 따른 직접 효과와 간접 효과만을 반영한 반면, 모형Ⅱ의 승수행렬은 최종 수요의 변화에 따른 직접 효과와 간접 효과, 그리고 유발효과가 반영되었기 때문이다.

9.4.2 다지역모형의 승수

단일지역모형과 다지역모형의 가장 큰 차이는 지역간 상품의 흐름, 즉 지역간 교역의 반영 여부이다. 지역간 교역이 투입산출표에 반영될 때, 각 지역의 투입산출계수 행렬은 순투입산출계수 행렬과 교역계수 행렬로 구분된다. 이렇게 구분된 투입산출계수 행렬로부터 다지역경제의 승수행렬은 계산된다. 이 승수행렬로부터 산업제품에 대한 최종 수요 한 단위 변화가 각 지역에 미치는 영향을 앞 절에서 설명한 세 승수로 구분하여 측정할 수 있다. 여기서는 다지역모형의 승수 측정 방법을 두 지역경제를 중심으로 설명하도록 한다. 다음과 같이 두 지역경제의 투입산출계수 행렬과 승수행렬이 구해졌다고 하자.

$$A = \left[\begin{array}{c|c} A^{rr} & A^{rs} \\ \hline A^{sr} & A^{ss} \end{array}\right] = \left[\begin{array}{ccc|ccc} 0.176 & 0.033 & 0.125 & 0.044 & 0.020 & 0.009 \\ 0.118 & 0.200 & 0.050 & 0.028 & 0.040 & 0.026 \\ 0.088 & 0.067 & 0.175 & 0.017 & 0.016 & 0.052 \\ \hline 0.059 & 0.020 & 0.025 & 0.194 & 0.060 & 0.087 \\ 0.024 & 0.050 & 0.030 & 0.139 & 0.160 & 0.109 \\ 0.018 & 0.023 & 0.060 & 0.056 & 0.080 & 0.174 \end{array}\right],$$

$$(I-A)^{-1} = \left[\begin{array}{c|c} \lambda^{rr} & \lambda^{rs} \\ \hline \lambda^{sr} & \lambda^{ss} \end{array}\right] = \left[\begin{array}{ccc|ccc} 1.255 & 0.076 & 0.202 & 0.087 & 0.048 & 0.044 \\ 0.204 & 1.277 & 0.119 & 0.076 & 0.080 & 0.069 \\ 0.158 & 0.118 & 1.254 & 0.053 & 0.046 & 0.096 \\ \hline 0.114 & 0.055 & 0.075 & 1.281 & 0.113 & 0.157 \\ 0.080 & 0.099 & 0.084 & 0.236 & 1.234 & 0.197 \\ 0.059 & 0.060 & 0.112 & 0.117 & 0.134 & 1.250 \end{array}\right].$$

위에서 주어진 두 지역경제의 승수행렬은 다시 네 개의 하부승수행렬(sub-multiplier matrix)로 구분할 수 있다. 그 중 두 개의 하부승수행렬(λ^{rr}, λ^{ss})은 지역 산업제품의 최종 수요 한 단위 변화가 그 지역에 미치는 지역내 효과(intraregional effect)를 나타내며, 나머지 두 개의 하부승수행렬(λ^{sr}, λ^{rs})은 지역간의 연관관계에 의해 어느 한 지역에서의 산업제품에 대한 수요변화가 타 지역에 미치는 지역간 효과(interregional effect)를 나타낸다. 지역내 효과와 지역간 효과를 합하면 전국 효과(national effect)가 된다. 전국효과는 지역 산업제품 한 단위 수요변화가 국민 경제에 미치는 영향을 나타낸다. 각 효과에 대한 설명은 다음과 같다.

❑ 지역내 효과

지역 산업제품에 대한 최종 수요 한 단위의 변화가 지역내에 미치는 영향은 다음과 같이 두 하부승수행렬로부터 측정된다.

$$\lambda^{rr} = \begin{bmatrix} 1.255 & 0.076 & 0.202 \\ 0.204 & 1.277 & 0.119 \\ 0.158 & 0.118 & 1.254 \end{bmatrix}, \ \lambda^{ss} = \begin{bmatrix} 1.281 & 0.113 & 0.157 \\ 0.236 & 1.234 & 0.197 \\ 0.117 & 0.134 & 1.250 \end{bmatrix}.$$

두 지역 r과 s에서 산업의 생산승수는 구체적으로 식 (9.13)에 의해 계산된다.

$$O_j^{rr} = \sum_i \lambda_{ij}^{rr}, \ O_j^{ss} = \sum_i \lambda_{ij}^{ss}, \tag{9.13}$$

$O_j^{rr(ss)}$: 지역 $r(s)$내 산업 j의 생산승수.

식 (9.13)에 의해 지역 r내 산업의 생산승수는,

$$O_1^{rr} = 1.255 + 0.204 + 0.158 = 1.617,$$

$$O_2^{rr} = 0.076 + 1.277 + 0.118 = 1.471,$$

$$O_3^{rr} = 0.202 + 0.119 + 1.254 = 1.575.$$

같은 방법에 의해 지역 s의 경우 산업의 생산승수는,

$$O_1^{ss} = 1.281 + 0.236 + 0.117 = 1.634,$$

$$O_2^{ss} = 0.113 + 1.234 + 0.134 = 1.481,$$

$$O_3^{ss} = 0.157 + 0.197 + 1.250 = 1.604.$$

여기서 만일 지역별, 그리고 산업별 노동소득 투입계수($a_{n+1,i}^r$와 $a_{n+1,i}^s$) 와 고용 투입계수($z_{n+1,i}^r$와 $z_{n+1,i}^s$)의 자료가 구해진다면 식 (9.7)과 식 (9.8)에

의해 지역내 산업별 소득승수와 고용승수는 다음 식 (9.14)와 같이 계산할 수 있다.

$$H_j^{rr} = \sum_i a_{n+1,i}^r \lambda_{ij}^{rr}, \; E_j^{rr} = \sum_i z_{n+1,i}^r \lambda_{ij}^{rr}, \tag{9.14}$$
$$H_j^{ss} = \sum_i a_{n+1,i}^s \lambda_{ij}^{ss}, \; E_j^{ss} = \sum_i z_{n+1,i}^s \lambda_{ij}^{ss}.$$

식 (9.14)에 의해 지역내 산업별 소득승수와 고용승수는 생산승수와 마찬가지로 계산되므로 여기서는 생략하기로 한다.

❑ 지역간 효과

지역간 존재하는 산업 연관성 때문에 어느 한 지역의 최종 수요변화는 다른 지역산업 생산에 영향을 준다. 두 지역경제의 경우, 이러한 지역간 영향은 다음과 같이 지역간 승수행렬에 의해 나타난다.

$$\lambda^{sr} = \begin{bmatrix} 0.114 & 0.055 & 0.075 \\ 0.080 & 0.099 & 0.084 \\ 0.059 & 0.060 & 0.112 \end{bmatrix}, \; \lambda^{rs} = \begin{bmatrix} 0.087 & 0.048 & 0.044 \\ 0.076 & 0.080 & 0.069 \\ 0.053 & 0.046 & 0.096 \end{bmatrix}.$$

여기서 $\lambda_{21}^{sr} = 0.080$이란 지역 r내 산업 1제품의 최종 수요가 한 단위 증가했을 때 지역 s내 산업 2의 생산은 0.080단위 증가됨을 가리킨다. 그리고 $\lambda_{21}^{rs} = 0.076$은 지역 s내 산업 1제품에 대한 최종 수요 한 단위 증가로 인해 지역 r내 산업 2의 생산이 0.076단위 증가됨을 나타내고 있다. 따라서 지역간 승수는 지역간 산업연관관계에 따라 달라지므로 각 지역을 중심으로 측정되어야 한다. 우선 두 지역경제의 경우 지역 r에서 생산되는 산업 j제품의 최종 수요변화가 지역 s내 산업 생산에 미치는 영향은 다음과 같이 지역간 산업의 생산승수(O_j^{sr})에 의해 측정된다.

$$O_j^{sr} = \sum_i \lambda_{ij}^{sr}. \tag{9.15}$$

그러므로 지역 r에서 발생한 최종 수요 한 단위 변화가 지역 s내 생산에 미치는 영향을 산업별로 계산하면 다음과 같다.

$$O_1^{sr} = 0.114 + 0.080 + 0.059 = 0.253,$$
$$O_2^{sr} = 0.055 + 0.099 + 0.060 = 0.214,$$

$$O_3^{sr} = 0.075 + 0.084 + 0.112 = 0.271.$$

지역간 산업별 소득승수와 고용승수는 다음 식 (9.16)에 의해 계산된다.

$$H_j^{sr} = \sum_i a_{n+1,i}^s \lambda_{ij}^{sr}, \ E_j^{sr} = \sum_i z_{n+1,i}^s \lambda_{ij}^{sr}. \tag{9.16}$$

지역 r의 경우와 마찬가지로 지역 s내 산업 j제품의 최종 수요 한 단위 변화가 지역 r내 산업 생산에 미치는 영향은 다음과 같이 지역간 산업 생산승수(O_j^{rs})에 의해 계산된다.

$$O_j^{rs} = \sum_i \lambda_{ij}^{rs}. \tag{9.17}$$

그러므로 지역 s를 중심으로 볼 때, 지역간 산업별 생산승수는 다음과 같다.

$$O_1^{rs} = 0.087 + 0.076 + 0.053 = 0.216,$$

$$O_2^{rs} = 0.048 + 0.080 + 0.046 = 0.174,$$

$$O_3^{rs} = 0.044 + 0.069 + 0.096 = 0.209.$$

그리고 지역간 산업별 소득승수와 고용승수는 식 (9.18)과 같이 계산된다.

$$H_j^{rs} = \sum_i a_{n+1,i}^r \lambda_{ij}^{rs}, \ E_j^{rs} = \sum_i z_{n+1,i}^r \lambda_{ij}^{rs}. \tag{9.18}$$

❑ 전국 효과

지역산업 j제품에 대한 최종 수요의 변화가 국민경제 전체에 미치는 영향은 지역내 승수와 지역간 승수를 합하여 측정된다.

$$\begin{aligned} O_j^{rn} &= O_j^{rr} + O_j^{sr}, \ O_j^{sn} = O_j^{ss} + O_j^{rs}, \\ H_j^{rn} &= H_j^{rr} + H_j^{sr}, \ H_j^{sn} = H_j^{ss} + H_j^{rs}, \\ E_j^{rn} &= E_j^{rr} + E_j^{sr}, \ E_j^{sn} = E_j^{ss} + E_j^{rs}, \end{aligned} \tag{9.19}$$

$O_j^{r(s)n}$: 지역 $r(s)$ 내 산업 j제품 한 단위 최종 수요 증가가 전국에 미치는 생산효과,

$H_j^{r(s)n}$: 지역 $r(s)$ 내 산업 j제품 한 단위 최종 수요 증가가 전국에 미치는 소득효과,

$E_j^{r(s)n}$: 지역 $r(s)$ 내 산업 j제품 한 단위 최종 수요 증가가 전국에 미치는 고용효과.

식 (9.19)로부터 지역 산업제품에 대한 최종 수요의 변화가 국민경제에 미치는 효과가 측정될 수 있으며, 이 결과는 중앙 정부의 자원 재분배 정책의 방향을 제시한다. 예를 들면 지역 산업제품의 최종 수요변화가 전국 생산에 미치는 영향을 측정하면 다음과 같다.

$$O_1^{rn} = O_1^{rr} + O_1^{sr} = 1.618 + 0.253 = 1.871,$$

$$O_2^{rn} = O_2^{rr} + O_2^{sr} = 1.471 + 0.213 = 1.684,$$

$$O_3^{rn} = O_3^{rr} + O_3^{sr} = 1.575 + 0.271 = 1.846,$$

$$O_1^{sn} = O_1^{ss} + O_1^{rs} = 1.634 + 0.217 = 1.851,$$

$$O_2^{sn} = O_2^{ss} + O_2^{rs} = 1.481 + 0.174 = 1.655,$$

$$O_3^{sn} = O_3^{ss} + O_3^{rs} = 1.604 + 0.209 = 1.813.$$

따라서 중앙정부가 지역 r내 산업 1제품에 지출할 때 이에 따른 전국 산업의 생산 증가는 최대의 효과를 발휘하게 된다. 그러므로 중앙 정부는 국민 경제의 생산을 극대화시키기 위해서는 지역 r내 산업 1제품의 지출을 증대하여야 한다. 이러한 전국의 효과는 식 (9.19)에 제시된 식에 의해 소득승수와 고용승수를 함께 계산함으로써 정부 정책의 대상 지역과 산업을 구체적으로 제시할 수 있다.

마지막으로 가계부문이 내생화된 다지역모형Ⅱ의 경우 지역에서 생산되는 산업 j제품에 대한 한 단위 최종 수요가 지역경제 및 국민 경제에 미치는 영향은 모형Ⅰ의 경우와 동일한 과정을 통하여 측정된다. 두 지역경제의 경우 모형Ⅱ의 승수행렬은 다음과 같이 표현된다.

$$(I - \overline{A})^{-1} = \left\{ \left[\begin{array}{c|c} I & 0 \\ \hline 0 & I \end{array} \right] - \left[\begin{array}{c|c} \overline{A}^{rr} & \overline{A}^{rs} \\ \hline \overline{A}^{sr} & \overline{A}^{ss} \end{array} \right] \right\}^{-1} = \left[\begin{array}{c|c} \overline{\lambda}^{rr} & \overline{\lambda}^{rs} \\ \hline \overline{\lambda}^{sr} & \overline{\lambda}^{ss} \end{array} \right].$$

위의 승수행렬을 이용하여 지역 산업제품에 대한 최종 수요 한 단위가 지역 및 국민 경제에 미치는 영향은 세 가지 승수로 측정된다. 이 세 가지 승수의 측정 방법에 대해서는 앞 장과 앞 절에서 여러 번 설명되었으므로 각각에 대한 설명은 생략하기로 한다. 따라서 여기서는 각각의 승수를 측정하는 공식만을 제시하기로 한다.

○ 지역내 효과

• 생산승수

$$\overline{O}_j^{rr} = \sum_i \overline{\lambda}_{ij}^{rr}, \qquad \overline{O}_j^{ss} = \sum_i \overline{\lambda}_{ij}^{ss}.$$

• 소득승수

$$\overline{H}_j^{rr} = \sum_i a_{n+1,i}^r \overline{\lambda}_{ij}^{rr}, \quad \overline{H}_j^{ss} = \sum_i a_{n+1,i}^s \overline{\lambda}_{ij}^{ss}.$$

• 고용승수

$$\overline{E}_j^{rr} = \sum_i z_{n+1,i}^r \overline{\lambda}_{ij}^{rr}, \quad \overline{E}_j^{ss} = \sum_i z_{n+1,i}^s \overline{\lambda}_{ij}^{ss}.$$

○ 지역간 효과

• 생산승수

$$\overline{O}_j^{rs} = \sum_i \overline{\lambda}_{ij}^{rs}, \qquad \overline{O}_j^{sr} = \sum_i \overline{\lambda}_{ij}^{sr}.$$

• 소득승수

$$\overline{H}_j^{rs} = \sum_i a_{n+1,i}^r \overline{\lambda}_{ij}^{rs}, \quad \overline{H}_j^{sr} = \sum_i a_{n+1,i}^s \overline{\lambda}_{ij}^{sr},$$

• 고용승수

$$\overline{E}_j^{rs} = \sum_i z_{n+1,i}^r \overline{\lambda}_{ij}^{rs}, \quad \overline{E}_j^{sr} = \sum_i z_{n+1,i}^s \overline{\lambda}_{ij}^{sr}.$$

○ 전국 효과

$$\overline{O}_j^{rn} = \overline{O}_j^{rr} + \overline{O}_j^{sr}, \qquad \overline{O}_j^{sn} = \overline{O}_j^{ss} + \overline{O}_j^{rs},$$

$$\overline{H}_j^{rn} = \overline{H}_j^{rr} + \overline{H}_j^{sr}, \qquad \overline{H}_j^{sn} = \overline{H}_j^{ss} + \overline{H}_j^{rs},$$

$$\overline{E}_j^{rn} = \overline{E}_j^{rr} + \overline{E}_j^{sr}, \qquad \overline{E}_j^{sn} = \overline{E}_j^{ss} + \overline{E}_j^{rs}.$$

9.4.3 다지역모형의 승수 세분

지역경제는 기본적으로 개방경제이며 이러한 경제의 특징 때문에 지역간, 그리고 산업간 연관관계가 존재한다. 따라서 어느 한 지역에서 생산되는 재화에 대한 수요변화의 파급효과는 그 지역 내로만 제한되지 않는다. 다시 말해 지역 r에서 생산되는 재화에 대한 수요변화는 다른 지역 s의 산업들의 생산에 영향을 주며, 지역 s내 산업들의 생산변화는 역으로 지역 r내 산업의 생산에 영향을 미치게 된다. 이러한 지역간, 산업간 연관관계로 인하여 지역 재화에 대한 최종 수요의 변화는 복잡한 과정을 통하여 지역산업의 생산변화로 나타나게 된다.

지역간 산업의 복잡한 관계란 세 가지 유형의 효과, 즉 그림 9.1에 제시한 바와 같이 지역내 파급효과(intraregional effect)와 지역간 확산효과(interregional spillover effect), 그리고 지역간 환류효과(interregional feedback effect)로 요약된다. 그러나 앞 절에서는 Leontief의 역행렬을 지역내 효과와 지역간 효과를 나타내는 두 개의 승수로만 분류하였으며, 분류된 승수에는 지역간 환류효과가 독립적으로 구분되지 못하였다. 따라서 본 절에서는 지역별, 산업별 재화의 흐름을 바탕으로 Leontief의 역행렬을 지역내 파급효과와 지역간 확산효과, 그리고 지역간 환류효과를 나타내는 세 개의 승수행렬로 세분하기로 한다. 설명의 편의를 위해 여기서도 앞 절의 경우와 같이 경제를 두 지역경제로 전제하기로 한다. 두 지역경제의 산업 재화의 배분을 행렬로 나타내면 다음과 같다.

$$\underset{(2n\times1)}{\begin{bmatrix} X^r \\ X^s \end{bmatrix}} = \underset{(2n\times2n)}{\begin{bmatrix} A^{rr} & A^{rs} \\ A^{sr} & A^{ss} \end{bmatrix}} \underset{(2n\times1)}{\begin{bmatrix} X^r \\ X^s \end{bmatrix}} + \underset{(2n\times1)}{\begin{bmatrix} F^r \\ F^s \end{bmatrix}}. \tag{9.20}$$

식 (9.20)에 표현된 지역별 재화의 흐름에서 중간재의 흐름을 지역내와 지역간으로 구분하면 다음과 같이 표현된다.

$$\begin{bmatrix} X^r \\ X^s \end{bmatrix} = \left\{ \begin{bmatrix} A^{rr} & 0 \\ 0 & A^{ss} \end{bmatrix} + \begin{bmatrix} 0 & A^{rs} \\ A^{sr} & 0 \end{bmatrix} \right\} \begin{bmatrix} X^r \\ X^s \end{bmatrix} + \begin{bmatrix} F^r \\ F^s \end{bmatrix}. \tag{9.21}$$

위의 식으로부터 지역별, 산업별 생산액과 최종 수요와의 관계는 다음과 같이 표현된다.

$$\begin{bmatrix} X^r \\ X^s \end{bmatrix} = \begin{bmatrix} (I-A^{rr})^{-1} & 0 \\ 0 & (I-A^{ss})^{-1} \end{bmatrix} \left\{ \begin{bmatrix} 0 & A^{rs} \\ A^{sr} & 0 \end{bmatrix} \begin{bmatrix} X^r \\ X^s \end{bmatrix} + \begin{bmatrix} F^r \\ F^s \end{bmatrix} \right\},$$

$$= \begin{bmatrix} 0 & D^{rs} \\ D^{sr} & 0 \end{bmatrix} \begin{bmatrix} X^r \\ X^s \end{bmatrix} + \begin{bmatrix} (I-A^{rr})^{-1} & 0 \\ 0 & (I-A^{ss})^{-1} \end{bmatrix} \begin{bmatrix} F^r \\ F^s \end{bmatrix},$$

$$= \begin{bmatrix} I & -D^{rs} \\ -D^{sr} & I \end{bmatrix}^{-1} \begin{bmatrix} (I-A^{rr})^{-1} & 0 \\ 0 & (I-A^{ss})^{-1} \end{bmatrix} \begin{bmatrix} F^r \\ F^s \end{bmatrix},$$

$$= \lambda_X \cdot \lambda_{intra} \cdot \begin{bmatrix} F^r \\ F^s \end{bmatrix}, \tag{9.22}$$

여기서, $D^{rs} = (I-A^{rr})^{-1}A^{rs}$, $D^{sr} = (I-A^{ss})^{-1}A^{sr}$,

$$\lambda_X = \begin{bmatrix} I & -D^{rs} \\ -D^{sr} & I \end{bmatrix}^{-1}, \lambda_{intra} = \begin{bmatrix} (I-A^{rr})^{-1} & 0 \\ 0 & (I-A^{ss})^{-1} \end{bmatrix}.$$

식 (9.22)에서 지역재화에 대한 최종 수요의 변화로 인해 파급되는 지역내 효과는 λ_{intra} 승수행렬에 나타난다. 그러므로 지역간 확산효과와 환류효과는 λ_X 승수행렬에서 도출되어야 한다. λ_X 승수행렬로부터 지역간 확산효과와 환류효과는 다음과 같은 과정을 통해 구분된다.

$$(\lambda_X) = \begin{bmatrix} I & -D^{rs} \\ -D^{sr} & I \end{bmatrix}^{-1},$$

$$= \begin{bmatrix} (I-D^{rs}D^{sr})^{-1} & D^{rs}(I-D^{rs}D^{sr})^{-1} \\ D^{sr}(I-D^{rs}D^{sr})^{-1} & (I-D^{rs}D^{sr})^{-1} \end{bmatrix},$$

$$= \begin{bmatrix} (I-D^{rs}D^{sr})^{-1} & 0 \\ 0 & (I-D^{sr}D^{rs})^{-1} \end{bmatrix} \begin{bmatrix} I & D^{rs} \\ D^{sr} & I \end{bmatrix},$$

$$= \lambda_{feedback} \cdot \lambda_{spillover}, \tag{9.23}$$

$\lambda_{feedback}$: 지역간 환류효과 승수행렬,

$$\lambda_{feedback} = \begin{bmatrix} (I-D^{rs}D^{sr})^{-1} & 0 \\ 0 & (I-D^{rs}D^{sr})^{-1} \end{bmatrix},$$

$\lambda_{spillover}$: 지역간 확산효과 승수행렬,

$$\lambda_{spillover} = \begin{bmatrix} I & D^{rs} \\ D^{sr} & I \end{bmatrix}.$$

위의 식에서 지역간 확산효과와 환류효과는 각각 $\lambda_{feedback}$ 승수행렬과 $\lambda_{spillover}$ 승수행렬로 나타난다. 그러므로 식 (9.22)는 다음과 같이 표현된다.

$$\underset{(2n\times1)}{\begin{bmatrix} X^r \\ X^s \end{bmatrix}} = \underset{(2n\times2n)}{(\lambda_{feedback})} \cdot \underset{(2n\times2n)}{(\lambda_{spillover})} \cdot \underset{(2n\times2n)}{(\lambda_{intra})} \cdot \underset{(2n\times1)}{\begin{bmatrix} F^r \\ F^s \end{bmatrix}}. \tag{9.24}$$

위 식으로부터 알 수 있는 것은 다지역 투입산출모형에서 Leontief의 역행렬은 세 개의 승수행렬로 구성되어 있다는 것이다.

$$(I-A)^{-1} = (\lambda_{feedback})\cdot(\lambda_{spillover})\cdot(\lambda_{intra}). \tag{9.25}$$

그러면 만일 두 지역경제의 투입산출계수 행렬이 다음과 같이 주어졌을 때 Leontief의 역행렬을 지역내 파급효과와 지역간 파급효과, 그리고 지역간 환류효과를 나타내는 세 개의 승수행렬로 구분해 보자.

$$A = \begin{bmatrix} A^{rr} & A^{rs} \\ A^{sr} & A^{ss} \end{bmatrix} = \left[\begin{array}{ccc|ccc} 0.176 & 0.033 & 0.125 & 0.044 & 0.020 & 0.009 \\ 0.118 & 0.200 & 0.050 & 0.028 & 0.040 & 0.026 \\ 0.088 & 0.067 & 0.175 & 0.017 & 0.016 & 0.052 \\ \hline 0.059 & 0.020 & 0.025 & 0.194 & 0.060 & 0.087 \\ 0.024 & 0.050 & 0.030 & 0.139 & 0.160 & 0.109 \\ 0.018 & 0.023 & 0.060 & 0.056 & 0.080 & 0.174 \end{array}\right].$$

위에서 주어진 두 지역경제의 투입산출계수 행렬을 바탕으로 식 (9.22)와 식 (9.23)을 이용하면 지역 재화에 대한 최종 수요 한 단위의 변화 효과를 지역내 파급효과와 지역간 확산효과, 그리고 지역간 환류효과로 구분할 수 있다. 각 효과를 나타내는 승수행렬은 다음과 같이 도출된다.

○ 지역내 파급효과

지역내 파급효과는 지역에서 생산된 산업 재화에 대한 최종 수요 한 단위의 변화가 그 지역내 산업들에 미치는 효과를 말한다. 이러한 지역내 효과는 식 (9.22)에 제시된 λ_{intra} 승수행렬로부터 계산된다. λ_{intra} 승수행렬의 계산결과는 다음과 같다.

$$(\lambda_{intra}) = \left[\begin{array}{ccc|ccc} 1.245 & 0.068 & 0.193 & 0.000 & 0.000 & 0.000 \\ 0.192 & 1.267 & 0.106 & 0.000 & 0.000 & 0.000 \\ 0.149 & 0.110 & 1.241 & 0.000 & 0.000 & 0.000 \\ \hline 0.000 & 0.000 & 0.000 & 1.270 & 0.105 & 0.147 \\ 0.000 & 0.000 & 0.000 & 0.224 & 1.224 & 0.185 \\ 0.000 & 0.000 & 0.000 & 0.107 & 0.126 & 1.238 \end{array}\right].$$

위에 제시된 지역내 파급효과 승수행렬로부터 산업별 지역내 파급효과는 다음과 같은 식에 의해 계산된다.

$$\lambda^{rr}_{(intra)j} = \sum_i \lambda^{rr}_{(intra)ij} \ , \quad \lambda^{ss}_{(intra)j} = \sum_i \lambda^{ss}_{(intra)ij} \ . \qquad (9.26)$$

위의 식을 이용하여 지역 r내 산업별 지역내 파급효과를 계산하면 다음과 같다.

$$\lambda^{r}_{(intra)1} = 1.245 + 0.192 + 0.149 = 1.586,$$

$$\lambda^{r}_{(intra)2} = 0.068 + 1.267 + 0.110 = 1.445,$$

$$\lambda^{r}_{(intra)3} = 0.193 + 0.106 + 1.241 = 1.540.$$

지역 s내 산업별 파급효과도 지역 r과 마찬가지로 식 (9.26)에 의해 다음과 같이 계산된다.

$$\lambda^{s}_{(intra)1} = 1.270 + 0.224 + 0.107 = 1.601,$$

$$\lambda^{s}_{(intra)2} = 0.105 + 1.224 + 0.126 = 1.455,$$

$$\lambda^{s}_{(intra)3} = 0.147 + 0.185 + 1.238 = 1.570.$$

○ 지역간 확산효과

지역간 확산효과는 지역 r에서 생산된 산업 재화에 대한 최종 수요 한 단위 변화가 다른 지역 s에 미치는 효과를 말한다. 이러한 효과는 식 (9.23)의 $\lambda_{spillover}$ 승수행렬로부터 계산되며, 그 결과는 아래와 같다.

$$(\lambda_{spillover}) = \begin{pmatrix} I & \lambda^{rs}_{spillover} \\ \lambda^{sr}_{spillover} & I \end{pmatrix} = \left[\begin{array}{ccc|ccc} 1.000 & 0.000 & 0.000 & 0.060 & 0.031 & 0.023 \\ 0.000 & 1.000 & 0.000 & 0.046 & 0.056 & 0.040 \\ 0.000 & 0.000 & 1.000 & 0.030 & 0.027 & 0.069 \\ \hline 0.080 & 0.034 & 0.044 & 1.000 & 0.000 & 0.000 \\ 0.045 & 0.070 & 0.053 & 0.000 & 1.000 & 0.000 \\ 0.031 & 0.037 & 0.081 & 0.000 & 0.000 & 1.000 \end{array}\right].$$

$\lambda_{spillover}$ 승수행렬이 계산되면 이로부터 지역별, 산업별 지역간 확산효과는 다음과 같은 식에 의해 구해진다.

$$\lambda^{rs}_{(spillover)j} = \sum_i \lambda^{rs}_{(spillover)ij},\ \lambda^{sr}_{(spillover)j} = \sum_i \lambda^{sr}_{(spillover)ij}. \qquad (9.27)$$

식 (9.27)을 이용하여 지역 r의 지역간 확산효과를 산업별로 계산하면 다음과 같다.

$$\lambda^{sr}_{(spillover)1} = 0.080 + 0.045 + 0.031 = 0.156,$$

$$\lambda^{sr}_{(spillover)2} = 0.034 + 0.070 + 0.037 = 0.141,$$

$$\lambda^{sr}_{(spillover)3} = 0.044 + 0.053 + 0.081 = 0.178.$$

지역 s에서 지역 r로 파급되는 지역간 확산효과도 지역 r의 경우와 동일하게 계산된다. 지역 s내 산업별 지역 확산효과는 다음과 같다.

$$\lambda^{rs}_{(spillover)1} = 0.060 + 0.046 + 0.030 = 0.136,$$

$$\lambda^{rs}_{(spillover)2} = 0.031 + 0.056 + 0.027 = 0.114,$$

$$\lambda^{rs}_{(spillover)3} = 0.023 + 0.040 + 0.069 = 0.132.$$

○ 지역간 환류효과

지역간 환류효과는 지역 r에서 생산된 산업 재화에 대한 최종 수요 한 단위 변화가 지역 s를 통해 다시 지역 r의 산업 생산에 미치는 효과이다. 이러한 환류효과는 앞의 식 (9.23)에 제시된 $\lambda_{feedback}$ 승수행렬에 의해 계산된다. $\lambda_{feedback}$ 승수행렬의 계산결과는 아래와 같다.

$$(\lambda_{feedback}) = \begin{pmatrix} \lambda^{rr}_{feedback} & 0 \\ 0 & \lambda^{ss}_{feedback} \end{pmatrix} = \left[\begin{array}{ccc|ccc} 1.007 & 0.005 & 0.006 & 0.000 & 0.000 & 0.000 \\ 0.008 & 1.007 & 0.008 & 0.000 & 0.000 & 0.000 \\ 0.006 & 0.006 & 1.008 & 0.000 & 0.000 & 0.000 \\ \hline 0.000 & 0.000 & 0.000 & 1.008 & 0.006 & 0.006 \\ 0.000 & 0.000 & 0.000 & 0.008 & 1.007 & 0.008 \\ 0.000 & 0.000 & 0.000 & 0.006 & 0.005 & 1.008 \end{array}\right].$$

위의 $\lambda_{feedback}$ 승수행렬로부터 지역별, 산업별 환류효과는 다음과 같은 식에 의해 계산된다.

$$\lambda^{rr}_{(feedback)j} = \sum_i \lambda^{rr}_{(feedback)ij},\ \lambda^{ss}_{(feedback)j} = \sum_i \lambda^{ss}_{(feedback)ij}. \qquad (9.28)$$

식 (9.28)을 이용하여 지역 r에서 지역 s를 통해 지역 r에 다시 되돌아오는 지역간 환류효과를 산업별로 계산하면 다음과 같다.

$$\lambda^{rr}_{(feedback)1} = 1.007 + 0.008 + 0.006 = 1.021,$$

$$\lambda^{rr}_{(feedback)2} = 0.005 + 1.007 + 0.006 = 1.018,$$

$$\lambda^{rr}_{(feedback)3} = 0.006 + 0.008 + 1.008 = 1.022.$$

지역 s에서 지역 r을 통해 다시 지역 s로 영향을 주는 환류효과를 산업별로 계산하면 다음과 같다.

$$\lambda^{ss}_{(feedback)1} = 1.008 + 0.008 + 0.006 = 1.022,$$

$$\lambda^{ss}_{(feedback)2} = 0.006 + 1.007 + 0.005 = 1.018,$$

$$\lambda^{ss}_{(feedback)3} = 0.006 + 0.008 + 1.008 = 1.022.$$

지금까지 본 절에서는 다지역 투입산출모형의 Leontief의 역행렬을 지역내 파급효과와 지역간 확산효과, 그리고 지역간 환류효과를 나타내는 세 개의 승수행렬로 구분하였다. 여기서 독자들이 혼돈하지 말아야 할 것은 Leontief의 역행렬은 식 (9.25)에서 제시되었듯이 세 개의 승수행렬의 곱의 형태로 구성된다는 것이다. 따라서 다지역 투입산출모형에서 승수가 세 개의 승수로 구분하였을 경우 전체 승수를 세 개의 승수의 합으로 계산해서는 안 된다.

표 9.6은 위에서 계산된 세 개의 승수들을 지역별로 정리한 것이다. 표에서와 같이 산업들의 지역내 파급효과와 지역간 확산효과, 그리고 지역간 환류효과를 산업별로 합하면 각 효과에 대한 지역의 크기를 알 수 있다. 그리고 계산된 지역의 각 효과별 크기를 다른 지역과 비교하면서 지역간의 관계와 경제성장을 위한 정책의 방향을 제시할 수 있다. 예를 들면 지역 r의 지역내 파급효과의 합은 4.571로 지역 s의 지역내 파급효과의 합 4.626보다 작다. 이는 산업들의 생산과정에 투입되는 중간재의 지역공급비율이 지역 s보다는 지역 r에서 더 낮음에 기인한다.

사실 지역내 파급효과는 지역간 확산효과와 역의 관계가 있다. 즉 두 지역 경제의 경우 어떤 지역이 다른 지역에 비해 지역내 파급효과가 높으면 지역간 파급효과는 다른 지역보다 낮고, 반대로 다른 지역에 비해 지역내 파급효과가 낮으면 지역간 파급효과는 높게 나타난다. 표에 제시되었듯이 지역간 확산효과의 합은 지역 r이 0.475이고, 지역 s가 0.382이므로 지역간 파급효과와는 반대로 지역 r의 확산효과가 지역 s보다 크다. 이는 지역 r에 대한 투자사업으로 인해 지역 s가 받는 영향이 지역 s에 투자할 때 지역 r이 받는 영향보다 크다는 것을 의미한다.

마지막으로 지역간 환류효과의 합을 보면 지역 r은 3.061이고 지역 s는 3.062로 나타났다. 이와 같은 두 지역경제에서 세 개의 승수효과를 종합하여 볼 때 투자의 효율성 측면에서 지역 s에 대한 투자가 지역 r보다 유리하다고 할 수 있다. 그러나 지역 s에만 투자가 집중될 경우 지역간 불균형 성장은 불가피하게 나타나게 되므로 개발 정책은 기존 산업들의 투입구조와 배분구조의 변화를 유도하고, 개별 산업들의 세 가지 승수효과를 고려하여 경제성장과 지역간 균형적인 개발을 동시에 달성할 수 있도록 수립되어야 한다.

표 9.6 지역별 승수 비교

지역	산업	$\lambda_{(intra)j}$	$\lambda_{(spillover)j}$	$\lambda_{(feedback)j}$
지역 r	산업 1	1.586	0.156	1.021
	산업 2	1.445	0.141	1.018
	산업 3	1.540	0.178	1.022
	소계	4.571	0.475	3.061
지역 s	산업 1	1.601	0.136	1.022
	산업 2	1.455	0.114	1.018
	산업 3	1.570	0.132	1.022
	소계	4.626	0.382	3.062

9.5 요 약

본 장에서는 앞 장에서 설명한 국가의 투입산출모형을 바탕으로 지역 모형에 대해 설명하였다. 지역 모형이 전국 모형과 구분되기 위해서는 지역 생산구조의 특징과 지역간 산업제품의 교역이 투입산출표에 반영되어야 한다. 이 두 가지 특성을 투입산출표에 반영하는 방법에 따라 지역 모형은 단일지역모형과 다지역 모형으로 분류된다. 단일지역모형은 분석대상 지역에 국한하여 분석하는 모형이다. 다지역모형은 투입산출표의 작성방법에 따라 지역간 투입산출모형과 다지역 투입산출모형으로 구분된다. 투입산출표의 작성에 있어서 전자의 방법은 기업단위로 직접 조사하여 표를 작성하는 방법이며, 후자의 방법은 산업제품의 지역간 흐름에 대한 자료를 이용하여 투입산출표를 작성하는 방법이다.

단일지역모형과 다지역모형과의 가장 큰 차이는 단일지역모형에서는 지역간 교역의 영향이 반영되지 못한다는 것이다. 지역간 교역이 지역경제에 미치는 영향은 지역간 확산효과와 환류효과로 설명된다. 따라서 단일지역모형에서는 이 두 효과를 반영하지 못하여 산업제품에 대한 최종 수요의 변화가 지역경제에 미치는 영향을 과소하게 측정하는 경향이 있다. 앞 장에서와 마찬가지로 지역 산업제품에 대한 최종 수요 한 단위 변화가 지역경제에 미치는 영향을 생산승수와 소득승수, 그리고 고용승수에 의해 측정됨을 설명하였다. 그리고 다지역모형의 경우 최종 수요의 변화 효과를 지역내 효과와 지역간 효과로 구분하여 측정하고, 두 결과를 합하여 국민 경제에 미치는 총 효과가 계산됨을 보였다. 이러한 다지역모형에서의 승수 측정은 중앙 정부의 정책에 구체적인 방향을 제시할 수 있음을 확인하였다.

제 09 장 적용 연습 문제

문제 1 지역 투입산출모형이 전국 투입산출모형과 구별되는 특징을 설명하라.

문제 2 두 지역 r과 s의 산업별 생산량과 산업별 제품의 흐름이 아래와 같다.

$$X^r = \begin{bmatrix} 2,000 \\ 2,500 \\ 3,000 \end{bmatrix}, \quad X^s = \begin{bmatrix} 2,200 \\ 2,700 \\ 2,400 \end{bmatrix}.$$

〈표 9-A-1〉 지역간 산업제품의 흐름

투입 \ 배분		지역 r			지역 s		
		산업 1	산업 2	산업 3	산업 1	산업 2	산업 3
지역 r	산업 1	500	200	300	150	100	50
	산업 2	200	700	200	100	200	100
	산업 3	100	250	800	50	150	300
지역 s	산업 1	100	80	100	400	200	200
	산업 2	50	100	100	200	700	300
	산업 3	60	70	200	150	300	600

2-1 지역별 순투입산출계수를 계산하라.

2-2 지역별 교역계수를 계산하라.

문제 3 두 지역의 투입산출계수 행렬이 문제 2와 같다고 가정할 때, 지역 r과 지역 s의 첫 번째 산업에 대한 수출이 각각 100억원 증가했을 때, 이로 인한 지역간 확산효과와 환류효과의 크기를 계산하라.

문제 4 지역 r과 지역 s의 생산유발계수 행렬이 아래와 같이 계산되었다.

$$(I-A)^{-1}=\left[\begin{array}{ccc|ccc} 1.258 & 0.210 & 0.135 & 0.326 & 0.125 & 0.189 \\ 0.367 & 1.326 & 0.269 & 0.128 & 0.254 & 0.124 \\ 0.298 & 0.346 & 1.280 & 0.225 & 0.210 & 0.153 \\ \hline 0.120 & 0.090 & 0.125 & 1.320 & 0.321 & 0.256 \\ 0.128 & 0.145 & 0.095 & 0.238 & 1.425 & 0.352 \\ 0.186 & 0.215 & 0.126 & 0.256 & 0.285 & 1.178 \end{array}\right]$$

<u>4-1</u> 두 지역의 산업별 지역내 생산승수를 계산하라.

<u>4-2</u> 두 지역의 산업별 지역간 생산승수를 계산하라.

문제 5 두 지역의 생산유발계수 행렬이 문제 4와 동일하고, 두 지역의 산업별 노동소득 투입계수와 고용 투입계수가 아래와 같다.

〈표 9-A-2〉 지역별 노동소득 투입계수와 고용 투입계수

구분	지역 r			지역 s		
	산업 1	산업 2	산업 3	산업 1	산업 2	산업 3
노동소득 투입계수	0.370	0.320	0.270	0.330	0.400	0.350
고용 투입계수	5.510	6.530	5.060	6.050	5.980	5.800

5-1 두 지역의 산업별 전국 소득승수를 계산하라.

5-2 두 지역의 산업별 전국 고용승수를 계산하라.

5-3 지역 r 산업 2에 대한 수출이 100억원 증가하였다. 이로 인한 지역별 산업별 소득유발효과와 고용유발효과를 계산하라.

문제 6 두 지역경제의 투입산출계수 행렬이 아래와 같이 주어졌다.

$$A = \begin{bmatrix} A^{rr} & A^{rs} \\ A^{sr} & A^{ss} \end{bmatrix} = \left[\begin{array}{ccc:ccc} 0.240 & 0.072 & 0.083 & 0.059 & 0.0.37 & 0.033 \\ 0.075 & 0.260 & 0.063 & 0.036 & 0.059 & 0.050 \\ 0.050 & 0.140 & 0.283 & 0.027 & 0.048 & 0.146 \\ \hdashline 0.045 & 0.040 & 0.050 & 0.250 & 0.078 & 0.092 \\ 0.020 & 0.048 & 0.060 & 0.091 & 0.278 & 0.146 \\ 0.025 & 0.032 & 0.083 & 0.055 & 0.104 & 0.292 \end{array}\right]$$

6-1 지역별 생산유발계수 행렬을 계산하라.

6-2 생산유발계수 행렬을 지역내 파급효과와 지역간 파급효과, 그리고 지역간 환류효과를 나타내는 세 개의 승수행렬로 구분하라.

제 09 장

적용 문제 풀이

문제 1

지역 투입산출모형이 전국 투입산출모형과 구별되는 첫 번째 특징은 생산구조의 지역적 특성이 반영된다는 점이다. 투입산출모형에서 생산구조는 투입산출계수로 나타낸다. 전국모형의 투입산출계수는 지역별 투입산출계수의 평균이라고 할 수 있다. 지역 투입산출모형에서 투입산출계수는 해당 지역의 생산구조를 반영하고 있다. 두 번째 특징은 지역의 개방성 즉, 지역간 상품의 교역구조가 모형에 반영된다는 점이다.

문제 2

2-1

지역 r과 지역 s의 순투입산출계수는 아래 수식에 의해 계산된다.

$$a_{ij}^{rr} = \frac{X_{ij}^{rr}}{X_j^r}, \; a_{ij}^{ss} = \frac{X_{ij}^{ss}}{X_j^s}.$$

$$a_{11}^{rr} = \frac{500}{2,000}, \; a_{12}^{rr} = \frac{200}{2,500}, \; a_{13}^{rr} = \frac{300}{3,000}$$

$$a_{21}^{rr} = \frac{200}{2,000}, \; a_{22}^{rr} = \frac{700}{2,500}, \; a_{23}^{rr} = \frac{200}{3,000}$$

$$a_{31}^{rr} = \frac{100}{2,000}, \; a_{32}^{rr} = \frac{250}{2,500}, \; a_{33}^{rr} = \frac{800}{3,000}$$

$$a_{11}^{ss} = \frac{400}{2,200}, \; a_{12}^{ss} = \frac{200}{2,700}, \; a_{13}^{ss} = \frac{200}{2,400}$$

$$a_{21}^{ss} = \frac{200}{2,200}, \; a_{22}^{ss} = \frac{700}{2,700}, \; a_{23}^{ss} = \frac{300}{2,400}$$

$$a_{31}^{ss} = \frac{150}{2,200}, \; a_{32}^{ss} = \frac{300}{2,700}, \; a_{33}^{ss} = \frac{600}{2,400}$$

$$A^{rr} = \begin{bmatrix} 0.250 & 0.080 & 0.100 \\ 0.100 & 0.280 & 0.067 \\ 0.050 & 0.100 & 0.267 \end{bmatrix}, \quad A^{ss} = \begin{bmatrix} 0.182 & 0.074 & 0.083 \\ 0.091 & 0.259 & 0.125 \\ 0.068 & 0.111 & 0.250 \end{bmatrix}.$$

문제 2

2-2

지역 r과 지역 s의 지역간 교역계수는 아래 수식에 의해 계산된다.

$$a_{ij}^{rs} = \frac{X_{ij}^{rs}}{X_j^s}, \quad a_{ij}^{sr} = \frac{X_{ij}^{sr}}{X_j^r}.$$

$$a_{11}^{rs} = \frac{150}{2{,}200}, \quad a_{12}^{rs} = \frac{100}{2{,}700}, \quad a_{13}^{rs} = \frac{50}{2{,}400}$$

$$a_{21}^{rs} = \frac{100}{2{,}200}, \quad a_{22}^{rs} = \frac{200}{2{,}700}, \quad a_{23}^{rs} = \frac{100}{2{,}400}$$

$$a_{31}^{rs} = \frac{50}{2{,}200}, \quad a_{32}^{rs} = \frac{150}{2{,}700}, \quad a_{33}^{rs} = \frac{300}{2{,}400}$$

$$a_{11}^{sr} = \frac{100}{2{,}000}, \quad a_{12}^{sr} = \frac{80}{2{,}500}, \quad a_{13}^{sr} = \frac{100}{3{,}000}$$

$$a_{21}^{sr} = \frac{50}{2{,}000}, \quad a_{22}^{sr} = \frac{100}{2{,}500}, \quad a_{23}^{sr} = \frac{100}{3{,}000}$$

$$a_{31}^{sr} = \frac{60}{2{,}000}, \quad a_{32}^{sr} = \frac{70}{2{,}500}, \quad a_{33}^{sr} = \frac{200}{3{,}000}$$

$$A^{rs} = \begin{bmatrix} 0.068 & 0.037 & 0.021 \\ 0.045 & 0.074 & 0.042 \\ 0.023 & 0.056 & 0.125 \end{bmatrix}, \quad A^{sr} = \begin{bmatrix} 0.050 & 0.032 & 0.033 \\ 0.025 & 0.040 & 0.033 \\ 0.030 & 0.028 & 0.067 \end{bmatrix}.$$

문제 3

지역간 확산효과와 환류효과의 크기는 지역간 산업연관표로부터 계산된 생산유발효과와 각 지역별 단일지역 산업연관표로부터 계산된 생산유발효과의 차이로 계산할 수 있다. 먼저, 두 지역경제의 투입산출계수 행렬로부터 두 지역경제의 생산유발계수 행렬은 다음과 같이 계산된다.

$$(I-A)^{-1} = \left[\begin{array}{ccc|ccc} 1.398 & 0.208 & 0.235 & 0.162 & 0.144 & 0.132 \\ 0.232 & 1.467 & 0.197 & 0.144 & 0.213 & 0.172 \\ 0.156 & 0.247 & 1.449 & 0.114 & 0.198 & 0.305 \\ \hline 0.120 & 0.103 & 0.110 & 1.278 & 0.182 & 0.200 \\ 0.099 & 0.129 & 0.127 & 0.204 & 1.442 & 0.294 \\ 0.104 & 0.114 & 0.174 & 0.168 & 0.262 & 1.434 \end{array}\right]$$

지역 r과 지역 s의 산업 1에 대한 수출이 각각 100억원 증가했을 때 이로 인한 생산유발효과는 아래와 같이 계산된다.

$$\Delta X = (I - A)^{-1}\Delta F = \begin{bmatrix} 1.398 & 0.208 & 0.235 & 0.162 & 0.144 & 0.132 \\ 0.232 & 1.467 & 0.197 & 0.144 & 0.213 & 0.172 \\ 0.156 & 0.247 & 1.449 & 0.114 & 0.198 & 0.305 \\ 0.120 & 0.103 & 0.110 & 1.278 & 0.182 & 0.200 \\ 0.099 & 0.129 & 0.127 & 0.204 & 1.442 & 0.294 \\ 0.104 & 0.114 & 0.174 & 0.168 & 0.262 & 1.434 \end{bmatrix} \begin{bmatrix} 100 \\ 0 \\ 0 \\ 100 \\ 0 \\ 0 \end{bmatrix} = \begin{bmatrix} 155.9 \\ 37.7 \\ 27.0 \\ 139.8 \\ 30.3 \\ 27.4 \end{bmatrix}.$$

지역 r의 산업 1에 대한 수출이 100억원 증가했을 때 이로 인한 생산유발효과는 아래와 같이 계산된다.

$$(I - A^{rr})^{-1} = \begin{bmatrix} 1.371 & 0.181 & 0.203 \\ 0.202 & 1.433 & 0.158 \\ 0.121 & 0.208 & 1.399 \end{bmatrix},$$

$$\Delta X^r = (I - A^{rr})^{-1}\Delta F^r = \begin{bmatrix} 1.371 & 0.181 & 0.203 \\ 0.202 & 1.433 & 0.158 \\ 0.121 & 0.208 & 1.399 \end{bmatrix} \begin{bmatrix} 100 \\ 0 \\ 0 \end{bmatrix} = \begin{bmatrix} 137.1 \\ 20.2 \\ 12.1 \end{bmatrix}.$$

마찬가지로 지역 s의 산업 1에 대한 수출이 100억원 증가했을 때 이로 인한 생산유발효과는 아래와 같이 계산된다.

$$(I - A^{ss})^{-1} = \begin{bmatrix} 1.253 & 0.150 & 0.164 \\ 0.177 & 1.406 & 0.254 \\ 0.140 & 0.222 & 1.386 \end{bmatrix},$$

$$\Delta X^s = (I - A^{ss})^{-1}\Delta F^s = \begin{bmatrix} 1.253 & 0.150 & 0.164 \\ 0.177 & 1.406 & 0.254 \\ 0.140 & 0.222 & 1.386 \end{bmatrix} \begin{bmatrix} 100 \\ 0 \\ 0 \end{bmatrix} = \begin{bmatrix} 125.3 \\ 17.7 \\ 14.0 \end{bmatrix}.$$

따라서 지역간 확산효과와 환류효과의 크기는 아래와 같이 계산된다.

$$\begin{bmatrix} 155.9 \\ 37.7 \\ 27.0 \\ 139.8 \\ 30.3 \\ 27.4 \end{bmatrix} - \begin{bmatrix} 137.1 \\ 20.2 \\ 12.1 \\ 125.3 \\ 17.7 \\ 14.0 \end{bmatrix} = \begin{bmatrix} 18.8 \\ 17.5 \\ 14.9 \\ 14.6 \\ 12.5 \\ 13.2 \end{bmatrix}$$

문제 4 — 4-1

두 지역 r과 s의 산업별 지역내 생산승수는 아래 식에 의해 계산된다.

$$O_j^{rr} = \sum_i \lambda_{ij}^{rr}, \ O_j^{ss} = \sum_i \lambda_{ij}^{ss}.$$

지역 r 산업 1의 지역내 생산승수는 1.923이고, 산업 2는 1.882, 산업 3은 1.684이다.

$$O_1^{rr} = 1.258 + 0.367 + 0.298 = 1.923,$$

$$O_2^{rr} = 0.210 + 1.326 + 0.346 = 1.882,$$

$$O_3^{rr} = 0.135 + 0.269 + 1.280 = 1.684.$$

지역 s 산업 1의 지역내 생산승수는 1.814이고, 산업 2는 2.031, 산업 3은 1.786이다.

$$O_1^{ss} = 1.320 + 0.238 + 0.256 = 1.814,$$

$$O_2^{ss} = 0.321 + 1.425 + 0.285 = 2.031,$$

$$O_3^{ss} = 0.256 + 0.352 + 1.178 = 1.786.$$

문제 4 — 4-2

먼저, 지역 r 산업 j에 대한 최종수요 한 단위 변화가 지역 s 전산업 생산에 미치는 효과는 아래 식에 의해 계산된다.

$$O_j^{sr} = \sum_i \lambda_{ij}^{sr}.$$

지역 r 산업 1의 지역간 생산승수는 0.434이고, 산업 2는 0.450, 산업 3은 0.346이다.

$$O_1^{sr} = 0.120 + 0.128 + 0.186 = 0.434,$$

$$O_2^{sr} = 0.090 + 0.145 + 0.215 = 0.450,$$

$$O_3^{sr} = 0.125 + 0.095 + 0.126 = 0.346.$$

지역 s 산업 1의 지역간 생산승수는 0.679이고, 산업 2는 0.589, 산업 3은 0.466이다.

$$O_1^{rs} = 0.326 + 0.128 + 0.225 = 0.679,$$

$$O_2^{rs} = 0.125 + 0.254 + 0.210 = 0.589,$$

$$O_3^{rs} = 0.189 + 0.124 + 0.153 = 0.466.$$

문제 5 — 5-1

지역 r과 지역 s의 산업별 전국 소득승수는 아래 수식과 같이 계산된다.

$$H_j^{rn} = H_j^{rr} + H_j^{sr},\ H_j^{sn} = H_j^{ss} + H_j^{rs},$$

$$H_j^{rr} = \sum_i a_{n+1,i}^r \lambda_{ij}^{rr},\ H_j^{sr} = \sum_i a_{n+1,i}^s \lambda_{ij}^{sr},$$

$$H_j^{ss} = \sum_i a_{n+1,i}^s \lambda_{ij}^{ss},\ H_j^{rs} = \sum_i a_{n+1,i}^r \lambda_{ij}^{rs}.$$

$$H_1^{rn} = 0.370 \times 1.258 + 0.320 \times 0.367 + 0.270 \times 0.298$$
$$+ 0.330 \times 0.120 + 0.400 \times 0.128 + 0.350 \times 0.186 = 0.819$$

$$H_2^{rn} = 0.370 \times 0.210 + 0.320 \times 1.326 + 0.270 \times 0.346$$
$$+ 0.330 \times 0.090 + 0.400 \times 0.145 + 0.350 \times 0.210 = 0.758$$

$$H_3^{rn} = 0.370 \times 0.135 + 0.320 \times 0.269 + 0.270 \times 1.280$$
$$+ 0.330 \times 0.125 + 0.400 \times 0.095 + 0.350 \times 0.126 = 0.605$$

$$H_1^{sn} = 0.370 \times 0.326 + 0.320 \times 0.128 + 0.270 \times 0.225$$
$$+ 0.330 \times 1.320 + 0.400 \times 0.238 + 0.350 \times 0.256 = 0.843$$

$$H_2^{sn} = 0.370 \times 0.125 + 0.320 \times 0.254 + 0.270 \times 0.210$$
$$+ 0.330 \times 0.321 + 0.400 \times 1.425 + 0.350 \times 0.285 = 0.960$$

$$H_3^{sn} = 0.370 \times 0.189 + 0.320 \times 0.124 + 0.270 \times 0.153$$
$$+ 0.330 \times 0.256 + 0.400 \times 0.352 + 0.350 \times 1.178 = 0.789$$

문제 5 — 5-2

지역 r과 지역 s의 산업별 전국 고용승수는 아래 수식과 같이 계산된다.

$$E_j^{rn} = E_j^{rr} + E_j^{sr},\ E_j^{sn} = E_j^{ss} + E_j^{rs},$$

$$E_j^{rr} = \sum_i z_{n+1,i}^r \lambda_{ij}^{rr},\ E_j^{sr} = \sum_i z_{n+1,i}^s \lambda_{ij}^{sr},$$

$$E_j^{ss} = \sum_i z_{n+1,i}^s \lambda_{ij}^{ss},\ E_j^{rs} = \sum_i z_{n+1,i}^r \lambda_{ij}^{rs}.$$

$$E_1^{rn} = 5.510 \times 1.258 + 6.530 \times 0.367 + 5.060 \times 0.298$$
$$+ 6.050 \times 0.120 + 5.980 \times 0.128 + 5.800 \times 0.186 = 13.406$$

$$E_2^{rn} = 5.510 \times 0.210 + 6.530 \times 1.326 + 5.060 \times 0.346$$

$$+6.050\times 0.090+5.980\times 0.145+5.800\times 0.210=14.225$$

$$E_3^{rn}=5.510\times 0.135+6.530\times 0.269+5.060\times 1.280$$

$$+6.050\times 0.125+5.980\times 0.095+5.800\times 0.126=11.032$$

$$E_1^{sn}=5.510\times 0.326+6.530\times 0.128+5.060\times 0.225$$

$$+6.050\times 1.320+5.980\times 0.238+5.800\times 0.256=14.665$$

$$E_2^{sn}=5.510\times 0.125+6.530\times 0.254+5.060\times 0.210$$

$$+6.050\times 0.321+5.980\times 1.425+5.800\times 0.285=15.527$$

$$E_3^{sn}=5.510\times 0.189+6.530\times 0.124+5.060\times 0.153$$

$$+6.050\times 0.256+5.980\times 0.352+5.800\times 1.178=13.111$$

문제 5 　5-3

최종수요 변화에 따른 소득유발효과는 아래 수식과 같이 노동소득 투입계수 행렬과 생산유발계수 행렬의 곱에 최종수요 변화를 곱하면 계산된다.

$\Delta H=\hat{A}_{n+1}\cdot(I-A)^{-1}\cdot\Delta F$, 단, $\hat{A}_{n+1}$는 노동소득 투입계수의 대각행렬을 의미함

위 식을 통해 계산된 지역별 산업별 소득유발효과는 아래와 같다.

$$\Delta H=\begin{bmatrix}0.370&0.000&0.000&0.000&0.000&0.000\\0.000&0.320&0.000&0.000&0.000&0.000\\0.000&0.000&0.270&0.000&0.000&0.000\\0.000&0.000&0.000&0.330&0.000&0.000\\0.000&0.000&0.000&0.000&0.400&0.000\\0.000&0.000&0.000&0.000&0.000&0.350\end{bmatrix}\begin{bmatrix}1.258&0.210&0.135&0.326&0.125&0.189\\0.367&1.326&0.269&0.128&0.254&0.124\\0.298&0.346&1.280&0.225&0.210&0.153\\0.120&0.090&0.125&1.320&0.321&0.256\\0.128&0.145&0.095&0.238&1.425&0.352\\0.186&0.215&0.126&0.256&0.285&1.178\end{bmatrix}\begin{bmatrix}0\\100\\0\\0\\0\\0\end{bmatrix}$$

$$=\begin{bmatrix}7.770\\42.432\\9.342\\2.970\\5.800\\7.525\end{bmatrix}$$

최종수요 변화에 따른 고용유발효과는 아래 수식과 같이 고용투입계수 행렬과 생산유발계수 행렬의 곱에 최종수요 변화를 곱하면 계산된다.

$\Delta E=\hat{Z}_{n+1}\cdot(I-A)^{-1}\cdot\Delta F$, 단, $\hat{Z}_{n+1}$는 고용투입계수의 대각행렬을 의미함.

위 식을 통해 계산된 지역별 산업별 고용유발효과는 아래와 같다.

$$\Delta E = \begin{bmatrix} 5.510 & 0.000 & 0.000 & 0.000 & 0.000 & 0.000 \\ 0.000 & 6.530 & 0.000 & 0.000 & 0.000 & 0.000 \\ 0.000 & 0.000 & 5.060 & 0.000 & 0.000 & 0.000 \\ 0.000 & 0.000 & 0.000 & 6.050 & 0.000 & 0.000 \\ 0.000 & 0.000 & 0.000 & 0.000 & 5.980 & 0.000 \\ 0.000 & 0.000 & 0.000 & 0.000 & 0.000 & 5.800 \end{bmatrix} \begin{bmatrix} 1.258 & 0.210 & 0.135 & 0.326 & 0.125 & 0.189 \\ 0.367 & 1.326 & 0.269 & 0.128 & 0.254 & 0.124 \\ 0.298 & 0.346 & 1.280 & 0.225 & 0.210 & 0.153 \\ 0.120 & 0.090 & 0.125 & 1.320 & 0.321 & 0.256 \\ 0.128 & 0.145 & 0.095 & 0.238 & 1.425 & 0.352 \\ 0.186 & 0.215 & 0.126 & 0.256 & 0.285 & 1.178 \end{bmatrix} \begin{bmatrix} 0 \\ 100 \\ 0 \\ 0 \\ 0 \\ 0 \end{bmatrix}$$

$$= \begin{bmatrix} 115.710 \\ 865.878 \\ 175.076 \\ 54.450 \\ 86.710 \\ 124.700 \end{bmatrix}$$

문제 6 — 6-1

생산유발계수 행렬은 아래와 같이 계산된다.

$$(I-A)^{-1} = \begin{bmatrix} 1.369 & 0.200 & 0.220 & 0.155 & 0.143 & 0.173 \\ 0.173 & 1.432 & 0.194 & 0.127 & 0.182 & 0.203 \\ 0.161 & 0.342 & 1.519 & 0.140 & 0.211 & 0.406 \\ 0.124 & 0.148 & 0.177 & 1.404 & 0.222 & 0.280 \\ 0.098 & 0.178 & 0.216 & 0.235 & 1.502 & 0.401 \\ 0.099 & 0.149 & 0.240 & 0.170 & 0.275 & 1.555 \end{bmatrix}$$

문제 6 — 6-2

지역내 파급효과는 지역에서 생산된 산업 재화에 대한 최종 수요 한 단위의 변화가 그 지역내 산업들에 미치는 효과를 말한다. 지역내 파급효과는 아래에 제시된 λ_{intra} 승수행렬로부터 계산된다.

$$(\lambda_{intra}) = \begin{bmatrix} 1.369 & 0.200 & 0.220 & 0.000 & 0.000 & 0.000 \\ 0.173 & 1.432 & 0.194 & 0.000 & 0.000 & 0.000 \\ 0.161 & 0.342 & 1.519 & 0.000 & 0.000 & 0.000 \\ 0.000 & 0.000 & 0.000 & 1.404 & 0.222 & 0.280 \\ 0.000 & 0.000 & 0.000 & 0.235 & 1.502 & 0.401 \\ 0.000 & 0.000 & 0.000 & 0.170 & 0.275 & 1.555 \end{bmatrix}.$$

위에 제시된 지역내 파급효과 승수행렬로부터 산업별 지역내 파급효과는 다음과 같은 식에 의해 계산된다.

$$\lambda^{rr}_{(intra)j} = \sum_i \lambda^{rr}_{(intra)ij}, \quad \lambda^{ss}_{(intra)j} = \sum_i \lambda^{ss}_{(intra)ij}.$$

위의 식을 이용하여 지역 r과 지역 s의 산업별 지역내 파급효과를 계산하면 다음과 같다.

$$\lambda^{r}_{(intra)1} = 1.369 + 0.173 + 0.161 = 1.703,$$

$$\lambda^{r}_{(intra)2} = 0.200 + 1.432 + 0.342 = 1.974,$$

$$\lambda^{r}_{(intra)3} = 0.220 + 0.194 + 1.519 = 1.933,$$

$$\lambda^{s}_{(intra)1} = 1.404 + 0.235 + 0.170 = 1.809,$$

$$\lambda^{s}_{(intra)2} = 0.222 + 1.502 + 0.275 = 1.999,$$

$$\lambda^{s}_{(intra)3} = 0.280 + 0.401 + 1.555 = 2.236.$$

지역간 확산효과는 지역 r에서 생산된 산업 재화에 대한 최종 수요 한 단위 변화가 다른 지역 s에 미치는 효과를 말한다. 이는 아래에 제시된 $\lambda_{spillover}$ 승수행렬로부터 계산된다.

$$(\lambda_{spillover}) = \begin{pmatrix} I & \lambda^{rs}_{spillover} \\ \lambda^{sr}_{spillover} & I \end{pmatrix} = \left[\begin{array}{ccc|ccc} 1.000 & 0.000 & 0.000 & 0.089 & 0.067 & 0.077 \\ 0.000 & 1.000 & 0.000 & 0.064 & 0.097 & 0.097 \\ 0.000 & 0.000 & 1.000 & 0.057 & 0.091 & 0.226 \\ \hline 0.066 & 0.065 & 0.088 & 1.000 & 0.000 & 0.000 \\ 0.042 & 0.083 & 0.114 & 0.000 & 1.000 & 0.000 \\ 0.042 & 0.057 & 0.130 & 0.000 & 0.000 & 1.000 \end{array}\right].$$

$\lambda_{spillover}$ 승수행렬로부터 산업별 지역간 확산효과는 다음과 같은 식에 의해 구해진다.

$$\lambda^{rs}_{(spillover)j} = \sum_i \lambda^{rs}_{(spillover)ij},\ \lambda^{sr}_{(spillover)j} = \sum_i \lambda^{sr}_{(spillover)ij}.$$

위의 식을 이용하여 지역 r과 지역 s의 산업별 지역간 확산효과를 계산하면 다음과 같다.

$$\lambda^{sr}_{(spillover)1} = 0.066 + 0.042 + 0.042 = 0.150,$$

$$\lambda^{sr}_{(spillover)2} = 0.065 + 0.083 + 0.057 = 0.205,$$

$$\lambda^{sr}_{(spillover)3} = 0.088 + 0.114 + 0.130 = 0.332,$$

$$\lambda^{rs}_{(spillover)1} = 0.089 + 0.064 + 0.057 = 0.210,$$

$$\lambda^{rs}_{(spillover)2} = 0.067 + 0.097 + 0.091 = 0.255,$$

$$\lambda^{rs}_{(spillover)3} = 0.077 + 0.097 + 0.226 = 0.400.$$

지역간 환류효과는 지역 r에서 생산된 산업 재화에 대한 최종 수요 한 단위 변화가 지역 s를 통해 다시 지역 r의 산업 생산에 미치는 효과이다. 이러한 환류효과는 아래의 $\lambda_{feedback}$ 승수행렬에 의해 계산된다.

$$(\lambda_{feedback}) = \begin{pmatrix} \lambda^{rr}_{feedback} & 0 \\ 0 & \lambda^{ss}_{feedback} \end{pmatrix} = \left[\begin{array}{ccc|ccc} 1.013 & 0.017 & 0.027 & 0.000 & 0.000 & 0.000 \\ 0.013 & 1.019 & 0.032 & 0.000 & 0.000 & 0.000 \\ 0.019 & 0.026 & 1.048 & 0.000 & 0.000 & 0.000 \\ \hline 0.000 & 0.000 & 0.000 & 1.016 & 0.020 & 0.034 \\ 0.000 & 0.000 & 0.000 & 0.017 & 1.023 & 0.040 \\ 0.000 & 0.000 & 0.000 & 0.016 & 0.022 & 1.041 \end{array}\right].$$

$\lambda_{feedback}$ 승수행렬로부터 산업별 환류효과는 다음과 같은 식에 의해 계산된다.

$$\lambda^{rr}_{(feedback)j} = \sum_i \lambda^{rr}_{(feedback)ij},\ \lambda^{ss}_{(feedback)j} = \sum_i \lambda^{ss}_{(feedback)ij}.$$

위 식을 이용하여 지역간 환류효과를 산업별로 계산하면 다음과 같다.

$$\lambda^{rr}_{(feedback)1} = 1.013 + 0.013 + 0.019 = 1.045,$$

$$\lambda^{rr}_{(feedback)2} = 0.017 + 1.019 + 0.026 = 1.062,$$

$$\lambda^{rr}_{(feedback)3} = 0.027 + 0.032 + 1.048 = 1.107.$$

$$\lambda^{ss}_{(feedback)1} = 1.016 + 0.017 + 0.016 = 1.049,$$

$$\lambda^{ss}_{(feedback)2} = 0.020 + 1.023 + 0.022 = 1.065,$$

$$\lambda^{ss}_{(feedback)3} = 0.034 + 0.040 + 1.041 = 1.115.$$

지금까지 살펴본 지역별 산업별 지역내 파급효과와 지역간 확산효과, 그리고 지역간 환류효과를 정리하면 아래 표와 같다.

〈표 9-A-3〉 지역별 승수 비교

지역	산업	$\lambda_{(intra)j}$	$\lambda_{(spillover)j}$	$\lambda_{(feedback)j}$
지역 r	산업 1	1.703	0.150	1.045
	산업 2	1.974	0.205	1.062
	산업 3	1.933	0.332	1.107
	소계	5.610	0.687	3.214
지역 s	산업 1	1.809	0.210	1.049
	산업 2	1.999	0.255	1.065
	산업 3	2.236	0.400	1.115
	소계	6.044	0.865	3.229

제 10 장 가격 투입산출모형

10.1 가격 투입산출모형이란?

투입산출모형에서는 수요의 변화가 생산에 미치는 효과로 분석되지만 가격의 변화에는 아무런 영향을 미치지 않음을 가정한다. 왜냐하면 투입산출모형은 재화의 공급이 수요의 변화에 대해 무한 탄력적으로 반응한다는 가정을 바탕으로 수립되는 부분 균형체계 모형(partial equilibrium framework model)이기 때문이다. 이러한 투입산출모형은 산업별 재화의 배분구조로부터 수립된 모형이다. 그러나 산업별 재화 생산의 투입구조로부터 가격결정구조가 파악될 수 있으며, 이로부터 정책이나 환경의 변화가 가격변화에 미치는 영향이 분석될 수 있다.

본 장에서는 산업의 생산과정에 투입되는 중간재 가격이나 노동과 자본같은 본원적 생산요소(primary input factor)의 가격변화에 따른 산업별 재화가격의 변화에 대해 설명한다. 일반적으로 생산원료의 가격이 높아지거나 노동임금이 상승할 때 재화의 가격은 상승하게 된다. 이에 대한 예는 유류가격이 상승하면서 인상되는 교통요금이나 노동자들의 임금이 높아지면서 인상되는 제품의 가격 등에서 찾아 볼 수 있다. 사실 이러한 예는 우리 주변에서 흔히 찾아 볼 수 있는 것이다. 중간재나 생산요소의 가격변화에 의한 재화의 가격변화는 본 장에서 설명되는 가격 투입산출모형(price input-output model)을 이용하여 분석될 수 있다. 가격 투입산출모형이란 산업의 투입구조 변화가 경제를 구성하는 산업들의 재화가격에 미치는 영향을 분석하는 모형이다.

가격 투입산출모형에서 산업들의 연관관계는 산업간 금액단위의 거래가 아닌 물리적 단위(physical unit)의 거래로부터 도출된다. 여기서 물리적 단위란 재화의 수량이나 노동자의 수 또는 자본의 양과 같이 구체적인 물리적 규모를 나타낼 수 있는 단위를 가리킨다. 따라서 물리적 단위에는 개수나 인(人) 또는 톤(ton) 등이 포함된다. 엄밀히 말해 물리적 측면에서 도출되는 산업간 연관관계는 앞에서 설명한 금액단위로 거래되는 관계에서 도출되는 연관관계보다 기술적으로 더 정확하다고 할 수 있다. 왜냐하면 재화의 생산기술 특성은 생산요소의 기술적인 결합관계에 의해 정의되며, 정의된 생산요소의 결합관계는 물리적 단위로 나타나기 때문이다.

본 장에서는 산업간 연관관계와 산업별 투입구조를 바탕으로 투입요소비용의 변화가 산업별 가격에 미치는 영향 분석에 관해 설명한다. 본 장은 총 4절로 구성된다. 제2절에서는 가격 투입산출모형의 구조와 재화의 가격 결정 메커니즘에 대해 설명한다. 제3절에서는 가격 투입산출모형을 이용하여 산업의 노동임금 변화가 산업별 재화가격에 미치는 영향을 분석한다. 제4절에서는 본 장에서 다루어진 내용을 요약한다.

10.2 가격 투입산출모형의 구조

투입산출모형과 가격 투입산출모형의 차이점은 두 가지로 요약할 수 있다. 첫째, 투입산출모형은 산업별 재화의 배분구조로부터 수립되는 모형인 반면, 가격 투입산출모형은 산업의 투입구조로부터 수립되는 모형이다. 둘째, 투입산출모형은 정부기관에서 발표된 투입산출표에서 제시된 자료로부터 직접 수립되는데 비해 가격 투입산출모형은 투입산출표에서 제시된 값들을 물리적 단위로 전환한 후 분석에 적용한다. 금액 단위의 값들을 물리적 단위의 값들로 전환하기 위해서는 우선적으로 산업별 재화가격과 생산요소의 가격을 알아야 한다. 이러한 가격들을 이용하면 투입산출표에 나타난 경제 내 소득의 흐름은 물리적인 재화의 흐름으로 나타낼 수 있다.

경제 내 물리적 단위의 재화 흐름은 계획 및 정책 분야에서 다양한 연구에 유용한 자료로 활용될 수 있다. 금액 단위의 투입산출표 구조는 앞의

8장에서 설명되었듯이 표 10.1과 같다. 재화의 가격이나 생산요소의 가격을 이용하여 금액 단위의 투입산출표를 물리적 단위의 투입산출표로 전환하면 표 10.2와 같다.

표 10.1 금액 단위의 투입산출표 구조

<table>
<tr><th colspan="2" rowspan="2">배분
투입</th><th>중간 수요</th><th rowspan="2">최종 수요</th><th rowspan="2">총산출</th></tr>
<tr><th>산업 1⋯ 산업 j⋯ 산업 n</th></tr>
<tr><td>중간투입</td><td>산업 1
⋯
산업 i
⋯
산업 n</td><td>X_{ij}</td><td>F_i</td><td>X_i</td></tr>
<tr><td rowspan="2">부가가치</td><td>노동</td><td>W_j</td><td></td><td></td></tr>
<tr><td>자본</td><td>R_j</td><td></td><td></td></tr>
<tr><td colspan="2">총투입</td><td>X_j</td><td></td><td></td></tr>
</table>

표 10.2 물리적 단위의 투입산출표 구조

<table>
<tr><th colspan="2" rowspan="2">배분
투입</th><th>중간 수요</th><th rowspan="2">최종 수요</th><th rowspan="2">총산출</th></tr>
<tr><th>산업 1⋯ 산업 j⋯ 산업 n</th></tr>
<tr><td>중간투입</td><td>산업 1
⋯
산업 i
⋯
산업 n</td><td>$Q_{ij} = \frac{X_{ij}}{p_i}$</td><td>$FQ_i = \frac{F_i}{p_i}$</td><td>$Q_i = \frac{X_i}{p_i}$</td></tr>
<tr><td rowspan="2">부가가치</td><td>노동</td><td>$L_j = \frac{W_j}{p_{L,j}}$</td><td></td><td></td></tr>
<tr><td>자본</td><td>$K_j = \frac{R_j}{p_{K,j}}$</td><td></td><td></td></tr>
<tr><td colspan="2">총투입</td><td>$Q_j = \frac{X_j}{p_j}$</td><td></td><td></td></tr>
</table>

금액 단위의 투입산출표로부터 물리적 단위의 투입산출표로 전환하는 과정을 좀 더 구체적으로 설명하면 다음과 같다. 우선 표 10.1에서 산업 j의 투입구조를 식으로 나타내면 식 (10.1)과 같다.

$$X_j = \sum_i X_{ij} + W_j + R_j. \tag{10.1}$$

위의 식은 금액 단위로 제시되는 산업 j의 투입구조이다. 이러한 산업의 투입구조를 물리적 단위의 중간재 투입량과 노동 및 자본의 양으로 나타내면 다음과 같다. 물론 이를 위해서는 재화나 생산요소의 가격이 먼저 구해져야 한다.

$$p_j Q_j = \sum_i p_i Q_{ij} + p_{L,j} L_j + p_{K,j} K_j, \tag{10.2}$$

p_j : 산업 j제품의 가격,

Q_j : 산업 j제품의 생산량,

Q_{ij} : 산업 j제품 생산에 투입된 산업 i제품의 양,

$p_{L,j}(p_{K,j})$: 산업 j에 투입된 노동(자본)의 가격,

$L_j(K_j)$: 산업 j에 투입된 노동자의 수(자본의 양).

재화의 가격을 이용하여 산업간 거래되는 금액을 물량 단위로 나타내고, 이로부터 산업간 연관관계를 나타내는 투입산출계수는 식 (10.3)에 의해 계산된다. 단, 여기서는 앞의 8장과 9장에서 설명한 투입산출계수와 구분하기 위해 가격 투입산출모형에서 계산되는 투입산출계수를 물리적 투입산출계수(physical input-output coefficient)로 부르기로 한다.

$$c_{ij} = \frac{Q_{ij}}{Q_j}, \tag{10.3}$$

c_{ij} : 물리적 투입산출계수.

투입산출계수 a_{ij}는 산업 j제품의 1원당 투입되는 산업 i제품의 가치를 의미하지만, 물리적 투입산출계수 c_{ij}는 산업 j의 한 단위 제품당 투입되는 재화 i의 물리적인 양이다. 따라서 a_{ij}는 1보다 작으나 c_{ij}는 1보다 작아야 하는 제한이 없다. 즉 c_{ij}는 1보다 클 수도 있다. 이를 예로 들어 설명하면 다음과 같다. 자동차를 생산하는 회사와 타이어를 생산하는 회사의 연관관계를 생각해 보자. 만일 자동차 생산 회사의 총매출이 1,000억 원이고 이중 타이어 생산 회사에 지불하는 비용이 10억 원이라면 자동차 생산 회사 입장에서 볼 때 타이어 생산 회사와의 관계는 투입산출계수 0.01로 표현된다. 그러나 물리적 투입산출계수는 자동차 한 대 생산에 투입되는 타이어의 개수로 나타나므로

자동차 생산회사와 타이어 생산회사 간의 물리적 투입산출계수는 5가 된다. 왜냐하면 자동차 한 대 생산에 투입되는 타이어는 여유분의 타이어(spare tire)를 포함하여 모두 다섯 개가 되기 때문이다. 이와 같이 물리적 투입산출계수는 1보다 크게 나타날 수도 있다. 그러나 참고로 말하면 실제로 투입산출표를 물리적 단위의 투입산출표로 전환할 때 c_{ij}가 1보다 큰 경우는 드물다.

물리적 투입산출계수와 투입산출계수의 일반적인 관계는 다음과 같이 표현된다.

$$a_{ij} = \frac{p_i Q_{ij}}{p_j Q_j} = \frac{p_i}{p_j} c_{ij}. \tag{10.4}$$

식 (10.2)의 양변을 Q_j로 나누면 재화의 가격 구조는 다음과 같이 표현된다.

$$p_j = \sum_i p_i c_{ij} + p_{L,j} \cdot l_j + p_{K,j} \cdot k_j, \tag{10.5}$$

l_j : 산업 j의 노동투입계수, $l_j = \dfrac{L_j}{Q_j}$,

k_j : 산업 j의 자본투입계수, $k_j = \dfrac{K_j}{Q_j}$.

산업의 생산기술은 바로 제품 생산에 투입되는 원료와 생산요소의 결합기술을 말하며, 생산기술의 변함이 없음을 가정할 때는 식 (10.5)에서 c_{ij}, l_j, k_j가 일정함을 의미한다. 식 (10.5)를 이용하여 산업별로 가격구조를 나타내면 다음과 같다.

$$\begin{aligned}
p_1 &= p_1 c_{11} + p_2 c_{21} + p_3 c_{31} + \cdots + p_n c_{n1} + p_{L,1} l_1 + p_{K,1} k_1, \\
p_2 &= p_1 c_{12} + p_2 c_{22} + p_3 c_{32} + \cdots + p_n c_{n2} + p_{L,2} l_2 + p_{K,2} k_2, \\
&\cdots\cdots\cdots\cdots\cdots\cdots \\
p_n &= p_1 c_{1n} + p_2 c_{2n} + p_3 c_{3n} + \cdots + p_n c_{nn} + p_{L,n} l_n + p_{K,n} k_n.
\end{aligned} \tag{10.6}$$

위의 식을 행렬로 표시하면,

$$P = PC^T + \hat{P}_L L + \hat{P}_K K, \tag{10.7}$$

$$P=\begin{bmatrix} p_1 \\ p_2 \\ \cdot \\ p_n \end{bmatrix},\ L=\begin{bmatrix} l_1 \\ l_2 \\ \cdot \\ l_n \end{bmatrix},\ K=\begin{bmatrix} k_1 \\ k_2 \\ \cdot \\ k_n \end{bmatrix},$$

$$C=\begin{bmatrix} c_{11} & c_{12} & \cdot & c_{1n} \\ c_{21} & c_{22} & \cdot & c_{2n} \\ \cdot & \cdot & \cdot & \cdot \\ c_{n1} & c_{n2} & \cdot & c_{nn} \end{bmatrix},\ C^T=\begin{bmatrix} c_{11} & c_{21} & \cdot & c_{n1} \\ c_{12} & c_{22} & \cdot & c_{n2} \\ \cdot & \cdot & \cdot & \cdot \\ c_{1n} & c_{2n} & \cdot & c_{nn} \end{bmatrix},$$

$$\hat{P}_L=\begin{bmatrix} p_{L,1} & 0 & \cdot & 0 \\ 0 & p_{L,2} & \cdot & 0 \\ 0 & 0 & \cdot & 0 \\ 0 & 0 & \cdot & p_{L,n} \end{bmatrix},\ \hat{P}_K=\begin{bmatrix} p_{K,1} & 0 & \cdot & 0 \\ 0 & p_{K,2} & \cdot & 0 \\ 0 & 0 & \cdot & 0 \\ 0 & 0 & \cdot & p_{K,n} \end{bmatrix}.$$

식 (10.7)에서 C^T 행렬은 C 행렬의 전치행렬(transpose matrix)이다. 이 식을 산업별 재화가격의 구조식으로 표현하면 다음과 같다.

$$P=(I-C^T)^{-1}\{\hat{P}_L L+\hat{P}_K K\}. \tag{10.8}$$

식 (10.8)에서 알 수 있듯이 재화의 가격은 크게 세 가지 요인, 즉 물리적 투입산출계수의 변화, 생산요소 투입계수의 변화, 그리고 생산요소 가격의 변화에 의해 변화됨을 알 수 있다. 이러한 요인 중 물리적 투입산출계수의 변화와 생산요소 투입계수의 변화는 산업의 생산기술변화에 의한 것이라 할 수 있으며, 생산요소의 가격변화는 사회·경제적인 변화에 의한 것이라고 할 수 있다. 각 요인의 변화에 따른 재화가격의 변화를 구분하여 제시하면 다음과 같다. 우선 물리적 투입산출계수의 변화로 인한 재화의 가격변화는 식 (10.9)와 같이 나타난다.

$$\Delta P_c=\Delta C^T(I-C^T)^{-1}\left(\hat{P}_L L+\hat{P}_K K\right), \tag{10.9}$$

$$\Delta P_c=\begin{bmatrix} \Delta p_1 \\ \Delta p_2 \\ \cdot \\ \Delta p_n \end{bmatrix},\ \Delta C^T=\begin{bmatrix} \Delta c_{11} & \Delta c_{21} & \cdot & \Delta c_{n1} \\ \Delta c_{12} & \Delta c_{22} & \cdot & \Delta c_{n2} \\ \cdot & \cdot & \cdot & \cdot \\ \Delta c_{1n} & \Delta c_{2n} & \cdot & \Delta c_{nn} \end{bmatrix},$$

ΔP_c : 물리적 투입산출계수의 변화에 의한 재화의 가격변화.

생산요소의 투입계수, 즉 노동투입계수나 자본투입계수의 변화에 따른 재화의 가격변화는 다음과 같이 표현된다.

$$\Delta P_L=(I-C^T)^{-1}(\hat{P}_L\Delta L),\ \Delta P_K=(I-C^T)^{-1}(\hat{P}_K\Delta K), \tag{10.10}$$

$$\triangle L = \begin{bmatrix} \triangle l_1 \\ \triangle l_2 \\ \cdot \\ \triangle l_n \end{bmatrix}, \ \triangle K = \begin{bmatrix} \triangle k_1 \\ \triangle k_2 \\ \cdot \\ \triangle k_n \end{bmatrix},$$

$\triangle P_L$: 노동투입계수의 변화로 인한 재화가격의 변화,

$\triangle P_K$: 자본투입계수의 변화로 인한 재화가격의 변화.

노동과 자본의 가격변화가 재화의 가격변화에 미치는 영향은 다음과 같이 표현된다.

$$\triangle P_{PL} = (I - C^T)^{-1}(\triangle \hat{P}_L L), \ \triangle P_{PK} = (I - C^T)^{-1}(\triangle \hat{P}_K K), \quad (10.11)$$

$$\triangle \hat{P}_L = \begin{bmatrix} \triangle p_{L,1} & 0 & \cdot & 0 \\ 0 & \triangle p_{L,2} & \cdot & 0 \\ 0 & 0 & \cdot & 0 \\ 0 & 0 & \cdot & \triangle p_{L,n} \end{bmatrix}, \ \triangle \hat{P}_K = \begin{bmatrix} \triangle p_{K,1} & 0 & \cdot & 0 \\ 0 & \triangle p_{K,2} & \cdot & 0 \\ 0 & 0 & \cdot & 0 \\ 0 & 0 & \cdot & \triangle p_{K,n} \end{bmatrix},$$

$\triangle P_{PL}$: 노동가격변화에 따른 재화가격의 변화,

$\triangle P_{PK}$: 자본가격변화에 따른 재화가격의 변화.

종합하면 식 (10.8)의 모든 항목이 동시에 변할 때 재화가격의 변화 ($\triangle P_T$)는 식 (10.9)~식 (10.11)에 의해 계산되는 각 요인별 가격변화의 합이 된다.

$$\triangle P_T = \triangle P_C + \triangle P_L + \triangle P_K + \triangle P_{PL} + \triangle P_{PK}. \quad (10.12)$$

지금까지 설명한 내용을 요약하면 다음과 같다. 산업의 투입구조가 외부 충격에 의해 변하였을 때 그 변화는 궁극적으로 재화의 가격변화로 나타나게 되며, 그러한 가격의 변화는 가격 투입산출모형을 이용하여 분석할 수 있다. 그리고 가격 투입산출모형에서 의미하는 외부 충격은 물리적 투입산출계수의 변화와 생산요소의 투입계수변화, 그리고 생산요소의 가격변화이다. 이와 같은 가격 투입산출모형의 현실 적용에 대한 설명은 다음 절에서 이어진다.

10.3 가격 투입산출모형의 적용: 노동가격 변화와 재화가격 변화

어느 가상의 국가 "A"의 투입산출표가 표 10.3과 같이 주어졌다고 하자. 표에서 보이듯이 "A"국의 경제는 두 개의 산업과 두 개의 생산요소로 구성된 경제이다. 그리고 두 재화의 가격과 산업별 노동 및 자본의 가격도 다음과 같이 주어졌다고 하자.

$$p_1 = 2,\ p_2 = 3,\ p_{L,1} = p_{L,2} = 4,\ p_{K,1} = p_{K,2} = 5.$$

만일 "A"국에서 노동 가격, 즉 임금수준이 30% 상승된다면 재화의 가격은 얼마나 상승할 것인가를 가격 투입산출모형을 이용하여 분석해 보자. 여기서는 산업별로 노동가격의 인상 효과를 분석하기 위해 세부적으로 산업 1에 고용된 노동자의 임금이 30% 상승한 경우와 산업 2에 고용된 노동자의 임금이 30% 상승한 경우, 그리고 두 산업 모두 30% 상승한 경우로 구분하여 살펴보기로 한다. 이러한 분석을 위해서는 먼저 "A"국의 투입산출표를 앞에서 주어진 재화 및 생산요소의 가격을 이용하여 물리적 단위의 투입산출표로 전환해야 한다. 전환된 물리적 단위의 투입산출표는 표 10.4와 같다.

표 10.3 "A" 국의 투입산출표(금액 단위)

투입 \ 배분		중간 수요		최종 수요		총산출
		산업 1	산업 2	소비	정부	
중간투입	산업 1	400	300	1,000	150	1,850
	산업 2	150	750	1,200	750	2,850
부가가치	노동	600	800			
	자본	700	1,000			
총투입		1,850	2,850			

표 10.4 "A" 국의 투입산출표(물리적 단위)

투입 \ 배분		중간 수요		최종 수요		총산출
		산업 1	산업 2	소비	정부	
중간투입	산업 1	200	150	500	75	925
	산업 2	50	250	400	250	950
부가가치	노동	150	200			
	자본	140	200			
총투입		925	950			

표 10.4로부터 물리적 투입산출계수 행렬 C와 산업간 연관관계를 나타내는 역행렬, $(I-C^T)^{-1}$를 계산하면 다음과 같다.

$$C=\begin{bmatrix}0.216 & 0.158\\ 0.054 & 0.263\end{bmatrix},\ (I-C^T)^{-1}=\begin{bmatrix}1.295 & 0.095\\ 0.278 & 1.378\end{bmatrix}.$$

그리고 노동가격이 30% 상승되었을 때 산업별 노동가격의 변화 폭은 모두 1.2이다.

$$\triangle P_{L,1}=\triangle P_{L,2}=4\times 0.3=1.2.$$

"A"국의 경제에서 노동가격 변화에 따른 재화가격의 변화는 식 (10.11)을 이용하여 분석된다.

❑ 산업 1의 노동가격이 30% 상승한 경우

"A"국내 산업 1의 노동가격이 30% 상승한 경우 재화가격의 변화는 다음과 같은 과정을 통해 계산된다.

$$\triangle P_L=(I-C^T)^{-1}(\widehat{\triangle P_L}L),$$

$$\triangle P_{L,1}=\begin{bmatrix}1.295 & 0.095\\ 0.278 & 1.378\end{bmatrix}\cdot\begin{bmatrix}1.2 & 0\\ 0 & 0\end{bmatrix}\cdot\begin{bmatrix}0.162\\ 0.211\end{bmatrix}=\begin{bmatrix}0.252\\ 0.054\end{bmatrix},$$

$$P_{L,1}^{new}=P_{L,1}+\triangle P_{L,1}=\begin{bmatrix}2.252\\ 3.054\end{bmatrix}.$$

위에서 제시되었듯이 산업 1의 노동가격이 30% 상승하였을 때 재화의 가격변화 폭은 p_1과 p_2가 각각 0.252와 0.054이다. 따라서 변화된 산업별 재화의 가격 p_1^{new}와 p_2^{new}는 2.252와 3.054이다.

❑ 산업 2의 노동가격이 30% 상승한 경우

산업 2의 노동가격이 30% 상승한 경우 산업별 재화가격의 변화는 위에서 설명한 산업 1의 경우와 동일한 방법으로 계산된다.

$$\triangle P_{L,2}=\begin{bmatrix}1.295 & 0.095\\ 0.278 & 1.378\end{bmatrix}\cdot\begin{bmatrix}0 & 0\\ 0 & 1.2\end{bmatrix}\cdot\begin{bmatrix}0.162\\ 0.211\end{bmatrix}=\begin{bmatrix}0.024\\ 0.348\end{bmatrix},$$

$$P_{L,2}^{new}=P_{L,2}+\triangle P_{L,2}=\begin{bmatrix}2.024\\ 3.348\end{bmatrix}.$$

산업 2의 노동가격이 30% 상승하였을 때 재화의 가격변화 폭은 p_1과 p_2가 각각 0.024와 0.348이다. 따라서 재화의 변화된 가격, p_1^{new}와 p_2^{new}는 2.024와 3.348이 된다.

❑ 산업 1과 2의 노동가격이 동시에 30% 상승한 경우

"A"국에서 산업 1과 2의 노동가격이 동시에 30% 증가한 경우 재화의 가격은 다음과 같이 계산된다.

$$\triangle P_{L,12} = \begin{bmatrix} 1.295 & 0.095 \\ 0.278 & 1.378 \end{bmatrix} \cdot \begin{bmatrix} 1.2 & 0 \\ 0 & 1.2 \end{bmatrix} \cdot \begin{bmatrix} 0.162 \\ 0.211 \end{bmatrix} = \begin{bmatrix} 0.276 \\ 0.402 \end{bmatrix},$$

$$P_{L,12}^{new} = P_{L,12} + \triangle P_{L,12} = \begin{bmatrix} 2.276 \\ 3.402 \end{bmatrix}.$$

노동가격이 산업 1과 2에서 동시에 30% 증가하는 경우 재화의 가격 p_1^{new}와 p_2^{new}는 각각 2.276과 3.402가 된다.

위에서 분석된 재화의 가격변화가 "A"국 전체에 미치는 파급효과는 전통적인 투입산출모형을 이용하여 분석할 수 있다. 이에 대한 자세한 설명은 김홍배(2016)를 참조하기 바란다.

10.4 요 약

본 장에서는 산업의 투입구조로부터 수립되는 모형인 가격 투입산출모형에 대해 설명하였다. 가격 투입산출모형이란 한 산업의 생산비용 증가가 해당 산업뿐만 아니라 기타 산업의 가격에 미치는 영향을 분석하는 모형이다. 가격 투입산출모형에서 산업들의 연관관계는 산업간 금액단위의 거래가 아닌 물리적 단위의 거래로부터 도출된다. 여기서 물리적 단위란 재화의 수량이나 노동자의 수 또는 자본의 양과 같이 구체적인 물리적 규모를 나타낼 수 있는 단위를 가리킨다. 따라서 물리적 단위에는 개수나 인(人) 또는 톤(ton) 등이 포함된다.

가격 투입산출모형은 산업들의 투입구조 측면에서 다양한 경제 여건의 변화 효과를 구체적으로 분석할 수 있는 유용한 모형이다. 본 장에서는 가격 투입산출모형을 이용한 임금변화의 효과분석에 대해 설명하였다. 본 장에서 설명한 가격 투입산출모형을 이용하면 경제나 환경, 기타 분야의 문제, 예를 들면 생산기술의 문제, 노동 및 임금의 문제, 수질이나 대기문제와 같은 환경문제나 산업폐기물의 문제 등에 관해 심도 있는 연구가 이루어질 수 있을 것으로 믿는다. 또한 그러한 연구를 통해 의미 있는 정책 제안과 평가도 가능할 것이다. 그러나 여기서 독자들이 명심해야 할 것은 그러한 연구에 있어 가장 중요한 것은 가격 투입산출모형 자체가 아니라 문제를 해결하려는 연구자들의 창조적인 생각이라 할 수 있다.

제 10 장 적용 연습 문제

문제 1 가격 투입산출모형의 필요성과 이의 적용분야를 예시를 통해 설명하라.

문제 2 투입산출모형과 가격 투입산출모형의 차이점을 설명하라.

문제 3 국가 1의 투입산출표가 아래와 같고, 재화의 가격과 산업별 노동, 자본, 토지의 가격도 다음과 같이 주어졌다고 가정하자.

$$p_1 = 2,\ p_2 = 3,\ p_{L,1} = p_{L,2} = 4,\ p_{K,1} = p_{K,2} = 5,\ p_{Land,1} = p_{Land,2} = 6.$$

〈표 10-A-1〉 국가 1의 투입산출표(금액 단위)

투입 \ 배분		중간 수요		최종 수요		총산출
		산업 1	산업 2	소비	정부	
중간투입	산업 1	500	300	1,000	250	2,050
	산업 2	150	900	1,500	450	3,000
부가가치	노동	700	800			
	자본	400	500			
	토지	300	500			
총투입		2,050	3,000			

3-1 물리적 투입산출계수를 계산하라.

3-2 산업 1의 토지가격($P_{Land,1}$)이 20% 증가할 경우 산업별 재화가격 변화를 분석하라.

제 10 장

적용 문제 풀이

문제 1

투입산출모형은 산업별 재화 배분구조로부터 수립된 모형으로, 수요의 변화가 생산에 미치는 효과로 분석되지만 가격의 변화에는 아무런 영향을 미치지 않음을 가정한다. 그러므로 산업의 투입구조변화가 경제를 구성하는 산업들의 재화가격 변화에 미치는 영향을 분석할 수 있는 가격 투입산출모형의 필요성이 높다고 할 수 있다. 가격 투입산출모형을 이용하면 전기요금 인상, 임금인상, 토지임대료 상승 등 산업의 투입구조 변화가 산업별 재화가격에 미치는 효과를 분석할 수 있다.

문제 2

투입산출모형과 가격 투입산출모형의 차이점은 다음과 같다. 첫째, 투입산출모형은 산업별 재화의 배분구조로부터 수립되는 모형인 반면, 가격 투입산출모형은 산업의 투입구조로부터 수립되는 모형이다. 둘째, 투입산출모형은 정부기관에서 발표된 투입산출표에서 제시된 자료로부터 직접 수립되는데 비해 가격 투입산출모형은 투입산출표에서 제시된 값들을 물리적 단위로 전환한 후 적용한다는 점이다.

문제 3 3-1

국가 1의 금액 단위 투입산출표를 재화 및 생산요소의 가격을 적용하여 물량 단위 투입산출표를 작성하면 아래와 같다.

〈표 10-A-2〉 국가 1의 투입산출표(물량 단위)

투입 \ 배분		중간 수요		최종 수요		총산출
		산업 1	산업 2	소비	정부	
중간투입	산업 1	250	150	500	125	1,025
	산업 2	50	300	500	150	1,000
부가가치	노동	175	200			
	자본	80	100			
	토지	50	83			
총투입		1,025	1,000			

위 표를 이용하여 물량 단위 투입산출계수를 계산하면 아래와 같다.

$$c_{11} = \frac{250}{1,025},\ c_{12} = \frac{150}{1,000},$$

$$c_{21} = \frac{50}{1,025},\ c_{22} = \frac{300}{1,000}$$

$$C = \begin{bmatrix} 0.244\ 0.150 \\ 0.049\ 0.300 \end{bmatrix}$$

문제 3 3-2

토지의 가격변화가 재화의 가격변화에 미치는 영향은 다음과 같이 표현된다.

$$\Delta P = (I - C^T)^{-1}(\Delta \hat{P}_{Land} \cdot LD),$$

여기서, $\Delta \hat{P}_{Land}$은 산업별 토지가격 변화 행렬($\Delta \hat{P}_{Land} = \begin{bmatrix} \Delta p_{Land,1} & 0 \\ 0 & \Delta p_{Land,2} \end{bmatrix}$)

LD는 토지투입계수 행렬($LD = \begin{bmatrix} 0.049 \\ 0.017 \end{bmatrix}$)

따라서 산업 1의 토지가격이 20% 증가할 경우, 산업별 재화가격의 변화는 아래와 같이 계산된다. 즉, 산업 1의 가격은 0.079증가하여 2.079가 되고 산업 2의 가격은 0.017증가하여 3.017이 된다.

$$\Delta P = \begin{bmatrix} 1.341 & 0.093 \\ 0.287 & 1.449 \end{bmatrix} \begin{bmatrix} 1.2 & 0 \\ 0 & 0 \end{bmatrix} \begin{bmatrix} 0.049 \\ 0.083 \end{bmatrix} = \begin{bmatrix} 0.079 \\ 0.017 \end{bmatrix}$$

$$P^{new} = \begin{bmatrix} 2.079 \\ 3.017 \end{bmatrix}$$

참고문헌

1. 통계자료

- 관세청, 「2015년 수출입통계」, 2016.
- 관세청, 「2019년 수출입통계」, 2020.
- 통계청, 「2020년 생명표」, 2021.
- 통계청, 「2015년 국내총생산(명목)」, 2017.
- 통계청, 「2019년 국내총생산(명목)」, 2021.
- 한국은행, 「2005년 지역산업연관표」, 2009.
- 한국은행, 「2010년 지역산업연관표」, 2014.
- 한국은행, 「2015년 지역산업연관표」, 2019.

2. 문헌

(1) 국내문헌

- 김노은·윤갑식, "부산광역시 대학 졸업자의 취업이동 특성과 결정요인 분석", 한국지역개발학회 제34권 제5호, pp.55-70, 2022.12.
- 김홍배, "지역개발정책의 수리적인 효과분석연구," 「산업과학논문집」, 제39집, 1994.
- 김홍배, 「분석과 예측」, 기문당, 1995.
- 김홍배, 「입지론 : 공간구조와 시설입지」, 기문당, 2011.
- 김홍배, 「도시 및 지역경제분석론」, 기문당, 2016.
- 김홍배·김대욱, "환경투입산출모형을 이용한 하천의 수질수준 예측과 하천관리정책의 분석," 「국토계획」, 제36권 제2호, 2001.
- 김홍배·김현주, "예측수단으로서의 변이할당모형," 「국토계획」, 제36권 제1호, 2001.
- 김홍배·원제무·박재룡·이택준, "경부고속전철이 지역경제에 미치는 영향," 「국토계획」, 제1호(통권 87호), 1997.
- 김홍배·윤갑식, "환경정책과 지역경제 : 상반관계 vs. 보완관계," 「지역연구」, 제15권 제1호, 1999.
- 김홍배·진상엽, "지역경제와 지역환경(Ⅱ),"「국토계획」, 제5호(통권91호), 1997.
- 김홍배·진상엽·조용희, "지역경제와 하천관리정책 : 낙동강유역을 중심으로," 「국토계획」, 제31권 제3호, 1996.
- 노정현·이동규, "200만호 주택건설에 따른 산업연관 효과분석," 「국토연구」, 제14권, 1990.

· 윤갑식, “지역경제 활성화를 위한 기업유치 업종선정에 관한 연구,” 한국경제지리학회지, 제14권 제4호, pp.616-627, 2011.12
· 윤갑식, “산업연관성지수를 이용한 산업단지내 제조업 업종별 통합배치 방안 연구,” 한국지역개발학회지 제24권 제5호, pp.185-202. 2012.12.
· 윤갑식, “동남권의 지역간 인구이동 특성분석과 지역정책의 함의,” 한국지역개발학회지 제27권 제2호, pp.1-16, 2015.6.
· 윤갑식, “한국과 미국 부동산업의 산업연관구조 비교분석”, 부동산연구, 제27권 제4호, pp.51-61, 2017.12.
· 윤갑식, “지역별 제조업과 서비스업의 상호 연관성 분석과 시사점: 서울과 부산의 비교”, 한국경제지리학회지, 제21권 제2호, pp.77-89, 2018.6.
· 한국은행, 「산업연관분석해설」, 2014.
· 한국은행, 「2015년 산업연관표(해설편 및 통계편)」, 2019.

(2) 국외문헌

· Chernery, H. B., “Regional Analysis,” in The Structure and Growth of the Italian Economy, edited by Chernery, H. H., Clark, P. G. and Pinna, V. C., 1953.
· Classen, L., Regional Policy, 1980.
· Dunn, Edgar D., Jr., "A Statistical and Analytic Techniques for Regional Science," Papers of Regional Science Association, vol. 6, 1960.
· Edgar M. Hoover and Frank Giarratani, An Introduction to Regional Economics, Newyork, 1984.
· Harry W. Richardson, Regional Economics, University of Illinois, 1978.
· Hildebrand, G. and A. Mace, Jr., "The Employment Multiplier in an Expanding Industrial Market: Los Angeles County, 1940~1947," Review of Economics and Statistics, vol. 32, 1950.
· Hirshman, A.O., An Strategy of Economic Development, 1958.
· Isserman, A. M., "A Bracketing Approach for Estimation Regional Economic Impact Multipliers and A Procedure for Assessing Their Accuracy," Environment and Planning A, vol. 9, 1977b.
· Isserman, A. M., "Estimating Export Activity in a Regional Economy : A theoretical and Empirical Analysis of Alternative Methods," International Regional Science Review, vol. 5, 1980.

· Kim, H. B., Jin, S. Y., and Yun, K. S., "Impact Analysis of A Water Quality Enhancing Policy : A Simple Input-Output Approach," Journal of Regional Studies Association, 2001.
· Klosterman, R. E., Community Analysis and Planning Techniques, 1991. p.14.
· Krueckeberg, D. A. and Silvers, A. L., Urban Planning Analysis : Methods and Models, 1974.
· Miller, R. E., "Interregional Feedback Effects in Input-Output Models : Some Preliminary Results," Papers of Regional Science Association, vol. 17, 1966.
· Miller, R. E., "Interregional Feedback in Input-Output Models : Some Preliminary Results," Western Economic Journal, vol. 7, 1969.
· Miller, R. E. and Blair, P. D., Input-Output Analysis : Foundations and Extensions, 1984.
· Moses, L. N., "The Stability of Interregional Trading Patterns and Input-Output Analysis," American Economic Review, vol. 45, 1955.
· Lee, H. K. and Kim, H. B., "The Impacts of Rail Freight Rate Changes on Regional Economies, Modal shift, and Environmental Quality in Korea." International Journal of Urban Sciences, vol. 22, 2018.
· Lee, H. K. and Kim, H. B., "Regional Preferences for the Living Environment and Mobility of Researchers and General Workers: The Case of Korea." The Annals of Regional Science, vol. 62, 2019.
· Lee, H. K. and Kim, H. B., "Weighted Spatial Dynamic Shift-Share Model as a Forecasting Tool for a Regional Economy: Case of South Korea," Growth and change, vol. 51, 2021.
· Leontief, W. W., "Qualitative Input and Output Relations in the Economic System of the United States," Review of Economic and statistics, vol. 18, 1936.
· Polenske, K., The U. S. Multi-Dimensional Accounting Model for Demographic and Economic Planning Interactions, 1980.
· S. Czamanski, Regional and Interregional Social Accounting, Lexington Books, 1973.

3. 인터넷자료

· 통계청 국가통계포털(https://kosis.kr)
· 한국은행 경제통계시스템(http://ecos.bok.kr)

찾아보기

【ㄱ】

【ㄴ】

【ㄷ】

【ㄹ】

【ㅁ】

【ㅂ】

【ㅅ】

【ㅇ】

【ㅈ】

【ㅊ】

【ㅋ】

【ㅌ】

【ㅍ】

【ㅎ】

【기타】

도시 및 지역경제 분석:

모형과 적용

2023년 9월 5일 1판 1쇄 발행
2024년 12월 10일 1판 2쇄 발행

저 자 김홍배, 윤갑식, 이현경
발 행 처 기문당
주 소 서울시 성동구 무학봉 28길 4-1
전 화 02)2295-6171~2
팩 스 02)6971-8188
홈페이지 http : // www.kimoondang.com

I S B N 978-89-6225-988-9 93540